JN014875

日米同盟の絆〔増補版〕

安保条約と相互性の模索

坂元一哉

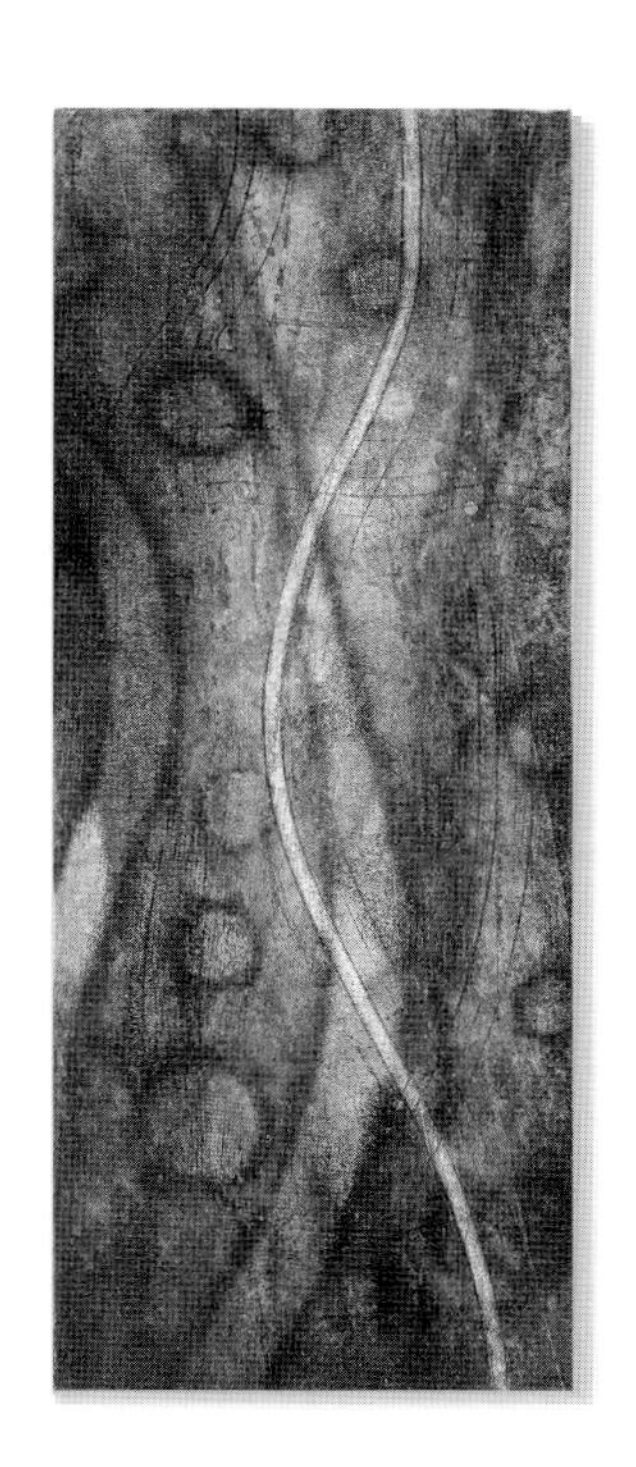

有斐閣

増補にあたって

本書初版の出版から二〇年の月日が流れた。

この増補版では、この間における外務省の外交文書公開の進展などをふまえ、初版に少し補足を行いたい。ただ「二十一世紀の日米安全保障協力のあり方を考えるための準備作業」（初版「はじめに」）という本書の趣旨に照らして、構成や内容、また主張を大きく修正する必要はないと考えるので、表現や表記の細かな修正を除き本文と注はそのままとし、「補註」および「補論」を付ける形での補足にする。

「補註」は本文中の必要な部分に番号を付け、「主要参考文献」の後にまとめて書き込んでいる。内容は、たとえば本書第三章で取り上げた一九五五年の「重光・ダレス会談」に関して、初版の出版後に公開された外務省の記録など、初版においてはアメリカ側の記録によって考察した重要な会談や条約案などを日本側記録で確認することを主とする。また同時に、日本側の会談記録の中から重光葵外務大臣、岸信介首相、ダレス米国務長官、藤山愛一郎外務大臣、マッカーサー駐日大使らの生き生きとした発言とやりとりを多少紙幅をとって紹介したい。補註の（＊12）は、安保改定の意義について短く補足するものである。

「補論」の方は「事前協議の秘密について」というタイトルからも分かるように、本書第五章の第二節で論じた事前協議制度導入に関する不透明な外交処理の実態について、いわば謎解きをする補足になっている。二〇〇九年から一〇年にかけて外務省が行い、筆者も外部有識者の一人として参加した「いわゆる「密約」問題に関する調査」とそれに関連する文書公開などで、新しく判明した事実に基づく。

その際の文書公開も含め、この二〇年の間に外務省の文書公開は大きく進んだ。少なくとも、本書が扱っている時期の外交文書についていえば、「文書公開に関する限り、戦後の日米関係は未だに「相互的」ではない」（初版「はじめに」）と嘆く必要はなくなったように思う。さらに質的にも量的にも文書公開が進むことを期待するとともに、ここまでの関係者の努力に敬意を表したい。

二〇二〇（令和二）年四月　陽春

坂元一哉

はじめに

外務省の条約局長として旧安保条約の締結交渉に携わった西村熊雄は、退官後に著した『安全保障条約論』（一九五九年）の中で、日米安保条約のエッセンスを「物と人との協力」と表現している。

「安保条約は、一言にいえば、日本は施設〔基地〕を提供し、アメリカは軍隊を提供して日本の防衛を全うしようとするものである。物と人との協力である。相互性は保持されている。」

この「物〔基地〕と人〔米軍〕との協力」という表現は西村が、当時日本国内で強まっていた、安保条約は日本がアメリカに基地を貸すばかりで相互性がない、という批判に反論するために使ったものである。たしかに、西村が明快に述べたように、日米安保条約は、日本がアメリカに基地を貸してアメリカから安全保障を得る、逆に言えばアメリカは日本から基地を借りて日本に安全保障を与える、という意味で相互的な条約であった。日米両政府は一九五一（昭和二十六）年の調印以来、安保条約がこの形で相互にもたらす実質的な利益の価値を認めてきた。そうでなければ、一九六〇年の改定後も基本的な構造を変えることなく、半世紀間も続くはずがない。

しかし、相互的は相互的でも、「物と人との協力」という相互性、すなわち基地と安全保障の交換という相互性は、非対称な相互性である。そしてこの「物〔基地〕」と「人〔軍隊〕」という非対称性こそが安保条約に対して日米双方から不満が生じる根本的な原因のように思われる。人（軍隊）を出す方はそのリスクを負わない相手を尊敬せず、物（基地）を出す方はその不便とコストを理解しない相手の態度をおもしろくなく感じるからである。

冷戦は、こうした双方の不満を抑える働きをしていた。ソ連との全面戦争に備えていた時代には、アメリカにとって、日本の基地が持つ戦略的価値とその必要性は明白であった。また、ソ連および東側陣営の脅威に対抗する西側陣営の同盟国としての一体感は、貿易問題などの摩擦にもかかわらず、両国を結び付ける強力な接着剤であった。それに冷戦中の日米安保協力は、もし現実に全面戦争になれば、日本も戦火を免れうるはずはなく、自国の防衛を通じて人（自衛隊）の協力も行うので、結果的に「物と人との協力」だけではすまなくなるという前提で理解されていた。

だが、冷戦後の戦略環境においては、「物と人との協力」という安保条約の基本形にしがみつくだけでは、日米の安全保障協力をうまく運営していけるようには思えない。日米が直面する脅威の質も、また日米それぞれの国内事情も変化したからである。

本書は、二十一世紀の日米安全保障協力のあり方を考えるための準備作業として、そもそも日米間の「物と人との協力」がどのようにして誕生し、確立したのか、その歴史を戦後初期の日米関係の中で振り返るものである。あるいは読者の中には、そうしたことはすでに十分解明されているのではないかと、不思議に思われる方もおられるかもしれない。だが、実はそうではない。本書の記述で、そのことはおわかりいただけると思う。

あらかじめ各章の概略を述べれば、次のようになる。第1章では、冷戦の開始という国際環境の中で、日米両国がどのような安全保障構想を持って外交交渉を行い、旧安保条約が成立するに至ったかを明らかにする。第2章では、防衛力増強問題を軸に、一九五〇年代半ばまでに、アメリカ政府が吉田茂を見放しつつも「吉田路線」を容認していく過程について検討する。第3章では、鳩山政権の外相・重光葵がアメリカ政府に提案した安保改定構想の内容と、その挫折の意味を考察する。第4章では、安保改定に対するアメリカ政府の姿勢の変化と、岸信介による一九六〇年の安保改定の意義、およびその逆説について論じる。第5章では、安保改定交渉において、日米両政府が、「物と人との協力」という非対称な相互性をいかにして対称な相互性のように見せようとしたかを検証する。この章では日米間の極秘の取り決めについても言及する。

読みはじめていただく前に、資料の問題に触れておきたい。本書は日米の外交文書に基づく実証研究である。しかし、第1章を除けば、実際に利用した外交文書の多くは、アメリカの国立公文書館や大統領図書館で入手できるアメリカ側の文書である。近年、日本の外務省は、戦後の外交文書を公開する努力を続けている。だが、日米関係に関する外交文書公開の現状は、アメリカ側のそれと比べてかなり見劣りがすると言わざるをえない。文書公開に関するかぎり、戦後の日米関係は未だに「相互的」ではないのである。

文書が非公開であることは、歴史家に他国の文書を含む周辺の状況証拠から事実を推理する、一種のゲームのような楽しみを与える。また、ある文書が非公開であることは、歴史家に問題の所在を教え、その意味の軽重について判断を助けるヒントにもなる。しかし、文書の非公開が実証的な研究にとって大きな障害であることはまちがいないし、隠された文書を見つけたいという意欲が空回りして、歴史の記述を不健全なものにする危険もある。また、そうしたことよりもはるかに重要な問題として、相手のある外交において相手国側の文書だけが公開され、自国側の文書が公開されないと、外交史の記述をおおむね相手国側の主張や見方に基づくものにしてしまう恐れもある。

本書の議論と直接には関係しないけれども、筆者は外務省が、一定期間を過ぎた過去の外交文書の公開について、ますますオープンな姿勢をとり、幅広く、率直かつ系統的に、たとえば非公開にすべきものは、存在を示したうえで非公開の理由をある程度明確にする、また政策決定にかかわる文書と政策遂行のための細々とした業務にかかわる文書を峻別する、などして、戦後日本外交の重要文書を積極的に公開し、日本外交に関する国民一般の知識を一層深いものにする努力を行うように願っている。長い目で見れば、そうした姿勢こそが、民主主義という政治体制の中での外務省の活動への国民の理解と信頼をはぐくみ、結局、日本外交の利益になると考えるがいかがであろうか。

目次

※　引用文中では、原著作者による注記を（　）および〔　〕で示し、引用者による注記あるいは原文を補う言葉は［　］で示した。
※　各章末の注における文献の表記は、章ごとに、同一文献を再度掲げる際には略記した。

第1章

安保条約の成立

⬆ダレス特使（左）**と談笑する吉田首相**（右）（1951年1月31日。写真提供：毎日新聞社）

一　冷戦と日本の安全保障

マッカーサーの対日早期講和論

日本占領の最高責任者であり、日本に「帝王」として君臨したマッカーサー（Douglas MacArthur）元帥が、記者会見を開いて対日講和促進の爆弾発言を行ったのは、占領開始からほぼ一年と七カ月が過ぎた一九四七（昭和二十二）年三月十七日のことであった。この日マッカーサー連合国最高司令官（ＳＣＡＰ）は、日本の軍事占領は早く終わらせ、できれば一年以内に、正式の対日講和条約を結んで総司令部（ＧＨＱ）を解消すべきであると演説した。マッカーサーは、日本占領はすでに非軍事化の段階を過ぎ、民主化の段階もほぼ終了しようとしていると述べたうえで、次の課題である経済復興は占領軍の手に負えない問題であり、総司令部の統制を受けない貿易の再開も必要なので、早期講和の推進が望ましい、とその理由を説明した。マッカーサーの発言は世界中に伝えられ、対日講和の機運は一気に高まった(1)。

マッカーサー発言は、世界に冷戦の到来を告げたトルーマン・ドクトリンの発表（三月十二日）から一週間も経たないうちになされたものであった。第二次世界大戦を連合国として共に戦い勝利に導いた米ソ両国の関係は、すでに大戦中から、東欧の戦後処理をめぐってきしみはじめていた。戦後になると、ヨーロッパ戦後処理の最大の焦点であるドイツをめぐる対立が次第に抜き差しならなくなり、早くも一九四七年には、両国が戦後の世界で協調を継続していくのは難しい状況になっていた。両国の対立は、単に大国間の伝統的な権力闘争であるばかりでなく、国家体制の優劣を競うイデオロギー闘争でもあるだけに、深刻であった。

トルーマン・ドクトリンは直接的には、ソ連の隣国でソ連からさまざまな外交的圧力をかけられているトルコと、国内で共産党の勢力伸張が著しいギリシャに対するアメリカの援助を宣言したものであった。しかし、トルーマン（Harry S. Truman）大統領はこのドクトリンの中で、両国への援助を、「武装した少数者や外部圧力による隷属の試みに抵抗している自由な諸国民」を支援するアメリカの政策の一環であると宣言した(2)。これは、両国の対立が個別具体的な地域を超えて、共産主義対自由主義というイデオロギー対立の形で、普遍的に広がることを予感させるものであった。

実際、トルーマン・ドクトリンが出されるころには、米ソ対立はヨーロッパだけでなく、アジアにも影を落としつつあった。中国では、国民党と共産党の調停がつかず、国共内戦は激化した。アメリカは両者の調停のために、大戦中に陸軍参謀総長を務めたマーシャル（George C. Marshall. 後に国務長官、国防長官）を特使として派遣していたが、その努力は実らず、マーシャルは一九四七年初頭には調停努力の打ち切りを表明せざるをえなかった。朝鮮半島では北緯三八度線を境に、北はソ連軍、南は米軍が占領する分断状態が続いていた。一九四五年十二月、モスクワで開かれた米英ソの外相会議では、臨時朝鮮政府の樹立や最長五年間の信託統治案などが合意されていたが、実行機関として設けられた米ソ合同委員会内での話し合いは難航し、どちらも実現していなかった。

しかし、マッカーサーの対日早期講和論は、トルーマン・ドクトリンとの時間的な近さにもかかわらず、こうした米ソ対立の潮流に乗ったものではなかった。むしろ米ソ協調を前提にしており、挫折したのも、結局はそのためであった。アメリカ政府が、連合国の対日政策を決定する極東委員会構成一一カ国による多数決方式で対日講和予備会議を開くこと（八月開催）を提唱したのに対して、ソ連政府は米英ソ中の四大国に拒否権を認める方式を主張して譲らず、講和交渉は入り口にもたどりつけなかったのである。そして交渉の開始が遅れているうちに、アメリカ政府の中では、早期講和は米ソ対立を十分考慮に入れておらず危険であるという見方が強まった。

占領政策の転換——ケナンの介入

アメリカ政府の中で早期講和の動きを強く批判したのは、アメリカ冷戦政策の設計者であるジョージ・ケナン（George F. Kennan）であった。ケナンは、ソ連通の外交官で、大戦中からルーズベルト（Franklin D. Roosevelt）大統領が遂行する米ソ協調政策に潜む危険を指摘し続けていた。モスクワで代理公使を務めている時に国務省に書き送った「長文電報」（一九四六年二月二十二日）の内容が、ソ連との対決政策に傾きはじめていたトルーマン政権内で評判になり、一九四七年五月には国務省に新設された政策企画室（PPS）の室長に迎えられ、冷戦政策の企画立案を任されることになった。ケナンは室長就任直後、アメリカの有力な外交雑誌『フォーリン・アフェアーズ』七月号に「ソ連の行動の源泉」と題する論文を「X」という匿名で執筆し、ソ連「封じ込め」という概念を公にした。

ケナンの主張をごく簡単に言えば、次のようになる。ソ連の指導者は共産主義のイデオロギーにとりつかれるとともに、その内部体制の矛盾を覆い隠すために外敵を必要としており、アメリカと長期的な協調関係に入ることを求めてはいない。アメリカが協調的な態度を示しても、彼らは他人に対する不信感に凝り固まっているので、頑なな態度を変えようとせず、かえってアメリカの真意を疑うだけであろう。アメリカにできることは、ソ連の勢力伸張の試みに対して冷静かつ断固たる態度で臨み、それを「封じ込め」ることとである。アメリカは長期的にそうした努力を続け、ソ連体制の変化を我慢強く待つべきである(3)。

ケナンは後に、自らの主張した「封じ込め」政策があまりに軍事化し、無限定に世界大に広がってしまったことを嘆くことになる。封じ込めの手段としてケナンが重視したのは、自由主義世界の政治的・経済的安定であった。ケナンは、トルーマン・ドクトリンの一節にあるように、共産主義のような全体主義政権の種は「貧窮と欠乏のなかにまかれて、貧窮のなかにその邪悪をはびこらせて成長」すると考えており、彼が中心になってまとめたヨーロッパ復興援助計画（マーシャル・プラン）は、そうした脅威に対抗して西欧の政治的・経済的安定をはかることを目的にするものであった。

ケナンはまた、アメリカは世界中で同じように封じ込め政策を適用するのではなく、アメリカの安全にとって絶対に重要な地域とそうでない地域を分けるべきであると考えていた。ケナンは、当時、会議や講演で、繰り返し次のように主張した。

「近代的な軍事力が量産できるのは、世界で五つの地域——アメリカ、イギリス、ライン流域を中心とする隣接工業地帯、ソビエト、日本——に限られる……この五つの地域のうち一つだけしか共産支配下に属していない。従って「封じ込め」の主要な仕事というのは、残りの四つの地域のどれもが共産主義の支配下に入らないように注意することだ」(4)

ここに見られるように、ケナンは日本を「封じ込め」政策の成否を決める重要な地域の一つとみなしていた。ケナンと政策企画室が、マーシャル・プラン策定後、日本に関心の目を向け、早期講和に異論を唱えたのはそのためであった。

ケナンたちは、マッカーサーの発言を受けて国務省極東局が日本問題の専門家であるヒュー・ボートン（Hugh Borton）を責任者としてまとめた対日平和条約案（一九四七年八月）を批判した。この条約案は、いまだ米ソ協調を前提として、日本の非軍事化と民主化を連合国が長期的に監視するという主旨のものであった。政策企画室のあるメモは、次のように条約案を批判する。対日講和問題に関する

「アメリカの中心的な目的は、太平洋経済に統合され、合衆国に友好的であって、しかも必要とあらばいつでも合衆国の信頼しうる同盟国となりうる安定した日本を実現することにあると解される。

ところが、〔従前の〕日本に関する平和条約の草案は、我々のこの中心的な目的が促進されることを保障しているどころか、むしろソビエト連邦を含む国際的監視を継続し、その下で、徹底的な武装解除と民主化をおこなうことに関心を奪われてしまっているように見受けられる。」

このメモは、極東局の条約案がこだわっている非軍事化はもはや講和の重要な条件ではないと指摘した。なぜなら、日本は予見される将来、望まれても第一級の軍事大国にはなれないからである。また、ソ連と協力して日本を監視することが日本の民主化に寄与するかどうかも疑わしい、とも指摘している。むしろソ連は、日本の分裂をもたらすような影響を及ぼす可能性が高いからである(5)。

ケナンは、日本が「極東における唯一の、潜在的な軍事・産業の大基地」であり、世界政治における潜在的な要因としては中国よりも重要であるとの前提から、日本を自由主義陣営の一員として強化しなければならないと考えた。日本が政治的にまた経済的に安定していない段階で講和交渉に入れば、日本を自由主義陣営に引き留めることができないかもしれない。ケナンは冷戦政策の観点から、対日政策を非軍事化と民主化よりも政治的・経済的復興を優先させるものに転換すべきであり、講和は日本が安定するまでは

時期尚早と主張した。ケナンは一九四八年三月、日本を視察してマッカーサーと会見し、対日占領政策の軌道修正を訴えた。ケナンの主張は国務省、陸軍省、それにマッカーサー総司令部との協議を通じて部分的に修正されながらも、骨格はほぼそのままで、米国国家安全保障会議（NSC）政策文書NSC一三／二として結実した。ケナンは後にこの対日占領政策の転換に自らが果たした役割を、「マーシャル・プラン以後私が政治上に果たすことができた最も有意義な、建設的な寄与」と自負することになる(6)。

「日本のための」安全保障

こうした占領政策の転換により、将来の日本の安全保障についても見直しが必要となった。

占領初期には日本の安全保障という問題は、「日本を対象とする」安全保障（security against Japan）の問題であった。すなわちアメリカは一九四五年九月の「降伏後ニ於ケル米国ノ初期ノ対日方針」にあるように、何よりも「日本国ガ再ビ米国ノ脅威トナリ又ハ世界ノ平和及安全ノ脅威トナラザルコトヲ確実ニスルコト」をめざしていた。新憲法の制定に見られるような日本の徹底した非軍事化と民主化は、そのための有力な手段であった。また別の手段として、アメリカ政府は連合国の協調による国際的な日本監視の枠組みという構想も描いていた。一九四六年六月、バーンズ（James F. Byrnes）国務長官は、アメリカ、イギリス、ソ連、中華民国の四国が日本の武装解除と非軍事化を二五年間保証する、「四カ国条約案」を発表した(7)。ケナンが批判した国務省極東局の対日平和条約案は、このバーンズ案の影響を受けて、講和後の日本に対する監視機関として、極東委員会構成国の大使からなる理事会と、対日監視委員会を設けて、これまた二五年間、日本の非武装化と非軍事化を確保する仕組みを持つものであった(8)。

しかし、冷戦を背景にして、日本の潜在的な力が自由主義陣営の将来にとって重要だと考えるようになるとアメリカは、自らの利益のためにも「日本のための」安全保障（security for Japan）を求めはじめる(9)。ケナンが対日早期講和に反対したのは、そのためでもあった。ケナンは次のように回顧している。

「もし、共産主義の圧力から日本を防衛することが、アメリカ政府の正当な関心事だと考えるならば、当時世界を風靡（ふうび）していた風潮の中に、日本を独力で放り出そうなどと考えるのは狂気の沙汰としか言いようがなかった。日本は全く武装解除され、非軍事化されてしまっていた。樺太の南部と千島列島はソビエトに割譲され、北朝鮮はソビエト軍に占領されており、日本はソビエトの軍事拠点によって半ば包囲されていたのだ。にもかかわらず、日本の防衛についてはいかなる種類の対策もまだ占領軍当局によって講じられていなかった。」(10)

ケナンは、日本の安全保障のためにはまず何よりも国内的な安定が必要と見た。日本の安全にとって一番の危険は、共産主義者による陰謀、転覆、政権奪取であり、そうした事態が進展してはじめて、ソ連の介入がありうる。日本の安全保障のためには、まず国内が政治的に安定し、経済的に豊かになって、共産主義者に活動の基盤を与えないことが肝要であった。これは、マーシャル・プランにおいてもそうであったように、ケナンの封じ込め政策の核心となる考え方であった。ケナンは当面の間、占領を継続して日本を国際政治の荒波から守りつつ、初期の占領政策の修正や経済復興援助などで日本の自立力をつけることによって、日本の安全保障を強化しようとした。その意味で、占領の継続が「日本のための」安全保障になる。

しかし、占領終了後の安全保障はどうなるか。ケナンは、講和後の日本の安全保障は、その時の国際情勢と日本国内の安定達成度によって決められるべきであり、仮に講和条約交渉の時期が迫った時点でソ連が侵略的、もしくは日本が政治的に脆弱な場合には、講和条約の延期かアメリカの指導と監督の下で日本の限定的再軍備が必要になると主張していた。またケナンは、ソ連の出方によっては、極東の安全保障について何らかの了解に達する希望も捨てていなかった。しかし、いずれにしろ講和後の日本の軍事的な安全保障についてのケナンの構想は、アメリカによる沖縄の「恒久的な戦略的支配」(PPS二八)を前提にするものであった(11)。

この点ケナンは、マッカーサーの軍事戦略観に影響を受けていたようである。ケナンが来日した際にマッカーサーは、ケナンに沖縄の戦略的重要性を力説している。

「マッカーサー元帥は、もし我々が日本の領土を外国の侵略から守ろうとするのであれば、我々は陸軍や海軍よりも主に空軍に依存しなければならないと指摘した。適切な空軍力を沖縄に配備することによって、我々は日本を外敵の攻撃から守りうるであろうと元帥は言った。彼は沖縄の戦略的重要性を力説し、カリフォルニア沿岸は現在もはや外郭防御線ではないと指摘した。この防御線は今やマリアナ、琉球、アリューシャンを貫通しており、沖縄をその最重要基地とする。この防御線は南側の前哨地を、フィリピン、オーストラリアおよびそれらに付随するイギリスとオランダの島々［インドネシア］に進めている。北側の前哨地は日本である。元帥によれば、ソ連以外のすべての国々は、合衆国にとっての沖縄の軍事的重要性を充分に認識しており、それを我々が軍事的拠点として保有することを望んでいるという。また特にオーストラリアとニュージーランドは、我々がそこに強い力をもって常駐することを望んでいるという。……沖縄は強力かつ効果的な空軍の作戦を準備するのに恰好の広さを持っており、その空軍ならウラジオストックからシンガポールにわたって敵軍ならびに港湾設備を確実に破壊しうるであろうと元帥は指摘した。それゆえ、沖縄を適切に整備し要塞化するならば、我々は外敵の攻撃から日本の安全を守るために、必ずしも日本の国土の上に軍隊を維持する必要はないのだという。」

マッカーサーは、アメリカ政府は直ちに沖縄確保の決定をすべきであると主張した(12)。

ケナンとの会談からほぼ一年後にマッカーサーは、イギリスの新聞社『デイリー・メール』とのインタビューの中で、アメリカは日本を同盟国として利用する考えはなく戦争が起こった場合に日本が戦うことを欲しない、日本に望むのは「中立を維持することだけ」であり、日本の役割は「太平洋のスイスとなることである」と述べた(『朝日新聞』一九四九年三月三日付)。この「太平洋のスイス」という言葉は当時の多くの日本人を感激させ、有名になった。しかし、ここで忘れてはならないのは、「太平洋のスイス」という言葉はアメリカの沖縄支配を当然の前提にしていたことである。現にこのインタビューの中でもマッカーサーは、日本が攻撃された場合にはアメリカは日本を守るけれども、沖縄にアメリカが空軍基地を持ち、制空権をソ連に渡さない以上、ソ連が日本を攻撃することはないと述べている。マッカーサーによる「太平洋のスイス」は、アメリカによる沖縄の要塞化とセットで成り立つ考えであった。

米軍駐留による安全保障——芦田書簡

冷戦の進展によって、アメリカが「日本のための」安全保障を考えはじめると、日本政府の安全保障構想にも変化が生じた。敗戦後間もない時期から外務省は、省内に研究会(平和条約問題研究幹事会)を発足させて、将来の平和条約締結に備えた検討――もちろん安全保障の研究も含まれる――を行っていた(13)。初期の研究では、平和条約がソ連を含むすべての連合国との間で結ばれると想定して、連合国が、ポツダム宣言による武装解除と日本国憲法の戦争放棄および戦力不保持の確認を求めてくる可能性があるので、それにどう対応するか、国家としての自立をどのように確保するかに焦点が合わせられた。すなわち連合国の「日本を対象とする」安全保障に備えることが課題であった。研究の結果、当初は、永世中立を極東委員会構成一一カ国に認めてもらう案が有力になり、しばらく後には国連加盟によってその集団安全保障に頼る案が最善と考えられるようになっていた。後者の場合、国連加盟だけでは不十分であるので、それに加えて国連憲章に基づく何らかの地域的安全保障機関に頼る必要性も指摘された。

しかし一九四七年の秋になると、米ソ対立の現実をふまえた、新しい考え方が現れる。米軍駐留による日本の安全保障というアイデアである。横浜に司令部を置くアメリカ第八軍の司令官であったアイケルバーガー（Robert L. Eichelberger）中将は、マッカーサーの早期講和論に疑問を持っていた。米軍が日本から撤退してしまえば、日本は共産主義者のなすがままになるとの強い懸念からであった。アイケルバーガーは親しくしている鈴木九萬終戦連絡横浜事務局長に、米軍撤退後の日本の安全保障について自らの不安を語った。アイケルバーガーは、マッカーサーが考えるように沖縄の空軍だけで日本の安全をはかることはできないと見ていたのである。

「連合軍が引揚げた後赤化分子乃至「ソヴィエット」が日本に浸透して来て終に間近の南樺太、千島辺から一夜にして日本に侵入する様な事態も考へられるので、之が対策を研究して居る。国内赤化の危険に付ては一応日本の constabulary ［警察軍］を増強すること、するが「ソ」兵の侵入する様な事態に付ては沖縄「グアム」等から睨みイザと言ふ場合浦塩(ウラジオストック)、その他の要点に原子爆弾を落すことも考へられるが、一夜にして北海道の都市を占拠すると言ふ様な場合日本人住民との関係で爆弾を落せぬと言ふ様なことゝなるかも知れぬ。」(14)

アイケルバーガーはこのような懸念を述べて、日本政府の意見を求めた。鈴木の報告を聞いた芦田均外相と外務省の幹部は協議のうえ、日本政府として講和後の安全保障について大枠の考え方をまとめ、鈴木からの私信としてアイケルバーガーに渡した。いわゆる「芦田書簡」(一九四七年九月十三日)である(15)。

この文書は講和後の日本の安全保障を、米ソ関係が好転し、国際連合が機能する場合とそうでない場合とに分けて、前者の場合は安全を国連に託し、後者の場合はアメリカに委ねることを骨子としていた。文書の背景から見て、ポイントが後者、すなわち米ソ関係が好転しない場合の措置にあったのは明らかである。日本政府は冷戦の進行という中で、初めてアメリカによる(米軍駐留による)安全保障という考え方をアメリカ占領軍の要人に示したのである。

文書を見ると、アメリカによる安全保障について、二つの可能性が指摘されている。一つは平和条約履行を監視するために米軍が駐留するという方法である。

「米国の軍隊が平和条約の実行の監視に関連し日本国内に駐屯する結果が日本の安全に対し齎(もたら)す影響。かゝる軍隊の駐屯が侵略の保障となることは疑ないところである。」

この方法は、日本の条約履行を監視する目的で駐留する米軍が、その反射作用として、いわばおまけとして、日本に対する侵略を排除することができるというものであった。

もう一つの方法は、特別協定を結んでアメリカが日本の防衛を引き受けるというものであり、文書はこちらの方が望ましいとしている(16)。

「米国と日本との間に特別の協定を結び日本の防備を米国の手に委ねること。何れにしても日本に近い外側の地域の軍事的要地には米国の兵力が十分にあることが予想される。かかる特別協定の内容は日本の独立が脅威せらるるような場合（これは太平洋における平和が脅威されることを意味する）米国側は日本政府と合議の上何時にても日本の国内に軍隊を進駐すると共にその軍事基地を使用出来る。又必要の規定を作り日本国内の軍事基地の建設、維持は極力米国側の要求を満足するように計る。……かゝる協定がある限りは日本の独立を冒そうとする第三国は直接アメリカに対し敵対行為をするに等しいことになるからその行動を慎むであらう。」

アイケルバーガー中将は受け取った「芦田書簡」を自らの参考にするだけにとどめ、アメリカ政府の要人には見せなかったようである(＊1)。したがってこの文書は、政策としては何も生み出さず、一つのエピソードに終わった。しかしその考え方には、後の日米安保条約の萌芽が見られる。戦後日本外交の礎を築いた吉田茂は、政権を退いた後に書いた回想録『回想十年』の中で、「芦田書簡」の考え方が「方向としては」日米安全保障体制の基本になる考え方と「全く同一」であったと評価している(17)。

ただし「芦田書簡」は、まだ過渡的な文書であった。一つには、その文書の中に、「日本を対象とする」安全保障と「日本のための」安全保障という二つの概念が併存していたからである。平和条約の履行を監視するための駐留という考え方は前者であるし、特別協定を結んでの駐留は後者である。吉田茂の『回想十年』は、前者から後者へ日本政府の考えが変化したことを次のように説明している。

「もし講和後に連合国軍が日本に残るとすれば、それはヴェルサイユ条約後にドイツが占領された例の如く、平和条約履行確保のための保障占領のような形のものであろうとする観測が多かった。ところが米ソ関係の緊迫度が増して、日本の安全保障ということも次第に捨てておけなくなって行くにつれて、アメリカの考え方が「国際安全の一環としての日本の安全保障」という方向に漸次転換して行くのを、わが方としても感知できるようになった。そして日本自体の考え方も、当時余り頼りになるとも見えなかった国際連合に期待するよりも、むしろ直接アメリカに依頼して、講和後当分の間の国防を全うして行く外ないというように傾いて行ったのである。」(18)

日本政府は、冷戦のために国連による安全保障の現実味が薄れ、またアメリカが「国際安全の一環として」(つまり冷戦政策の一環として)「日本のための」安全保障を考えはじめたことを見て取って、アメリカに安全保障を依存することに傾いた。しかし芦田書簡はその初期の段階であり、まだ「日本を対象とする」安全保障という考え方を引きずっていたのである。

もう一つ「芦田書簡」が過渡的な文書であるというのは、特別協定を結んでアメリカに安全保障を任せる場合、米軍駐留は、日米安保条約におけるような常時駐留方式ではなく、有事駐留方式が考えられていたことである。すなわち、米軍は日本本土に常時駐留せず、「日本に近い外側の地域の軍事的要地」に常駐し、「日本の独立が脅威せらるるような場合」、日本政府との相談のうえ日本本土に進駐する、日本政府はそのための基地を国内に整備するとされていた。ちなみに書簡では明言されていないが、この「日本に近い外側の地域の軍事的要地」というのは、具体的には沖縄、小笠原、硫黄島を指していた(19)。

しかし、なぜ日本本土は有事駐留方式にするのか。「芦田書簡」には明確な説明がない。ただ、そうした協定ならば「平時における日本の独立を損なうことなく(without compromising Japan's independence in peace time)、緊急時にはアメリカが日本の基地を十分利用できる」と書いてあるところからみて、芦田と外務省の幹部は、米軍の常時駐留は国家の独立を傷つけると警戒していたように思われる(20)。

二　アメリカ政府の構想

日本の軍事戦略的価値——国務省と国防省・軍部の意見対立

一九四七(昭和二十二)年春の早期講和への動きをきっかけに、日米両政府は、冷戦の中での「日本のための」安全保障に関心をいだくようになった。しかし早期講和は挫折して、日本は依然として占領下に置かれた。「日本のための」安全保障について議論が活性化するには、再び講和の気運が高まるのを待たなければならなかった。

一九四九年九月十三日、アメリカのアチソン(Dean G. Acheson)国務長官とイギリスのベビン(Ernest Bevin)外相が会談して、対日講和の推進を確認した。アメリカ政府は対日占領政策の転換以来、対日講和は時期尚早という態度をとっていた。しかし、いつまでもそうした態度をとり続けるわけにもいかなかった。日本占領はすでに四年を過ぎていた。たしかに占領政策の転換によりアメリカの対日管理は次第に緩和され、日本では「講和なき講和」とか「事実上の講和」とか呼ばれる状況が生まれていた。だがそれは、真の独立回復を求める日本人を満足させはしなかった。それに日本国内の政治状況は必ずしも安定せず、経済も決して順調に復興してはいなかった。またイギリスやソ連は、それぞれの立場から正式な対日講和の促進を主張していた。さらに東アジア情勢を見ると、中国の内戦は共産党軍が決定的な勝利を収めつつあり、国民政府の命運は尽きようとしていた（一九四九年十月一日、中華人民共和国成立）。朝鮮半島では一九四八年、南北に二つの国家（大韓民国、朝鮮民主主義人民共和国）が誕生し、信託統治構想は挫折した。アメリカは、東アジア政策を再調整する必要に迫られていたのである。

米英合意は、アメリカ政府が米ソ対立を前提としたうえで対日講和に乗り出す出発点になった。しかし、アメリカ政府内部には国務省と国防省および軍部との間に意見の対立があり、講和問題の具体的な検討作業はすぐに行き詰まった。国務省は日本との政治的関係を重視し、また占領の長期化が日本国内の反米感情を助長することをおそれ、対日講和に積極的であった。他方、国防省・軍部は、米ソ対立における日本の軍事的な価値を重視し、日本の基地をできるだけ長期に、また自由に使いたいという意向から、対日講和には慎重であった。

アメリカの国防省・軍部が当時、日本の軍事戦略的価値をどのように評価していたかは、統合参謀本部（JCS）が一九四九年の六月にまとめた「日本におけるアメリカの軍事的必要に関する戦略的評価」（NSC四九）という文書が簡潔にまとめている(21)。この文書はまず、日本の地理的な位置がもたらす価値について次のように述べる。

「日本列島は、極東におけるアメリカの安全保障上の利益にとって高度の戦略的重要性を持っている。その主たる理由は、日本列島が北太平洋の貿易ルート、日本海と東シナ海それに黄海の出入口、それに、それらほど重要ではないが上海＝呉淞以北のアジアの諸港に対して占める地理的位置のためである。また日本は、これまたその地理的位置のため、ソ連の支配下に入れば、東方および東南アジア地域への漸進を期して、ソ連が西太平洋におけるアメリカの諸基地を直接的に攻撃するための基地として使うことができる。逆に、アメリカが日本を間接的であれ直接的であれ支配すれば、ソ連に、攻守いずれのためにも使える極めて重要な基地を渡さないだけではなく、戦争になれば、ソ連に早い段階で日本海、黄海、東シナ海を渡さず、最終的にはそれらの海をわれわれが支配するかまたは中立化するための戦略的前哨基地として、日本を使うことができるであろう。それに加えて、アジア本土とそれに付随するソ連の島々に対して、われわれの軍事力を投影するための作戦基地をわれわれは得ることになる。」

次にこの文書は、日本のマンパワーと潜在的工業力によって日本の戦略的重要性が増すとしたうえで、日本人の戦争遂行能力の利用についても述べる。

「日本人が侵略および自衛戦争を遂行する能力は、先の世界大戦において証明された。次の戦争が起こった場合、日本人の潜在的な人的資源が平和的営みの継続を許されるとはほとんど考えられない。ソ連の支配下では日本はおそらく太平洋での、また南西方面への侵略的軍事作戦のための兵員と人員の供給源となるであろう。もしアメリカの影響力が優越していれば、日本は、最初はアメリカによる計画的な援助によって、少なくとも自らを守ることが期待される。また、補給兵站に必要な物資が手に入るならば、アジアにおける対ソ軍事作戦に重要な貢献を果たすと期待される。そうなればソ連は、他の場所とともにアジアの前線においても戦わなければならなくなるであろう。」

そして文書は、日本がアメリカのアジアにおける「島嶼防衛線（offshore island chain）」の重要な一部であり、日本を利用できなければ、この防衛線の攻撃的価値は限られたものになり、維持すらできないかもしれないと警告した。

この文書はまた、後の安保条約の形成にとって重要な指摘も行っている。それは、海軍省が沖縄を海軍基地として開発できるかどうかの研究をしたけれども、沖縄は天候および水路の特徴から一年中使えるような海軍基地にはできないとの結論に到達した、という指摘である。したがって文書は、横須賀を基地として継続使用する取り決めが、アメリカにとって大変重要であると主張している。そしてこの文書は、平和条約は将来の緊急事態に備えるため日本本土に基地を置く権利を確保する二国間交渉を排除するものであってはならない。もし日本本土に基地を持つことができないならば、琉球諸島の基地は太平洋や太平洋周辺の他の米軍基地と同様、われわれの本質的な（essential）必要を満たさない、と断定している。

文書は、このように日本の軍事的価値を高く評価したうえで、軍事的観点から見て講和は時期尚早と主張した。その理由は、ソ連の攻撃的な膨張に直面して、まず日本の民主主義と西側志向（オリエンテーション）が十分確立されるのが先決であることであり、また世界情勢がきわめて流動的なので、どの地域であれ、「アメリカのコントロールが失われる危険につながる措置は、アメリカの安全保障に重大な影響を与える」からであった。要するに、日本がアメリカの味方になるということが明白になるまでは、アメリカの安全にとって重要な日本を手放せないというわけである。

国務省は、このように講和は時期尚早と主張する統合参謀本部に対して、次のように反論した。日本に関してアメリカの最も重要な政策目的は、日本をソ連に渡さないこと、日本の西側志向を確保することの二つである。統合参謀本部が想定するようなソ連の対日攻撃があるとすれば、アメリカの軍事的な努力が決定的になるのはまちがいない。しかし、現在の世界情勢がほぼ現状通り続くとなれば、日本にとっての脅威は、外部からの侵略というより、煽動、転覆活動、クーデタ、といった内部からの侵略である。そうした侵略を撃退できるかどうかは、主として日本自身の政治的、経済的、社会的健康にかかっている。また日本の西側志向は、日本国内の政治的、経済的、社会的要因の産物であるとともに、西側との関係の性格と質に影響される。日本の西側志向を育てようと思えば、アメリカは日本人から尊敬され、好意の目で見られ続けるように日本との関係を築いていかなければならない。しかし占領の継続は、その妨げになる。日本が民主主義と西側志向を維持し増進するためにも、対日講和が必要である（NSC四九／一、一九四九年九月）[22]。

ポツダム宣言に基づく米軍駐留——マッカーサーの提案

こうした国務省と国防省・軍部の意見対立を調整し、また関係諸国との交渉にあたらせるために、トルーマン大統領は、共和党の前上院議員で、国務省顧問になったばかりのダレス（John F. Dulles）を対日講和問題担当に任命した（一九五〇年五月）。ダレスは、祖父と叔父を国務長官に持つ家系に生まれ、自らもウィルソン（Woodrow Wilson）大統領の顧問としてパリ講和会議に出席し、戦間期には渉外弁護士として国際舞台で活躍するなど、国際経験豊かな共和党員として知られていた。トルーマンがダレスを使った背景には、対日講和という重要な外交政策を、なんとか超党派で進めようとするねらいがあった。すでに共和党はトルーマン政権の対中国政策を厳しく批判しはじめており、対日講和問題が「中国の喪失」によって高まる反共ヒステリーの影響を受けないような配慮が求められていたのである。

ダレスが政府内の意見をまとめる際に助けになったのは、講和推進派のマッカーサー元帥の存在であった。マッカーサーは一九五〇年六月（朝鮮戦争勃発の直前）、相次いで日本を訪れたジョンソン（Louis A.

Johnson）国防長官とブラッドレイ（Omar N. Bradley）統合参謀本部議長の一行、そしてダレスに対して、対日講和の障害になっていた講和後の日本の安全保障問題について自らの考えを示した(23)。

元帥はまず、国務、国防両省がそれぞれ相手との妥協のために出していた案は日本人を満足させないと批判した。国務省の中で考えられていたのは、アメリカ、カナダ、フィリピン、オーストラリア、ニュージーランド、日本からなる「太平洋協定（Pacific Pact）」と呼ばれる地域的集団安全保障体制をつくり、日本軍国主義復活の懸念を打ち消すとともに、域外からの攻撃には集団で対抗するという方式であった(24)。この体制の中でアメリカは、特別協定を結んで日本から基地駐留の権利を得ることができるとされていた。マッカーサーは、この国務省のアイデアは、日本人からは日本の安全のためというよりもアメリカの安全のためのものとみなされ、日本人のナショナリズムを刺激すると指摘した。

他方、国防省と統合参謀本部は、部分的講和、すなわち軍事的安全保障については占領管理のシステムをそのまま残して米軍が駐留を続け、それ以外については日本政府が完全に独立の権利を回復するというアイデアを出していた。マッカーサーはこれは現状維持よりさらに悪いと酷評し、完全な主権回復をめざす日本人を失望させ、アメリカの裏切りととられるであろうと批判した。

両案を否定したうえでマッカーサーは、日本占領の根拠になっているポツダム宣言（一九四五年七月二十六日）の再解釈によって講和後の米軍駐留を維持し、日本の安全を守るという案を示した。ポツダム宣言は「無責任な軍国主義が世界から駆逐されるまで」平和、安全、正義に基づく新秩序の建設は不可能であり、そうした秩序ができるまで連合国は、日本国内の諸地点を占領するとうたっていた。「無責任な軍国主義」とはもちろん日本の軍国主義のことであった。しかし、マッカーサーの案はそれをソ連の共産主義の脅威ととらえ直し、完全な講和条約を締結した後も、ソ連共産主義の脅威がなくなるまで米軍は駐留を続けられる、としたのである。マッカーサーは、駐留の形態については、軍事技術の発達から見て、あらかじめ決められた特定の地点にとどまるのではなく、日本全体を潜在的行動範囲として考えるべきであると主張した。

マッカーサーはこの解決案において、沖縄を確保すれば日本本土に米軍が駐留する必要はないとの立場から後退して、日本本土の基地としての活用、それも大規模な活用を認めている(25)。おそらく講和促進のために、国防省・軍部の見解に妥協したものと思われる。ただしマッカーサーは、こうした形の米軍駐留が、自説である日本の中立と矛盾するとは考えていなかった。なぜなら、米軍の駐留は日本がアメリカの軍事同盟国であるから可能になるのではなく、ポツダム宣言という国際的枠組みによって可能になるからであった。マッカーサーの考えは、「日本がアメリカの活発な軍事同盟国になることよりも、ソ連にとられないことの方がより本質的」(26)というものであった。

マッカーサーの提案は、二つの点でアメリカ政府内の講和交渉への動きを促進した。まず第一に、国務省と国防省・軍部は、日本本土への米軍駐留を条件に講和交渉を進めることで合意する。九月八日、トルーマン大統領が講和交渉の開始を承認した際に、講和の重要な条件の一つとして、アメリカが日本に対し「日本のどこであれ、必要と思われる期間、必要と思われるだけの軍隊」を置く権利を求めることが決められた(27)。その具体的な米軍駐留と基地使用の条件については、日本との間で取り結ぶ二国間協定の中で定められるとされた。

次にマッカーサーの提案は、米軍駐留の正当化について考えるヒントをダレスに与えた。米軍が占領終了後も日本に残るということになれば、アメリカ議会はもちろん、他の連合国と日本にそれを納得させる名分や形式が必要になる。ダレスもマッカーサーも、そのためには国際的な枠組みが重要になると見たのである。

ただしダレスは、マッカーサーのポツダム宣言に基づく米軍駐留というアイデアを、国連という枠組みを利用して発展させることにした。ダレスはマッカーサーとの会談の中で、日本に関する安全保障の取り決めは、日本を犠牲にしてアメリカが特別な利益を得るようなものであってはならず、「国際社会全体の平和と安全という鋳型で鋳られる」べきであると述べ、自らの次のような考え方を示した。国連が「一〇〇%機能している」場合、日本は講和後に国連に加盟して国連憲章第四三条（安全保障理事会に兵力や施設の提供を約束する）に基づいて、安全保障理事会に施設すなわち基地を提供する。日本が国連に加盟していない、あるいは憲章第四三条が機能していない段階では、日本はポツダム宣言署名国の代表としてポツダム宣言に従って行動しているアメリカと、同等の協定を結んでアメリカに施設を提供する。国連の安全保障システムが確立すれば、日本が提供する施設はそれに吸収される。すなわちダレスは、マッカーサーのアイデアを、国連という戦後世界の理想の枠組みの中に吸収発展させたのである(28)。マッカーサーは、このダレスのアイデアは日本人に受け入れられやすいとして、それに全面的に同意した(29)。

ダレスのアイデアはいくらか修正された後、国務省が作成した平和条約草案（一九五〇年九月十一日）の中に盛り込まれた。すなわち日本は、国連加盟前であっても国連憲章第二条の諸原則（国際紛争の平和的解決、国連の目的に反する武力行使の禁止、国連に対する援助など）に従って、国際の平和と安全のために行動する義務を受け入れる。日米両国政府は、世界から「無責任な軍国主義」が消えていない現状を憂慮し、日本区域（Japan area）における国際の平和と安全のための取り決めを結ぶ。その取り決めにおいて日本は、アメリカからの軍事力の提供を要請し、アメリカはその要請を受諾する。日本はアメリカに援助、施設（基地）、通過の権利を提供する。その規定は、国連またはその他の安全保障取り決めによって日本地域の国際の平和と安全が確保されるまで続く(30)。条約草案に入れられたこうした趣旨の規定が、後に安保条約の原型となる。

朝鮮戦争と対日講和交渉

ところで、ダレスが日本を訪問している間に朝鮮戦争が勃発（一九五〇年六月二十五日）して、対日講和に与える影響が心配された。実際、国防省・軍部は、戦争遂行に不可欠な、日本という後方支援基地の現状変更を嫌い、戦争継続中の講和推進には消極的であった。とくに一九五〇年十月下旬から中国人民義勇軍が介入して戦争が「全く新しい戦争」（マッカーサー）に変わると、国防省・軍部は交渉の延期を強く主張した(31)。しかしダレスは、朝鮮戦争の勃発によって日本人が共産主義の脅威に目覚めると期待して、むしろ講和交渉の好機到来と見た。そしてダレスと国務省は、中国義勇軍の介入で戦況が悪化しても、日本を西側に引き留めるために講和を進めることが必要と判断した。ダレスの判断は、アメリカ政府全体の判断となった。

朝鮮戦争勃発により、アメリカから見た日本の価値は急上昇した。まず、先に紹介したＮＳＣ四九が主張する対ソ軍事戦略上の価値が具体的に実証されることになった。端的に言って、もし日本という基地がなければ、アメリカを中心とする国連軍は朝鮮半島で戦線を維持することができなかったであろう。また、中国義勇軍が朝鮮戦争に介入したため、東アジアにおける国際政治地図の色分けが明確になったことも、日本の価値を上昇させた。アメリカ政府は、一九五〇年の初頭までは、毛沢東が率いる共産党支配下の新中国を明白な敵とはみなしていなかった。毛沢東がスターリン（Iosif V. Stalin）と距離を置き、ユーゴスラビアのチトー（Josip B. Tito）のような独自の路線をとることを期待していたからである。しかし、一九五〇年二月に中ソの軍事同盟が成立し、十月下旬以降、朝鮮半島で中国義勇軍と米軍が激突するようになると、中国はアメリカにとって東アジアにおける不倶戴天の敵となった。その裏返しとして、東アジアの提携国として日本を強化する政策の政治的重要性が増すことになる。こうして朝鮮戦争によって日本の価値は釣り上がり、日本から見れば、アメリカとの講和交渉に有利な環境が生まれた。

しかし、朝鮮戦争は講和交渉を難しくする要因も生んだ。アメリカの軍部が日本の再軍備に期待をかけるようになったからである。朝鮮戦争が勃発するやいなやマッカーサーは、占領軍の朝鮮出動にともなう兵力不足を補い、日本の国内治安を強化するために、七万五〇〇〇人からなる警察予備隊の創設を日本政府に指令した（同時に海上保安庁の八〇〇〇人増員を指令）。国内治安の強化を望んでいた吉田は、この警察予備隊創設の指令を喜んで受け入れた。だがアメリカの軍部は、それにとどまらず日本ができるだけ早く、より本格的な軍事力を持つように期待しはじめた。朝鮮戦争での動員に加えて、西ヨーロッパが心理的に動揺しないよう北大西洋条約機構（NATO）に四個師団を送ったため、兵力不足に悩むことになったからである。アメリカ軍部は西側陣営の通常兵力増強を望み、その計算には日本も組み込んだ。一九五〇年十月末に作成されたある計画では、一九五四年七月にソ連との全面戦争がある場合、日本は陸上一〇個師団で米軍を支援すると想定されていた(32)。朝鮮戦争勃発後、アメリカ軍部の強い関心は、基地駐留権だけでなく、日本の再軍備にも向けられていく。

再軍備のための太平洋協定案

再軍備への関心は、中国義勇軍介入による戦況の悪化によってさらに高まった。トルーマン大統領は、全面戦争に備えて大規模な軍事力強化をうたうＮＳＣ六八を審議するとともに、一九五〇年十二月十六日、国家非常事態を宣言した(33)。年末にまとめられた統合参謀本部内の研究は、事態の変化でアメリカの朝鮮における軍事的成功は疑わしくなったとしたうえで、日本の状況に目を向けた。日本には占領管理のための軍隊も、ソ連のありうべき攻撃に反撃する軍隊もなく、極東の米海空軍は朝鮮にかかりっきりになっている。日本の警察予備隊は、目下のところは法と秩序を維持しているが、ソ連の軍事侵略にはまったく対抗できないし、共産主義者の内乱活動に対してでさえ十分対抗できるかどうか証明されていない。日本は要するに「軍事的真空」である。同研究はこうした判断に基づいて、いまやアメリカの軍事的利益は日本ができるかぎり早く自らの防衛能力を強化することにある、日本が効果的にそうした努力をするためには憲法改正が必要で、それができるまで講和交渉は行うべきでないと主張した(34)。同じく十二月に作成された別の研究は、日本の再軍備を直ちに開始して一〇個師団以上の規模に増強する必要がある、との見積もりを示した(35)。

国務省も日本再軍備の必要を認めた。ただし日本再軍備となれば、オーストラリアやフィリピンなど、かつて日本に苦しめられたアメリカの友好国には対日警戒心が芽生える。アメリカはこれを和らげる必要があるし、また自らの手で非武装化した日本に再び軍備を持つよう説得しなければならなかった。国務省はこの問題を解決するために、マッカーサーに批判された太平洋協定の構想をあらためて検討するようになった。日本、オーストラリア、ニュージーランド、フィリピン、アメリカ、それに可能性としてはインドネシアが国連憲章第五一条の集団的自衛権に基づいて協定を結び、各締約国が他の締約国に対する攻撃を自らの平和と安全にとって脅威であるとみなして共通の危険に対処する、という構想であった(36)。

ダレスは、この構想の主たる目的は次の二つであると説明した。一つは、締約国に対する攻撃の中には可能性としては日本からの攻撃も含まれるので、日本の再軍備を制限しない平和条約を結んでも、オーストラリア、ニュージーランド、フィリピンを十分安心させることができる。もう一つは、日本再軍備に国際的枠組みを作り、日本の軍事力を「国軍（a national force）」というより「国際安全保障機構（an international security organization）」の一部とすることができることであった。ダレスは、こうした形ならば日本人の希望にも合うし、「現行憲法との正面衝突なしに」再軍備できるかもしれないと期待したのである(37)。

ダレスは一九五一年一月下旬、再び日本を訪問して日本政府との講和交渉に入った。その際ダレスは、以上見たように、国連憲章に基礎を置く安全保障条項を持つ平和条約、米軍の基地駐留の内容を記す二国間協定、日本再軍備を促進するための太平洋協定の三つを軸とする安全保障構想を描いていた(38)。

三　日本政府の構想

自由主義陣営の一員として

一九四九（昭和二十四）年の秋、アメリカ政府が対日講和を検討中であることが伝えられると、日本国内では講和のあり方についての論争が活発になった。中心となった論点は、冷戦が続く中で、あくまでソ連や中国（中華人民共和国）も含めたすべての連合国との講和（全面講和）をめざすのか、それともアメリカを中心とする国々とだけの講和（多数講和あるいは単独講和）もやむなしとするのかという点であった。日本政府は後者の立場をとり、社会党や共産党、また著名な知識人を集めた平和問題談話会などは前者の立場をとった。

平和問題談話会は、一九五〇年一月十五日、「講和問題についての声明」(39)を発表し、次のように全面講和論の正しさを主張した。講和は形式および内容ともに完全なもの、すなわち全面講和でなければならない。そうでなければたとえ名目は講和であっても、実質はかえって新たな戦争の危機を増大するだけである。というのも、全面講和でなければ日本は東西両陣営の一方に加担することになり、世界対立を激化させるからである。日本は過去の戦争責任を償う意味からも、全面講和を通じて「両者の接近乃至調整という困難な事業」に取り組む責務がある。講和後の安全保障は、「人類が遠い昔から積み重ねて来た平和への努力の現代に於ける結晶」である国際連合に加入して中立不可侵を貫くことで達成すべきである。「特定国家のための軍事基地の提供」は日本国憲法にも反する。また、全面講和でなければ中国との貿易関係が切断され、経済的自立が難しくなるであろう。

こうした全面講和の議論は、吉田茂首相の容れるところではなかった。吉田のような外交の実際家にとって、それはあまりにも現実離れした議論だったからである。一九四九年十一月十二日、参議院の答弁で吉田は次のように述べている。

「昨日も申しました通りに、単独講和可なりや、全面講和可なりや、どちらがいいかという問題は、今日はないのであって、海外の事情によって、つまり外交の国際関係によってきまるわけであって、我々に採択の自由はないのであります。」(40)

吉田の答弁は、当時の日本の実力と日本が置かれた現実を冷静に見据えたものである。吉田から見れば、全面講和論のように二つの陣営の調和をはかるというのは、理想論としてはともかく、実際の政策としてはとてもできない相談であった。吉田は後に、冷戦が激化している状況で全面講和を主張するのは、「鏡中の花を摘まんとする」ようなもので、占領を長引かせて講和独立を遅らせるにすぎないものであったと批判している(41)。

ただ、この国会答弁のように、多数講和(単独講和)になるかどうかは相手が決めるというのは、吉田が多数講和を選択した半面の理由である。吉田は多数講和の中に、日本の国益を増進する積極的な契機も見ていた。多数講和はすなわち日本がアメリカを中心とする自由主義陣営の一員となることを意味しており、それは吉田の見るところ日本の国益を最もよく守る生き方だったからである。

吉田は、歴史的観点からも、また合理的計算からも、アメリカとの協調こそが戦後日本外交の基盤と確信していた。吉田によれば、明治維新後の日本は、英米両国との政治的・経済的協調によって国運の隆盛を来したが、その後は成功に驕り、満州事変から太平洋戦争に至る過程で外交の大道を見失い、無謀にも英米と戦って惨敗し、それまでの国家発展の偉業を台無しにしたのであった。英米との対立は近代日本外交の根本基調からの逸脱であり、二度と繰り返してはならなかった。そのことは合理的な国益の計算からも明白である。なぜなら日本は海洋国家であり、海外との貿易を通じて国民を養わなければならないが、そうだとすれば、海洋支配の力を持ち、経済的に最も豊かで、自由主義を伝統とする海洋国家である英米両国、とくに戦後はアメリカとの協調が欠かせないからである。吉田にとってアメリカとの協調は、主義とか思想である前にまず、日本国民の利益を増進する「近道」であった(42)。

アメリカへの基地提供

吉田は講和促進のために動いた。一九五〇年四月、財政経済の視察という名目で訪米する池田勇人大蔵大臣に指示して、日本の安全保障についての自らの考え方をアメリカ政府に伝えさせたのである。五月三日、池田は、一九四九年の緊縮政策(ドッジライン)の立役者で、アメリカに帰国後は陸軍省の顧問をしていた旧知のジョセフ・ドッジ(Joseph M. Dodge)に会い、次のように述べた。

「日本政府はできるだけ早い機会に講和条約を結ぶことを希望する。そしてこのような講和条約ができても、おそらくはそれ以後の日本及びアジアの地域の安全を保障するために、アメリカの軍隊を日本に駐留させる必要があるであろうが、もしアメリカ側からそのような希望を申出でにくいならば、日本政府としては、日本側からそれをオファするような持ち出し方を研究してもよろしい。」(43)

吉田は、講和後の米軍駐留を多数講和の条件として受け入れると伝えたのである。ダレスに池田とドッジの会談記録を送付した国務省の高官は、これが平和条約に関連する問題について日本政府が公式レベルで出した最初の意見表明であり、意義深いとコメントした(44)。

多数講和になれば講和後も米軍の基地が残ることは、一般に予想されていた。多数講和でなく全面講和を求める人々の理由の一つが、米軍基地の残留に対する反対であったことからもそのことはわかる。多数講和を選択する吉田にとって基地の提供は、選択の問題というよりは言い出すタイミング(どちらから言い出すかを含めて）の問題であったとみてよい。おそらく吉田は、基地提供の意思をこちらから示せばアメリカ政府内の講和の動きが促進されると判断して、こうした形で意思を示したと思われる。

もちろん、アメリカへの基地提供は日本の安全を確保する手段でもあった。吉田は、講和後の安全保障はアメリカに依存せざるをえないと判断していた。現実問題として日本には、国内治安はともかく、対外的な安全を自力で確保する力はなかった。一般論としては、安全保障を国際連合に期待するのが正しい道かもしれない。しかし、国際連合が機能しないという状況では、特定の国との防衛協定に頼るしかなかった。しかもその特定の国といえば、その実力と日本との関係からみてアメリカしかない、というのが吉田の基本的な考えであった(45)。

当面、再軍備はしない

アメリカへの基地提供を前提として、吉田が講和後の日本の安全保障についてとくに関心を持っていたのは、再軍備をどうするかという問題であった。日本政府が一九五一年一月下旬から始まった日米講和交渉においてダレスに示した「わが方見解」という文書は、吉田の入念なチェックを受けた末に出されたもので、吉田の意向をよく表している。この文書は、再軍備について、「当面の問題として〔傍点は引用者〕、再軍備は、日本にとつて不可能である」と明言して、その理由を三つあげている(46)。

まず第一は、戦争に倦んだ大衆の感情である。

「再軍備を唱道する日本人はいる。しかし、その議論は、問題を徹底的に究明した上でのものとは思われないし、また、必ずしも大衆の感情を代表するものでもない。」

次に文書は経済的理由をあげる。これは、再軍備よりも経済復興を優先させた吉田の基本原理といってもよい。

「日本は、近代的軍備に必要な基礎資源を欠いている。再軍備の負担が加えられたならば、わが国民経済は立ちどころに崩壊し、民生は貧窮化し、共産陣営が正しく待ち望んでいる社会不安が醸成されよう。安全保障のための再軍備は、実は逆に、国の安全を内部から危殆におとしいれよう。今日、日本の安全は、軍備よりも民生の安定にかかることははるかに大である。」

単に貧しいから再軍備はできないというだけでなく、貧しいのに再軍備をすると、経済が破綻し社会不安が生まれ共産主義者につけこまれるのでかえって危険、という議論である。これは共産主義の脅威を政治的・経済的なものと見る、ケナンの「封じ込め」の理論に通じていた。

最後に、軍国主義復活に対する内外の警戒心があげられている。

「わが近隣諸国が日本からの侵略の再現を恐れていることは、厳たる事実である。国内的には、旧軍国主義の再現の可能性に対して警戒する理由がある。」

吉田は、戦前日本の進路を大きく誤らせた軍国主義の復活を警戒していた。また、日本の軍国主義復活に対するオーストラリアなどの警戒心が講和に与える影響も気にしていたようである(47)。

吉田が、「当面の問題として」再軍備を拒否するという姿勢で講和交渉に望んだのは、こうした三つの理由に加えて、吉田なりの情勢判断があったと思われる。吉田は、近い将来に米ソ全面戦争が起こってソ連が日本に侵攻する危険性はない、と見ていた。西村熊雄外務省条約局長の備忘録（一月十三日付）が吉田の判断を伝えている。

「総理はかたく再武装を否とされる。客観情勢については、両陣営が全面的戦争に突入することはない。現在の対立抗争は、時に緩急の差あるとしても、永続する。その間、戦争になるぞ! 戦争になるぞ! との神経戦にひつかかつてはならぬ。ソ連は断じて日本に侵入しないであろうと考えられる。かような見透しに立てば、再武装を否とし、その他の方式に安全保障の途を見いだそうとする総理の考えは納得がゆくような気がした」(48)

持ち出さなかった「理想案」

吉田は来るべき講和交渉で、当面、再軍備はしないという方針を貫くために、事務当局に交渉の材料として、「日本・朝鮮の非武装、一定地域の空軍基地の撤廃、西太平洋における列強の海軍の縮小」を根幹とする安全保障条約案の作成を命じた(49)。吉田は、相談相手にしていた数名の軍事専門家(旧軍人)に、この条約案作成への協力を求めた(一九五〇年十月二十四日)。

「日本の再武装については、平和条約ができるまでは、再武装はご免こうむるという建前をとりたい。それがためには、では日本の安全をどうするつもりかと聞かれるにきまつているので、その際、非武装地帯とか艦船の出入禁止とかいつたような考えを盛り込んだ理想案を提示したい。理想案の作成に力をかしてもらいたい。」(50)

二カ月後、軍事専門家の協力を得てできあがった「北太平洋地域における平和および安全の強化のための提案」が吉田に提出された。その提案は、簡単に言うと、日本および朝鮮の非武装と米英ソ中四国の軍備制限を国際連合が監視するものであった。軍備制限の概要は、①朝鮮国境および四国が協定するその他

図1　「理想案」における軍備制限地帯

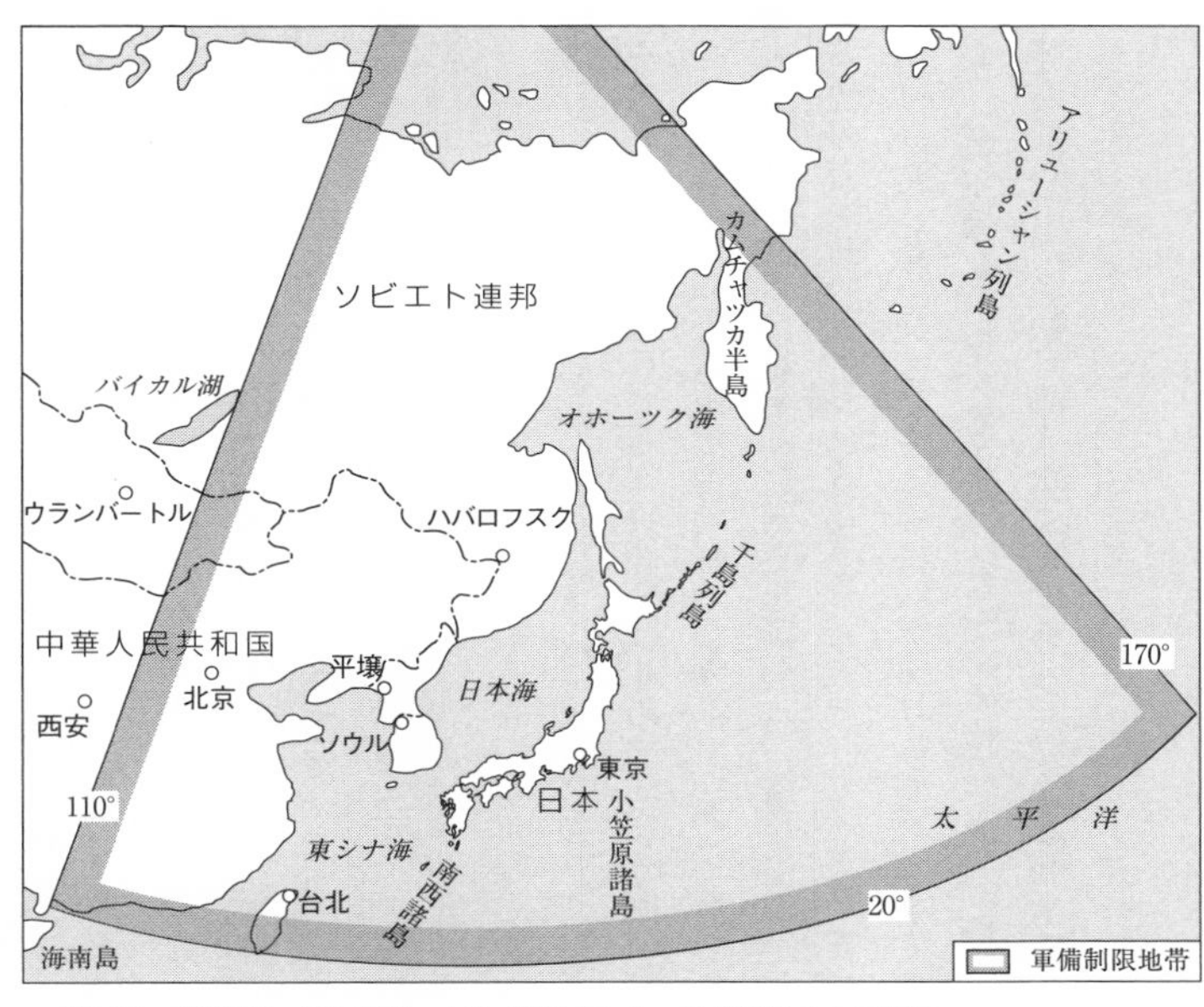

［出典］『調書』Ⅲ，209-12頁，大嶽『資料集』2，26-27頁をもとに作成。

の地域の非武装、②東経一一〇度以東、一七〇度以西、北緯二〇度以北の地域、海域における防備施設および軍用施設そしてそれら施設の武装の現状維持、③この地域、海域内において常駐する陸軍兵力は、自国領土防衛のために必要な兵力にとどめる。海軍兵力については主力艦、とくに航空母艦と潜水艦を常置しない。空軍兵力については攻撃用機種を常置しない、となっていた（図1参照）。さらに「提案」は、国際連合加盟国が国連憲章に基づいてとる軍事的措置は右の制限を受けないとしていた(51)。

吉田は、ダレスとの交渉ではこの「理想案」を持ち出さなかった。この案は、もし本当に実行できるのならば、必ずしもアメリカにとって不利な軍備制限案ではなかったであろう。アメリカは講和後、日本に置く兵力を制限されるが、基地施設は現状維持である。それに、朝鮮戦争遂行のための国連軍（米軍）の軍事力は制限を受けない。その反面、ソ連や中華人民共和国は、自国の広大な領域（ソ連極東部はバイカル湖以東、カムチャツカ半島の付け根までが入り、中国本土は東部の平野部全体が含まれる）で軍備を制限されることになる。仮にアメリカが受け入れても、中ソ両国がたやすく受け入れられるはずのない提案であった。さらに中国における二つの政府の存在をどうするか（ちなみに、この「理想案」でいう「中国」は中華民国を指しているようである）、非武装化後の朝鮮の政治体制がどうなるかなど、大事な点が詰められていたようには見えない。遠い将来はともかく、当面はまったく実現可能性のない、荒削りの案であった。

最近の研究の中には、この「理想案」を吉田が実際の交渉の場でカードとして使わなかったことを問題にするものがある(52)。しかし、朝鮮半島で激戦が続き戦況が悪化する中で、軍部の消極論を押し切って講和をまとめようと来日するダレスをはじめアメリカ側の交渉者に、こうした実現性に乏しい夢想的な案を見せて、はたして再軍備拒否の有効なカードになったであろうか。むしろこうした案を持ち出せば、相手を失望させ、交渉に対する真剣さを疑われ、講和交渉全体に悪影響を与え、講和の再度延期につながった可能性の方が高いと思われる(53)。

吉田はダレスとの交渉に入る前に、アメリカ側に示す文書の中から「理想案」を示唆する文言を削除させた(54)。再軍備を拒否するためにせっかく検討した「理想案」ではあったが、交渉前に総合的に判断して、使わない方がよいと考えたようである。妥当な判断であろう。

外務省の構想

さて、吉田が講和後の安全保障を米軍への基地提供によって確保すると決断したのを受けて、外務省は基地提供の具体的な形を検討した。外務省は一九四九年の秋から暮れにかけて多数講和の利益と損失についての研究を行い、多数講和への志向を明確にするいくつかの文書を作成していた。しかしその時の研究では、安全保障のあり方については結論が出ていなかった。多数講和になれば、安全保障は実質的にはアメリカに依存せざるをえない。しかし、憲法との両立、自主独立の体面、あるいは戦争に巻き込まれることを嫌う世論への配慮などから、その具体的な方式について考えが煮詰まっておらず、講和後の米軍駐留についても、はっきりとした態度を打ち出せなかった（多数意見は、「芦田書簡」の考え方と同じように、できることなら日本国内への駐兵は避けたいとするものであった(55)）。しかし翌一九五〇年九月十四日、トルーマン大統領が記者会見で講和交渉の開始を明らかにし、新聞報道でアメリカ政府が考えている平和条約構想の大筋が伝えられ、多数講和の動きがいよいよ本格的になると、外務省は吉田の意向とそれまでの研究をふまえて、米軍の日本駐留を前提にした安全保障取り決めの構想を素早くまとめあげた。

外務省の構想では、米軍の日本駐留を規定する日米間の取り決めは、次の三つの原則に基づくべきであった。まず、米軍の国内駐留を認める安全保障の取り決めは、平和条約と別個の条約にすべきであった。

「直接平和条約に駐兵の原則が規定されると、それは強制的駐兵の色彩を強くする。わが方としては、対内関係では、強制されたものとするのが受諾しやすいかも知れないけれども、日米両国国交の大局上からすれば、それは決して適当なものではない。第1に永久的性質を有する平和条約に駐兵の規定をおくことは、たとえ駐兵の期間が限定されていても、精神的には半永久的のものとして受容されるであろうし、また、駐兵について、将来かれこれ交渉をする場合、神聖なるべき平和条約自体を問題にするものとして、連合国側がこれを好まないということも起り得よう。第2に、わが国民感情上も駐屯は戦勝国が戦敗国に強制して、自己の都合上、駐屯せしめるのであるとの言辞を誘発しやすく、これはまた、共産陣営の乗ずるところであろうし、反米感情をそそる材料を供することになろう。」(56)

次に、米軍駐留の内容は占領時代との決別をはっきりさせた合理的なものにすべきであった。

「平和条約によつて、日本は自主独立を回復し、すべてが一新し新らしい気分をもつて、国家再建に向うことができなければならない。……日米間に別個の条約が締結され、その結果が現在の占領軍が形式上も、実体上も、そのまま、居据わるということでは、われわれの期待は失われ、国民の反感を激発するのみであろう。そこで、軍が駐屯するからには、地点、経費、特権や期間等について条約に明定して名実ともに占領軍の継続にあらざることを明確にしなければならない。」(57)

最後に、日米の取り決めは、国際連合と密接に結びついたものにすべきであった。

「国際連合との結び付きを明確にしておくことは絶対に必要である。日本が独立を回復した暁には国の安全は国際連合によつて確保されなければならないという一点において日本人は帰一している。……もちろん、われわれは、実質的に、わが国の防衛を米国に依頼し、そのため、米国に対して一切の協力援助をなさねばならないということを理解している。しかし、米国と単刀直入的に防衛条約を締結するとすれば、これは第3国を目標にしたものであるということが余りにも露骨に現われる。実体はそうであろうとも、形式上は、何人からも指弾されない名分の立つ条約にしなければならない。

そうして初めて、わが憲法第9条（戦争放棄と無軍備）に違反するか否かの憲法論も避けられるし、また、わが国民感情も納得するであろう。われわれが米国と駐兵について条約を取り結ぶゆえんは、国際連合という世界的安全保障機関の決議に基いて、米国がこの機関の名において行動するが故であるということを条文に明示することによつてのみ、日本と米国の双方にとつて大義名分は全きをうると信じるものである。」(58)

これらの中で、外務省の安全保障構想の核心は、最後の国際連合との結び付きを密接にするという原則にあった。先に述べたように、外務省の初期の研究では、戦後の安全保障は国連に頼るという考えが強い影響力を持っていた。それが平和憲法の理念、非武装化という現実、国家的自立への願望という三つの条件を満足させる選択肢だったからである(59)。その後、冷戦の現実の中で、国連が期待された機能を果たさず、現実の選択肢としてはアメリカに頼らざるをえなくなったけれども、そのことをできるかぎり国際社会の「憲法」ともいえる国連憲章に基づく形で表現して、それらの条件に配慮しつつ、国民と国際社会の支持を得たいというのが外務省の希望であった。

国連憲章第五一条を強調

しかし、具体的にどのようにして国連憲章と結び付けるか。実は外務省は、一九五〇年十月五日に吉田に提出した「米国の対日平和条約案の構想に対応するわが方要望方針（案）」では、「米国軍の日本駐屯が単に日本と米国一国との特殊関係に基くものでなく、客観的に日本の防衛が世界の安全保障組織（すなわち国際連合）の一機能であるという意味の名分」を明らかにするため、米軍駐留を国際連合総会の決議に基づかせるのが理想であると主張していた(60)。

しかし吉田は、この「わが方要望方針（案）」を全体として評価せず、表紙の上には「野党の口吻の如し」「無用の議論一顧の値無し経世家的研究に付一段の工夫を要す SY」との酷評を書き込んだ(61)。外務省内の実務作業の中心メンバーであった西村熊雄は、吉田の批判を「全面講和を前提としての考察と結論からまだ完全に脱却しきれないでいた事務当局」への痛烈な批判と受け取った(62)。

吉田が文書のとくにどの部分をさして、「野党の口吻」のようで「経世家的」でないと批判したかは明らかでない。しかし、吉田の批判を受けた後、外務省の事務当局は議論の末、日米の取り決めと国連の結び付きについては国連憲章第五一条を前面に出す方針をとるようになった(63)。「安全保障に関する日米条約説明書」は次のように言う。

「朝鮮動乱で明白にされたように、国際連合がいかに迅速に行動するとしても、現実に武力攻撃が発生してから国際連合が対抗措置を決定するまでにはある時間が経過する。かような欠陥は、国際連合憲章自からも認めた。そして、個別的又は集団的自衛権発動に関する第51条を設けた。日米の間に締結すべき条約でも、これをそのまま認めんとするものである。実質上は、この規定が最も重要な役割を果すであろう［傍点は引用者］。」(64)

この説明書が示唆する国連憲章第五一条に基づく米軍駐留はＮＡＴＯの方式であり、先の「わが方要望方針（案）」の中では「国際連合との結び付きがきわめて薄い」と否定的に評価されていたものであった。ただし、憲章第五一条を利用すれば、駐留を集団的自衛のために日米が果たす共同の責務の一環と位置づけることができる。したがって、日米の結び付きを強めるとともに、両国の形式的な対等性を主張するにはよい形であった。

いずれにしろ外務省が安全保障構想において重視したのは、米軍駐留を約束する日米の取り決めが、主権国家の体面や国民感情を傷つけず、国内的に受け入れやすいものであること、という点であった。三つの原則はみな、そのことにかかわっている。吉田は再軍備問題に重きをおき、外務省の事務当局ほどには駐留の形式にこだわっていなかった。しかし、もちろん吉田も日本人の自尊心を傷つけるような取り決めを望んではいなかった。

こうして講和交渉に臨む吉田と日本政府は、講和後の安全保障をアメリカに頼り、米軍の基地駐留を認める、当面、再軍備はしない、基地駐留を認める取り決めの形式については三つの原則（平和条約との分離、合理的な駐留、国連憲章との結び付き）を確保する、という方針を立てていた。

四　日米交渉

「多くを期待しないが」

日米間の講和交渉は、一九五一（昭和二十六）年一月から八月まで東京で断続的に行われた。安保条約の基本的な骨格は、ダレス来日（一月二十五日から二月十一日）にともなう第一次交渉の中でほぼできあがった。ただし、その後の交渉で米軍の駐留目的について重要な修正が加えられ、また条約調印後に行われた米軍駐留の具体的内容に関する交渉は難航し、結果は日本側にとって厳しいものになった。

吉田とダレスの最初の会談（一月二十九日）は、ぎこちないものであった(65)。随員を連れず一人で会談に出席した吉田は、冒頭から、アメリカが日本人の自尊心（amour-propre）を考慮すべきこと、占領軍の政策には日本の伝統から見て行き過ぎがあったこと、経済復興のためになすべき政策としてアメリカから日本への投資の増大、中国貿易が必要であることなどの持論を、立て続けに述べた。その後ややあって、ダレスが話を主要問題に移すべく安全保障問題に水を向けると、吉田は再軍備問題を話し出し、軍国主義復活の危険性と経済的困難を理由にして、日本再軍備は「非常にゆっくり行う（go very slowly）」必要があると主張した（＊2）。

ダレスの何よりの関心は、講和後の米軍駐留について吉田の本音を聞くところにあった(66)。しかしダレスは、吉田が持ち出した再軍備の議論に応じて、吉田があげる再軍備の障害は、単に克服すべき障害なのか、それとも日本が何もしない言い訳なのかと問い質した。ダレスは日本が、自由主義諸国の集団安全保障体制の恩恵に与りたいのであれば、他の自由主義諸国と同様に、自らの手段と能力に応じた貢献をなさねばならない、日本も集団安全保障のために「少なくとも印だけでも貢献」すべきであると説いた(67)。「印だけでも貢献」をと迫るダレスの念頭に、再軍備による貢献があったのはまちがいない。ただダレスの指摘は、具体的に再軍備を迫るだけでなく、日本が自由主義諸国の集団安全保障に参加し、貢献する意志と努力の大切さを強調するものであった(68)。したがってもし吉田が、再軍備は「非常にゆっくり」しかできないけれど、かくかくしかじかのことはできる、と応じていれば、ダレスにとってそれなりに実りある議論になったかもしれない。しかし、アメリカ側の記録によれば吉田は、集団安全保障に喜んで貢献するとは述べたものの、具体的にどのような貢献をするかについては「いかなる示唆も」与えなかった。吉田＝ダレス会談に同席したシーボルド（William J. Sebald）大使は、吉田は細部の話をする準備がまったくできておらず、その発言は「さぐりを入れる」性格のものであったと記録している(69)。ダレスは最初の会談で問題の核心に迫れず、あてがはずれ、非常に悔しがった(70)。

ところで会談が終了した後、吉田はダレスに誘われてマッカーサーを表敬訪問している。その席で吉田はマッカーサーに、ダレスから自由世界への日本の貢献について聞かれて困っていると述べた。実は、吉田はダレスとの交渉が始まる一〇日ほど前に総司令部に出向き、マッカーサーに、再軍備問題でダレスと意見が合わないときは助け船を出してほしいと依頼していたようである(71)。実際、マッカーサーは吉田に助け船を出し、ダレスに対して次のように語ったという。

「自由世界が今日、日本に求むるものは軍事力であってはならない。そういうことは実際できない。日本は軍事生産力を有する。労働力を有する。これを自由世界の力の増強に活用すべきである。」(72)

この時のダレスの反応は不明である。しかし吉田の方は、期待どおりにマッカーサーの口添えを得て、助けられた思いがしたであろう。

二回目の吉田＝ダレス会談（一月三十一日）は、ダレスにとって少しましなものになった(73)。この日は前日（一月三十日）に日本側から提出された文書「わが方見解」(74)に沿って話がなされ、ダレスは安全保障など基本的な問題に対する日本側の考えを知り、それにコメントすることができた。しかし、この日もダレスは、再軍備についての日本側の議論に納得できなかった。先にも見たように「わが方見解」は、国民感情、経済的理由、軍国主義復活に対する内外の危惧の三点をあげて、当面、再軍備は不可能と主張した。その反面、国内の治安強化には力を入れるとして次のように約束した。

「今日、国際の平和は、国内の治安と直接に結ばれている。この意味において、われわれは、国内の治安を維持しなければならず、そのためには、われわれは独力で完全な責任をとる決心をしている。これがため、わが警察及び海上保安の人員を直ちに増加し、また、その装備を強化する必要がある。」

さらに「わが方見解」は、「われわれは、その中にあって積極的な役割を演ずることを熱望している自由世界の共同の防衛に対する日本の特定の貢献の問題について協議することを希望する」とも述べている。これは吉田が二十九日のダレス、マッカーサーとの会談の後、「わが方見解」に盛り込むよう事務当局に口述した文言であり(75)、再軍備以外での貢献について話し合う用意があることを強調したものである。

これに対してダレスは、「経済上の困難など書いてある困難は解かる」と一応の理解を示しながらも、それが「自由世界の防衛に貢献しない弁解とはならぬ」とあらためて釘をさし、そうした困難に打ち勝って貢献する努力を求めた。また、警察力の強化は第一段階のものであり、その後、「いかなる手段を執るかを考え徐々に実行していくことを考えてほしい――多くを期待しないが」とも述べた。

ダレスのコメントを聞いた吉田は、「自由世界の防衛強化のため、日本のなしうる協力としては、武力のほかに、日本の生産力がある。造船その他今日日本のもっている生産余力について情報を提供しよう」(76)と述べた(ここで吉田が「武力」と言ったのは、警察力のことと思われる)。

ダレスは吉田との会談で、日本が自由世界に参加し、その発展に貢献する意志と努力を示すよう繰り返し求めた。ダレスと吉田の対立点は、そうした意志と努力に再軍備が欠かせないかどうかであった。吉田は、当面、再軍備はできないので、警察力や生産力でもって貢献しようと主張した。ダレスは、困難はあっても「多くを期待しない」から、再軍備を「徐々に実行」するように主張した。

ダレスが自由世界の一員としての貢献という原則を強調したのは、いかにもダレスらしい。ダレスは、ウィルソンの国際主義の流れを汲み、自由世界の強化、結束を普遍的な価値や倫理の問題としてとらえていた。そこに法律家としての習性も加わったせいか、外交交渉において、とかく原則を強調するところがあった(77)。この時は、朝鮮半島でアメリカが厳しい戦いを強いられているという事情もあり、自由世界の団結とそれへの貢献という原則を説く口調になおさら熱が入ったのかもしれない。もちろん、ダレスの原則論は具体的な必要と無関係に存在していたわけではない。アメリカ政府内では、国防省・軍部が兵力不足から日本防衛の負担を軽くするために日本の再軍備を求めていた。また軍部の最大の要求である米軍の日本駐留についても、再軍備をまったくせず自衛の努力もしない国へ駐留するとなると名分を立てにくいであろう。そうしたことからダレスは、「多くを期待しない」再軍備に固執したと思われる。

講和にあたって再軍備をしない

二月一日、吉田＝ダレス会談の不調ぶりに危機感を覚えた日本側は、事務レベルの会談で、米軍駐留に同意する条項を含む「相互の安全保障のための日米協力に関する構想」(78)を提出した。その際アメリカ側から、この構想では、日本に侵略があった場合に日本はアメリカと協力して立ち向かうというけれども、具体的にはどういう協力かとの質問があった。これに対して日本側は、

「考えうるすべての手段、例えばフィジカル　フォースとしては警察力もあり、工業生産力もあり、人力(マンパワー)もあり、施設提供もあり、運輸もあり、法律上も事実上もできるすべての手段をふくむつもりなり」(79)

と答えた。再軍備なしでも協力できる、という主張の繰り返しである。これに対して、アメリカ側は次の

ような主張を繰り返した。

「米国は、日本が警察力や産業力を以て米国に協力する以上に、少くとも、ある程度のグラウンド・フォースを以て協力することを期待す。日本が警察予備隊の増強を必要と考えておることは承知しおるが、それは、現段階において国内治安力を充実するものにして、米国の問題とするは、その次にくる段階としてどの程度のグラウンド・フォースを建設せられんとするやの点なり。このグラウンド・フォースは、もちろん徐々に増強して行かるべきものにして、その増強につれ米国は日本にある兵力を他に転用せんことを考えおれり。少くも、第一段階において日本がもたれんとするグラウンド・フォースの規模について承知したし。米国は、財政上、また、機材的に十分日本のグラウンド・フォースの建設を援助するの用意あり」(80)

日米の主張が平行線をたどるのを見て、吉田は妥協やむなしと判断した。二月三日、吉田は事務当局に対して、交渉を進展させるために、警察予備隊や海上保安庁とは別個に五万人からなる「保安隊(security forces)」を設け、将来、参謀本部に発展するべき「自衛企画本部(Security Planning Headquarters)」を創るという案をアメリカ側に示すように命じたのである(81)。吉田は『回想十年』の中で、具体的なことはぼかしながらも、このことについて次のように述べている。

「私は、それまでの交渉経緯から考えても、日本の防衛努力につき、ダレス特使に対して、何らの意思表示もしないで、日米協定だけを纏(まと)めるという虫のいゝことは、到底見込がないと考えた。一方平和条約成立後の日本が、防衛努力の第一段階で設けるべき地上軍の腹案でもよいから教えてほしいというのが先方の強い希望であった。そこで種々考慮の結果、警察予備隊や海上保安隊を充実増強して、治安省といったようなもので統轄する案を示した。この治安省の構想は以前からあったもので、ダレス氏にある程度の満足を与えたようであった。」(82)

実際に吉田がアメリカに示した案は次のようなものであった。

「再軍備計画のための当初措置

平和条約および日米安保協力協定の発効と同時に、日本が再軍備計画に乗り出すことが必要となろう。以下は、日本政府が検討中のこの計画の骨子である。

(a) 総数五万人にのぼる陸、海の保安隊が、現在の警察力および警察予備隊とは別個に創設される。これら保安隊は特別に訓練され、一段と強力な装備をもつもので、国家治安省(予定)の管轄下に置かれる。この五万人の部隊が日本の新たな民主的軍隊のスタートをしるすものとなろう。

(b) 「自衛企画本部」(仮称)が国家治安省内に設置され、米、英両国の軍事事情に通じた専門家が、同本部に配属される。専門家たちは、日米安保協力協定によって設置される合同委員会の活動に参加し、将来日本の民主的軍隊の参謀本部の中核を形成することになろう。また政府は米国の軍事専門家(軍人)の助言を求めることになろう。

一九五一年二月三日」(83)

この案の起源について詳しいことは明らかでない。田中明彦教授は、ダレス訪日直前(一月十九日)に軍事専門家から提出された国内治安確保のために必要な警備力の試算(幹部および基幹人員五万人)から、吉田が思いついた譲歩案ではないかと推測している(84)。いずれ必要と考えていた警察力の増強の一部を、再軍備の基礎としてアメリカ側に示したのではという推測である。この推測は、外務省が二月二日に憲法と再軍備の関係についてアメリカ側に示した見解に照らしても、妥当性があるように思われる。その文書は、再軍備のためには憲法第九条の改正が必要だが、現在のところ憲法改正は「極めてデリケートであつて困難」と述べ、再軍備について次のように言う。

「従つて平和条約の締結がそう遠くないことと前提して平和条約締結と同時に直ちに日本がグラウンド・フォースをいわゆる「軍備」として建設することは、極めて複雑にして困難な問題を伴うものと考える。政府のみるところでは、平和条約が締結され日本が国際社会に復帰して日本人が軍備をもつべきものであるとの気持になるまでは、国内治安のための警備力という概念のうちにはいるフィヂカル・フォースによつて、再軍備の目的を実際上達成する外途がないと考える。」(85)

吉田が、国内向けには「国内治安のための警備力」として説明し、アメリカ向けには「民主的軍隊のスタート」と説明することができる、ぎりぎりの線として「再軍備計画のための当初措置」を示したということは十分考えられる。

この「当初措置」をアメリカ側がどのように評価したかについて、アメリカの外交文書集は沈黙している。しかしマイケル・ヨシツ (Michael M. Yoshitsu) 氏は、当時の外交当事者へのインタビューに基づく著作の中で、アメリカ側の評価は「なにもないよりはましだが、不充分である」というものだったとする「米政府高官」の証言を紹介している。しかし、そうした低い評価にもかかわらず、アメリカ側は、この案を受け入れた。ヨシツ氏が書いているように、これが吉田のできる精一杯のところと判断したからであろう(86)。

そうした評価はともかく、吉田が講和後の再軍備をダレスに約束したことは、実際に結ばれた安保条約の前文の中にも示唆されていた(87)。

「アメリカ合衆国は、日本国が、攻撃的な脅威となり又は国際連合憲章の目的及び原則に従つて平和と安全を増進すること以外に用いられうべき軍備をもつことを常に避けつつ、直接及び間接の侵略に対する自国の防衛のため漸増的に自ら責任を負うことを期待する。」

あくまでアメリカの期待として書かれているが、何の根拠もなしに条約の中に書き込まれたわけではない。すでに多くの研究が指摘するとおり、吉田は講和交渉で再軍備を断ることができたわけではないのである。

だがそのことから、吉田が交渉に失敗したと結論することはできない。吉田はダレスとの会談の雰囲気を険悪にしながらも、再軍備は「非常にゆっくり行う」との主張を貫いた。たしかに「当初措置」は提出したが、その内容は再軍備として本格的なものではなかったし、いついつまでに実行するという約束でもなかった。それに安保条約の前文で示唆されていることを除けば、再軍備を約束するような文言が条約その他の公文書に表向きに存在するわけでもなかった。少なくとも、吉田がねらいとしていた、講和にあたって再軍備をしないという「建前」を外向きにはなんとか維持することができた、と言ってよいであろう。吉田にとって、失望するような結果ではなかったと思われる。

安全保障協定の形式と内容に不満

日本側の交渉者が失望し不満に思ったのは、再軍備問題よりも、日米間の安全保障協定の形式と内容に関してであった。後者について日本側は、自らの構想とはかなり異なるものを受け入れねばならなかったからである。

外務省の構想の中には、アメリカ側も認めて実現したものもある。平和条約の中に米軍駐留を書き込まないという原則は受け入れられ、平和条約の中には、日本が国連憲章に従って安全保障取り決めを締結できるという一般的な条項を入れるだけにして、日米二国間の協定（安保条約）を別に結ぶことになった(88)。このため、もし平和条約の中に米軍駐留が規定されれば、たとえ日本の安全保障のためと断ってあっても、日本に対する警戒措置の意味合い――すなわち「日本を対象とする」安全保障の意味合い――が出てくるという外務省の危惧(89)は取り除かれた。

この点に少し関連するが、ダレスは日本との交渉の中で、多国間の安全保障取り決めである太平洋協定を正式に持ち出すことはなかった(90)。これについては、イギリスが協定に反対であったことや、ダレスが、日本と交渉してみて、この協定は日本再軍備の枠組みとして使えないと判断したことなどが理由としてあげられている(91)。しかしいずれにしろ、もし仮にダレスが太平洋協定を交渉の議題にのせていたら、日本側はまちがいなく難色を示し、日米交渉はもつれたであろう。というのも、太平洋協定は、少なくともその目的の半分が「日本を対象とする」安全保障にあることが誰の目にも明らかであり、日本が気持ちよく参加できるような協定ではなかったからである(＊3)。

日本との第一次交渉の後、ダレスがオーストラリア政府やニュージーランド政府と交渉してみると、両国では日本と安全保障協定を結ぶことに抵抗感が強く、太平洋協定構想は頓挫する。アメリカはその代替物として、オーストラリアやニュージーランドとの間で三国間の協定（ＡＮＺＵＳ）、フィリピンと二国間の協定（米比相互防衛条約）を結び、これら諸国の対日警戒感を和らげようとした(92)。

外務省構想の二つ目の原則は、米軍駐留の内容を日本国民に受け入れやすい合理的なものにすることであった。しかし、二月二日、アメリカ側が示した日米安全保障協力の構想（「相互の安全保障のための日米協力協定」案(93)）には、米比軍事基地協定（一九四七年）などにならって、駐留軍の権能を事細かに示す数多くの条項が含まれていた。この文書には、「日本のどこであれ、必要と思われる期間、必要と思われるだけの軍隊」を置きたいとする、アメリカ軍部の願望が露骨に表れていた。駐留軍の特権的権能が列挙されているのを見て、西村らは「一読不快の念」を禁じえなかったという(94)。

日本側は、二国間の安全保障協定の中に日本が米駐留軍に与える権利と便宜を羅列しないよう申し入れ、代案として、日米の共同委員会を設けて、それら——駐留軍の場所、施設、経費、地位など——について検討させてはどうかと提案した。そうすることで、協定をすっきりさせることができ、国民感情からも受け入れやすくなるというのが提案の理由であった(95)。

アメリカ側は日本側の意向を理解して、二国間の安全保障の取り決め自体は簡潔なものにし、米軍駐留の細目は、議会に付議しない政府間の協定にするというアイデアを出してきた。これを日本側が了承したため、結局、安全保障に関する日米の協力関係は三つの文書で表現されることになった。先に述べたように、平和条約（サンフランシスコ平和条約）には、直接米軍の駐留を明記しないで、それを可能にするような一般的な条項（自衛権、集団的自衛権に関する）を入れる。次に日米間の協定（安保条約）を結んで、米軍駐留による日米間の安全保障協力の大綱を定める。そして最後に、米軍駐留の実施協定（行政協定）によって、米軍が日本において持つ地位、特権、経費、日米の共同委員会などを定める、という形である(96)。

難渋した行政協定交渉

こうして日本側は、行政協定という方式で、米軍駐留の内容を国民に受け入れやすいものにすることができると期待した。しかし安保条約調印後、一九五二年の年明けから始まった行政協定交渉は、日本側の交渉者にとってきわめて厳しいものになった。日本側は、協定が「軍事占領の重苦しい空気から一日も早く解放されようとあえいでいる」国民の納得のいく形になるように努力した。しかしアメリカ側は、「軍事占領から一朝にして対等の条約による平時駐軍に転換することからくるショック」をできるかぎり和げようとした。そのため、協定案のどの条項についても「真剣な議論」がかわされることになる。西村熊雄は、交渉は「はなはだ難渋」し「思いだしてもおもしろくない」ものであったと回顧している(97)。

日本の世論は交渉の結果に不満をいだいた。とくに、アメリカが現に使用している基地をいったん日本に返還して、新しく必要なものを日本が提供する（日本側の主張）のではなく、それらの基地をそのまま使い、必要に応じて縮減する（アメリカ側の主張）という形になったのが問題であった。すなわち、日米は、行政協定本文（二条）では協定の効力発生の日までに提供される個々の施設と区域（基地）について合意し、合意ができない場合には合同委員会で決定するとしながら、アメリカ側の強い主張を入れて、協定の効力発生後九〇日以内に合意ができない場合は、米軍の継続使用を認める、という交換公文を取り交わしたのである。池田勇人の腹心として日米交渉でも活躍した宮澤喜一は、これは日本側の交渉の「間違い」であり、国民に占領が継続しているという印象を与え、国民の米軍に対する反感、その背景にある屈辱感の根本原因になったと批判している(98)。アメリカ軍部の基地駐留に関する強い態度を考えれば、基地の継続使用を認めたことを、日本側交渉者の「間違い」と批判するのはいささか酷かもしれない。しかし交渉者の一人であった西村自身も、継続使用への世論の不満は無理もなかったと認めている(99)。行政協定交渉ではその他にも、刑事裁判権（一七条）、非常時の共同防衛のための協議（二四条）、防衛分担金の支払い（二五条）などが日米間の議論の対象となり、結果はそれぞれ日本側に不満の残るものになった(100)。

日本と集団的自衛の取り決めはできない

しかし、一九五一年の日米交渉で外務省の担当者たちを最も失望させたのは、日米間の協定（安保条約）を国連憲章に基づいて設定できなかったことであった。先にも述べたように、日本側は一九五一年二月一日、アメリカ側に先んじて、日米安全保障協力の構想（「相互の安全保障のための日米協力に関する構想」）を提示した(101)。その骨子は、

「日本の平和と安全を守ることはとりもなおさず太平洋地域およびアメリカの平和と安全を守ることであるから日本が武力攻撃を受けた場合にはアメリカは日本を防衛し日本はこれに可能な協力をする、すなわち、両国は［国連憲章第五一条による］集団自衛の関係に立つことを規定し、両国がこのような関係にあるから日本は合衆国軍隊の日本に駐留することに同意する」(102)

というものであった。外務省の担当者たちは、日米両国がこのような形で二国間の安全保障協定を、国連憲章にいう地域的取り決めとして設定できると考えていた。

だがアメリカ側は、そうした考えを受け入れなかった。二月六日、アメリカ側が出してきた二国間協定案の内容は、日本側の提案とは大きく異なるものであった(103)。すなわち、アメリカ側の提案の主旨は、「日本は、武装解除されているので、平和条約が発効すると自衛行使の手段を持たなくなる。無責任

な軍国主義が駆逐されていないから、これでは危険である。平和条約は日本に集団的安全保障の取決めを締結する権利を認め、国際連合憲章は各国の個別的および集団的の自衛権を認めているから、日本は暫定的防衛措置として日本国内および付近にアメリカが軍隊を維持することを希望し、アメリカは平和と安全のため現在若干の軍隊を日本国内および付近に維持する用意がある」(104)というものであった。両案の違いを、西村は次のように説明している。

「わが原案が国連憲章の枠内で構想され、憲章第五十一条による集団自衛の関係を日米間に設定し、その結果として合衆国軍隊の駐在を認めようとするに対し先方の提案は憲章との関係のはっきりしない、憲章第五十一条の集団自衛にかかわりのない、集団自衛の前の関係——条約前文はそういう関係をとどめざるをえない日本の現状を説明するに重点をおいている——「日本の希望する憲章に基づく集団自衛の関係が設定できるようになるまで日本に軍隊をおいて守ってあげる」関係を提案するものにほかならない。日本の交渉者は失望した。」(105)

日本側が、日米両国は国連憲章に従って安全保障上助け合う関係にある、だから基地を貸す、という形を望んだのに対して、アメリカ側は、自衛の手段を持たない日本が希望するから、当分の間、日本に軍隊を駐留させて日本を守ってあげる、だから基地を借りる、という形を提案したのである。国連憲章は、単に日本が米軍援助を希望できる根拠として使われているだけであった。

アメリカの提案は、講和後の米軍駐留を、国民や国会に説明しやすくするために知恵をふりしぼってきた外務省の担当者たちを当惑させるものであった。彼らは、なんとかアメリカ側に日米両国が集団的自衛の関係に立って協力するという形を認めさせて、米軍の日本駐留に日本政府の同意以上の法的根拠を持たせ、合わせて日本防衛の確実性も確保しようと努力したが、アメリカ側の「拒否の鉄壁」にぶつかった(106)。

拒否の理由は、端的に言えば、軍備を持たず自衛の手段さえない日本とそうした集団的自衛の取り決めを結ぶことはできないというものであった。アメリカ側の交渉者は、アメリカはNATOの成立に関して出された上院決議(ヴァンデンバーグ決議、一九四八年)のために、アメリカに対して「継続的かつ効果的な自助及び相互援助」をなし、またアメリカに与える国とのみ相互平等の防衛条約を結ぶことができることになっている、しかし、日本はその「継続的かつ効果的な自助及び相互援助」の能力がない、と拒否の理由を説明した。

ダレスは、当面の間、アメリカが日本の安全を保障する義務を負う——NATOとのような——相互防衛条約を日本との間に締結できるとは考えていなかった。ダレスはアメリカ側のスタッフ会議(二月五日)で、日本が応分の義務を果たすようになるまで、アメリカも「義務ではなくて権利」を求めたいと述べている。トルーマン大統領から講和交渉にあたってダレスに与えられた指示も、米軍駐留の権利を日本に求めよというものであり、アメリカが日本の安全保障に義務を負うというものではなかった。もちろん、米軍駐留の実際上の効果としては、日本の安全は守られるであろう。しかしその実際上の効果を、義務に基づく効果にするかどうかは日本のこれからの努力次第になる、というのがダレスの考えであった(107)。この日のスタッフ会議で、ダレスは次のように述べている。

「日本が憲法を改正した後、われわれがヨーロッパ諸国から得ようとしているような正確な約束、すなわち、いついつまでにこれこれの数の師団を創って貢献する、という約束ができるようになれば、

われわれも具体的な約束をすることができるであろう。その時までわれわれは、柔軟な立場を維持すべきである。」(108)

ダレスたちは、日本が再軍備をなしとげ、自由世界に貢献できるようになるまでの暫定的な取り決めとして、その安全保障協定案を示したのである。相互に義務を負う、NATOのような同盟の形を求めてはいなかった。

日本側の交渉者たちはアメリカ側に、日本は憲法の制限内で、また軍隊を持たなくとも生産力とか労働力とかで、アメリカの安全に「継続的で効果的な」援助ができる、とくに「軍隊の駐在を許容すること自体が何より大きい協力であり援助である」と訴えた(109)。さらに、NATOの中にもアイスランドのように無防備の国があると指摘してもみた。だが、アメリカ側の態度は変わらなかった。アイスランドの例については、日本とアイスランドは違う、日本は世界の大国の一つであると軽くいなされた(110)。日本側は失望した。

しかし、もしアメリカ側が日本側の主張を受け入れ、日本に「継続的かつ効果的な自助及び相互援助」の能力があると認めていたら、アメリカは日本側の構想をそのまま受け入れることができたであろうか。それには少し疑問が残る。というのも、日本側の構想でいう日米の集団的自衛の関係は、あくまで日本の防衛を主眼とするものであり、NATOのように締約国それぞれの領土を共同で防衛するという建前のものではなかったからである。外務省の考えは、日本の安全はアメリカの安全であるから、日米それぞれが自衛権を発動し協力して日本を守れば、それは集団的自衛になるというものであった(111)。したがって集団的自衛とはいっても、日本の場合は日本の領土さえ守っていればよいことになる。たしかに、実質的な観点からは、日本が日本を守る努力をすればアメリカにとって大きな助けになる。また、日本にある基地がアメリカの安全に重要な役割を果たすのは言うまでもない。しかし、日本の領土を守るだけで集団的自衛の地域的取り決めになるという理屈を、アメリカが、NATO諸国などの手前、簡単に受け入れることができたとは思えない。

日本側は集団的自衛に関する自らの主張の説得力を少しでも強化するために、興味深い議論を付け加えた。ダレスの再来日にともなって一九五一年四月に行われた第二次日米交渉中に日本側が提出した「日米協定の性質について」(四月二十日)という文書は、アメリカ側の安全保障協定案に対して日本側の質問をいくつかあげており、その中に次のような質問がある(112)。

「仮りに日本地区における合衆国の支配下にある地点(たとえば沖縄)に対する武力攻撃が発生したときは、日本にある米国軍隊はこれに対し軍事行動をとることとなり、この場合日本は、当然、米軍の作戦基地としてこれに協力することとなるであろう。日本のこの相互援助的な行動は、いかに限られたものであつても、日本の集団的自衛権の発動と説明する外ないのではあるまいか。」

残念ながら、この質問にアメリカ側がどのように答えたかは不明である。しかし、日本本土はともかく、講和後もアメリカの支配下に置かれるであろう沖縄の防衛に日本が協力するのは日本による集団的自衛権の行使であるという議論は、当時の外務省の担当者が、憲法第九条と貧弱な実力という制約の中でも、日本はアメリカとの間で集団的自衛の関係を設定できるし、それを何とかアメリカ側に認めさせたいという強い気持ちが表れたものであった(113)。だが、そうした気持ちは通じなかった。

批判の対象となった「極東条項」

第一次日米交渉で出されたアメリカ側の二国間協定案は、その後の交渉でいくつか修正を加えられたうえで、安保条約に発展した。修正はほとんどが協定案の骨格を変えるようなものではなかった。しかし、米軍の駐留目的に関する一つの修正が後に大きな影響をもたらすことになった。

アメリカの当初の提案では、米軍駐留の目的は、もっぱら外部からの侵略に対する日本の防衛にあると明示されていた。ちなみにこれには、直接的な武力攻撃ばかりでなく、外国の教唆および干渉によって大規模な内乱や騒擾が引き起こされた場合に、日本政府の明示的な要請に応じて米軍がその制圧のために行う援助も含まれていた（「内乱条項」）。吉田と日本政府は、日本の安全を対内安全（間接侵略）と対外安全（直接侵略）に分け、前者については自力で対応するという原則を立てていた。しかし、当時の日本の国内治安維持能力は決して十分なものではなかった。そのため日本政府は、アメリカの提案を受け入れ、外国勢力の手の入った大規模な騒乱の鎮圧に米軍の力を借りるという選択肢を残した。だが、この「内乱条項」は、安保条約が独立国の体面を傷つける例として後に批判されることになる。

しかし内乱条項よりも、米軍駐留の目的に関して後に大きく世の批判の対象になったのは、条約第一条の修正として付け加えられた「極東条項」であった。これはアメリカの軍部が、国務省の条約案を検討した後、日本に駐留する米軍を、日本防衛ばかりでなく、朝鮮戦争のような極東の有事にも使用できることを明確にするように要求したため付け加えられた文言である(114)。アメリカの軍部は、日本との安全保障協定が「国連の後援のあるなしにかかわらず、必要ならば中国本土（満州を含む）やソ連に対する作戦、また公海上での作戦を含む極東における軍事作戦のための基地として、日本を利用する権限」(115)をアメリカに与えることを望むと国務省に要求した。もし日本に置く軍事力が日本防衛のためだけにしか使えないということになると、極東でのさまざまな戦略的要請、たとえば朝鮮戦争の遂行、オーストラリア、ニュージーランド、フィリピンの防衛などから見て具合が悪い。軍部は、安保条約の目的が日本防衛だけに限定されるような解釈の余地を残さないようにしたかったのである(116)。

国務省はこの要求を容れて、七月三十日、日本政府に第一条の文言の修正を提案した。それまでの案文は、日本に駐留する米国の軍隊は、「一又は二以上の外部の国家による教唆又は干渉によつて惹起された日本国における大規模の内乱及び擾乱を制圧するため日本国政府の明白な要請に応じて与えられる援助を含む」「外部からの武力攻撃に対する日本国の安全保障に寄与しようとする［傍点は引用者］(would be designed to contribute to the security of Japan)」(117)となっていた。実はこの案文は、二月六日にアメリカ側が提案した協定案（条約の原案）とは少し異なっている。協定案では、「外部からの武力攻撃に対する日本国の安全保障に寄与しようとする」というところは、「専ら外部からの武力攻撃に対する日本国の防衛を目的とする（would be designed solely for the defense of Japan)」となっていた(118)。この点は、四月二十一日にアメリカ側が、後者のような文言では、仮に沖縄が攻撃された場合、在日米軍が行動をとれないという誤解を生じる心配があるので前者のようにしたいと要請し、日本側が「熟慮の結果」同意したための変更であった(119)。日本側の「熟慮」の中身はわからないが、日本の基地から沖縄への米軍出動を日本の集団的自衛権の行使であるとする主張も、あるいは影響したかもしれない。

それはともかく、アメリカ側の再度の修正案は、日本に駐留する米国の軍隊が、「極東における国際の平和及び安全の維持［傍点は引用者］並びに、一又は二以上の外部の国家による教唆又は干渉によって惹起された日本国における大規模の内乱及び擾乱を制圧するため日本国政府の明白な要請に応じて与えられる援助を含み、外部からの武力攻撃に対する日本国の安全に寄与するために使用することができる［傍点は引用者］（may be utilized to contribute to）」と書き直すものであった(120)。日本側はこの修正提案に応じ、この文言が基本的に安保条約の文言となった。日本側の記録からは、日本側はこの重要な修正をあっさり受け入れたように見える。だが、これが後に安保条約批判の大きな原因となった。この修正のために、一方で日本防衛の確実性が問題視され、他方で極東におけるアメリカの軍事行動に巻き込まれるという危険が指摘されたからである。

西村条約局長は後に「極東条項」の挿入について、次のように反省している。

「それまでの案文では在日米国軍隊は外部からの攻撃にたいして日本の安全に寄与するためにあるとされていて、在日米国軍隊による日本防衛に疑問はなかった。ところが、「極東における国際の平和と安全の維持」が新たに加わり、しかも、「……寄与するために使用することができる」となつたために、在日米国軍隊による日本防衛の確実性が条約文面から消えうせた。事務当局はこの点を最重視し、そのしからざるゆえんを解釈問題として一つの理論をくみたてワシントンの同意を取りつけようと努力を集中したが成功しなかつた。また「極東条項」に関連する諸問題——極東の範囲をどう考えるか、極東における国際の平和と安全の維持に寄与するため在日米国軍隊が使用される場合日本の提供している施設・区域が使用されるとして日本政府がどの程度この使用に関与しうるか等——についてじゆうぶん考慮をめぐらさないで簡単に総理にOKしかるべしと意見を申しあげた。これらについては、今日にいたるまで事務当局として責務の遂行に不充分なところがあり汗顔の至りである。」(121)

弱まった法理的基盤

この回想の中にある「解釈問題として一つの理論をくみたて」というのは、外務省が国務省に対して、第一条の「使用することができる（may be utilized）」という新しい表現は、これまでの経緯から見て、日本防衛の場合には「使用するであろう（will be utilized）」、そして極東における国際の平和と安全の維持の場合には「使用することができる（may be utilized）」と解釈すべきと申し入れたことを指している。外務省の担当者たちは、日本防衛の確実性を少しでも高めようとしてこのような申し入れを行った。これに対して国務省の担当者からは好意的な反応があったが、それを公式の解釈にするという約束までには至らなかった(122)。

外務省のこの解釈で興味深い点は、日米の安全保障協定がもはや外務省が希望するような国連憲章第五一条にいう集団的自衛の取り決めとはならず、一方が他方を防衛する義務は発生しない、と認めたうえで次のように主張するところである。

「日本にたいする攻撃は同時に日本に駐在する米国軍隊にたいする攻撃となる。で、米国軍隊は自らの自衛権を行使する。これは必然日本の防衛に役立つ。日本はその有するあらゆる手段をとる。かくて日米間には日本の防衛のための協力関係が生れる。」(123)

これは、日米の間に集団的自衛に基づく防衛協力関係を設定し、それがあるから基地駐留を許すというそれまでの立場をいわば逆転して、日本の希望に基づく米軍の基地駐留があるから、防衛協力関係（それぞれの自衛権に基づく）が生まれるとする議論であった。ここに至って外務省の担当者たちは、日米の安全保障関係を集団的自衛の枠組で説明することから後退し、一方でアメリカが自衛権の行使として日本を防衛すると主張し、他方で、日本とアメリカの間に生まれる防衛協力関係は、日米それぞれの自衛権に基づく国連の地域的取り決めの一種である、と主張する方針に転換したようである。アメリカの日本防衛には確実性があり、またこの安全保障協定が国連憲章と結び付いていると、国民に説明するためであった。だが、アメリカ側はこうした議論に正面から応じようとはしなかった。ただ、条約調印後に日本政府に対して、「極東条項」の挿入によって日本防衛の責任をトーンダウンするつもりはなかったと説明してはいる(124)。

西村の回想からもわかるように、「極東条項」の挿入に関連して外務省の事務当局が主として問題にしたのは、「使用することができる」という文言によって日本防衛の確実性がどうなるかということであった。後の展開を考えれば、「極東条項」そのものがほとんど問題にならなかったのは不思議な感じがする。あるいは西村たちは、この「極東条項」の挿入によって、日本の立場はむしろ強化されると判断して問題にしなかったのかもしれない。というのも西村たちは、交渉の中で繰り返し、日本は基地の提供などで自由世界に貢献できると主張していたからである。米軍が日本の基地から極東の平和と安全のためにも出撃できるということを条文で明らかにすれば、それだけその主張の説得力は増す。西村たちは、「日本が米国軍に駐屯してもらいたいということが真理であると同じく米国が日本に駐兵したいということも真理」であり、その意味で基地提供に関して日米の立場は「五分五分」であるとの前提に立っていた(125)。アメリカの戦略にとっての在日米軍基地の価値を確認する文言は、そうした自分たちの前提の正しさを裏づけるという意味では歓迎されるべきはずである。

ただ、在日米軍を極東の平和と安全のためにも使いうると条約に書き込めば、日本はどういう法的根拠に基づいてそれを許すのかという問題が生じる（自衛権では説明が難しい）。だが、日米の安全保障協定を集団的自衛の関係として設定できなかった西村たちは、この点の整合的な説明をあきらめたようである。西村たちは、いま述べたように、もし日本への攻撃が起こった場合は、日米がそれぞれの自衛権に基づいて協力すると考えるようになった。しかし、仮にアメリカに対する攻撃が起こった場合にはどうなるか。

その場合「米国は日本におけるその posts から反撃に出るであろうが、それは日米安全保障協定の範囲内のことではない」[126]というのが、西村らのアメリカ側に対する説明であった。アメリカへの攻撃でさえそうであるから、極東の第三国、たとえばフィリピンに対して武力攻撃が起こり在日米軍が出動する場合は、なおさら「範囲内のことではない」となるであろう。さらに西村たちは、極東の平和と安全のために在日米軍を「使用することができる」という文言の意味は、日本が「使用に反対しない」ということであるという解釈も示している[127]。要するに、使用を積極的に認めるとまでは言えないが、反対しないから随意にやっていただきたいということであろう。こうして「極東条項」の挿入により、日米安保条約の戦略的価値は高まったとしても、条約の法理的な基盤はさらに弱まったように思われる。

「物と人との協力」

一九五一年九月八日、サンフランシスコ平和条約に調印した日米両国政府は、同日、市のはずれに近い第六兵団駐屯地プレシディオに場所を移して、「日本国とアメリカ合衆国との間の安全保障条約」（旧日米安全保障条約）に調印した。半年以上にわたる日米交渉の結果できあがった安保条約は、その後一九五二年二月二十八日に調印された行政協定を含めて、外務省の交渉当事者が認めるように「駐軍協定」の色合いの強いものになってしまった(128)。

そうした結果になったのは日本側の外交交渉が拙劣だったためではないか、という批判もある(129)。基地駐留の権利はアメリカがのどから手が出るほど欲しがっていたものであり、その付与にあたってはもっと有利な条件をつけることができたはずだ、というのがその批判の根拠になっている。

たしかに、日本政府は米軍駐留に関して、当初考えていた以上の権利・特権をアメリカに与えることになった。それは外務省の当事者も反省するところである。「汗顔の至り」という先の西村の言葉にもあるように、日本側の外交交渉にまったく欠陥がなかったとは言えないであろう。しかし、安保条約に「駐軍協定」の色合いが出たのは、日本側の外交交渉の拙劣さよりも、当時の日米の立場と力関係から説明するのが妥当ではなかろうか。

というのも、基地駐留の権利にはやはり講和の代償という側面があったからである。外務省の文書は、印象的に次のように記している。

「かようにして、平和条約によつて日本が独立を回復した暁においても自国軍隊が日本に駐在するであろうことが確実になつた後、はじめて先方［アメリカ側］はいかような構想の平和条約案をたずさえて連合国と折衝を開始しようとしているかを明らかにした。その条約案はきわめて公正寛大で交渉当事者の感銘は大きかつた。」(130)

もし日本がアメリカが望むような権利を与えなければ、占領はさらに長引かざるをえなかったであろうし、自由世界への参加も順調には行かなかったであろう。また、吉田と日本政府は連合国との講和条約交渉にあたって、アメリカを後ろ盾として寛大な講和を得たいと考えており(131)、安保条約の形式の問題でアメリカと強くぶつかるのも好ましくなかった。それに日本は、事実上非武装の状態であるうえに、講和にあたって再軍備をしないという建前を貫こうとしていた。それではアメリカ側から、相互条約を結ぶにはいかにも準備不足と決めつけられても仕方がない。さらに、外務省構想にいう日米の集団自衛の関係は、実体としては日本の防衛だけを対象とするものであり、相互条約の理論としては限界があった。

講和にあたって日本はアメリカと、実質はもちろん形式的にも対等とは言えない安全保障条約を結ばざるをえなかった。基地を貸して安全保障を得る「物と人との協力」という関係が、何の飾りもなくあからさまになった条約である。日米両国は、この条約により、集団的自衛の関係によってではなく、基地の存在によって「同盟」関係を結ぶことになったのである。もっとも、アメリカの日本防衛義務があいまいな点をとらえれば、この条約はその「物と人との協力」という点でも不完全な条約であり、かぎかっこ付きであれ同盟と呼べるようなものではなく、実体は、よりよい相互条約ができるまでの暫定的な駐軍協定にすぎなかった、と評すべきかもしれない。ダレスとアメリカ政府が望んだのはそうしたものであり、日本政府はそれを受け入れたのである。

もちろん安保条約は、以後九年間、日本の安全を守る大きな役割を果たした。しかしこの条約は、日本政府にもまた国民にもさまざまな不満をいだかせる、欠陥の多い条約でもあった。したがって講和独立後、この条約の改定を求める動きが日本国内で強まっていったのは当然である。

（1）マッカーサー発言とその背景については、大嶽秀夫編・解説『戦後日本防衛問題資料集 第一巻――非軍事化から再軍備へ』（三一書房、一九九一年。以下、『資料集』1と略す）二〇三―〇五頁、細谷千博『サンフランシスコ講和への道』（中央公論社、一九八四年）九―一三頁、五十嵐武士『戦後日米関係の形成――講和・安保と冷戦後の視点に立って』（講談社学術文庫、一九九五年。初公刊は『対日講和と冷戦――戦後日米関係の形成』東京大学出版会、一九八六年）一四―一九頁。

（2）トルーマン・ドクトリンは、細谷千博・有賀貞・石井修・佐々木卓也編『日米関係資料集 1945-97』（東京大学出版会、一九九九年）三七―三八頁。

（3）ケナンの「長文電報」（一九四六年二月二十二日付駐ソ大使館発五一一号）は、U. S. Department of State, *Foreign Relations of the United States: 1946*, Vol. VI (G. P. O., 1969)（以下、*Foreign Relations of the United States* は *FRUS: 1946*, Vol. VI などと略す。刊行年等は巻末の主要参考文献を参照）, pp. 696-709. 翻訳（抜粋）は、ジョージ・F・ケナン／奥畑稔訳『ジョージ・F・ケナン回顧録――対ソ外交に生きて』下（読売新聞社、一九七三年）三二一―三四頁。「ソ連の行動の源泉」（「X論文」）は、*Foreign Affairs*, Vol. XXV, No. 7 (July 1947). トルーマン政権の冷戦政策におけるケナンの役割については、多くの優れた研究がある。たとえば、Wilson D. Miscamble, *George F. Kennan and the Making of American Foreign Policy, 1947-1950* (Princeton University Press, 1992). 日本の研究者のものとしては、永井陽之助『冷戦の起源――戦後アジアの国際環境』（中央公論社、一九七八年）、佐々木卓也『封じ込めの形成と変容――ケナン、アチソン、ニッツェとトルーマン政権の冷戦戦略』（三嶺書房、一九九三年）。

（4）ジョージ・F・ケナン／清水俊雄訳『ジョージ・F・ケナン回顧録――対ソ外交に生きて』上（読売新聞社、一九七三年。以下、『ケナン回顧録』上、と略す）三三八―三九頁。アメリカの冷戦政策の展開の中で、封じ込め政策がどのように変化したかは、John L. Gaddis, *Strategies of Containment: A Critical Appraisal of Postwar American National Security Policy* (Oxford Universtiy Press, 1982). なお、同教授の *The United States and the Origins of the Cold War, 1941-1947* (Columbia University Press, 1972) は、冷戦起源研究の古典的名著である。

（5）政策企画室の委員で中国専門家であるデービス（John P. Davies, Jr.）からケナン宛メモ（一九四七年八月十一日）。*FRUS: 1947*, Vol. VI, pp. 485-86. 訳文は大嶽『資料集』1、二〇八頁。

（6）ケナンと政策企画室の対日政策に対するイニシアティブの詳細な分析は、五十嵐『戦後日米関係の形成』第一章第一節および第二節。また『ケナン回顧録』上、第十六章。

（7） 四カ国条約案の案文は、大嶽『資料集』1、二〇二―〇三頁。

（8） 五十嵐『戦後日米関係の形成』二六頁、細谷『サンフランシスコ講和への道』一〇頁。

（9） この「日本を対象とする」安全保障、「日本のための」安全保障という区別は、西村熊雄『サンフランシスコ平和条約』（鹿島平和研究所編「日本外交史」27、鹿島研究所出版会、一九七一年）三八頁。もちろん「日本のための」安全保障といっても、それが第一義的に「アメリカのための」安全保障であることは、言うまでもない。

（10） 『ケナン回顧録』上、三五三―五四頁、田中明彦『安全保障――戦後50年の模索』（「20世紀の日本」2、読売新聞社、一九九七年）三六頁。

（11） 『ケナン回顧録』上、三六七頁。PPS二八は、訪日後のケナン報告書「米国の対日政策に関する報告」（一九四八年三月二十五日）。ケナンと沖縄についての最近の研究は、ロバート・D・エルドリッヂ「ジョージ・F・ケナン、PPSと沖縄――米国の沖縄政策決定過程、一九四七―一九四九年」『国際政治』一二〇号（一九九九年二月）。

（12） マッカーサー元帥、ドレイパー（William H. Draper）陸軍次官、ケナンの会談メモ（一九四八年三月二十一日）、大嶽『資料集』1、二一三―一六頁（二一五頁）、*FRUS: 1948*, Vol. VI, p. 709.

（13） 外務省による講和後の安全保障問題の検討については、渡辺昭夫「講和問題と日本の選択」渡辺・宮里政玄編『サンフランシスコ講和』（東京大学出版会、一九八六年）。最近の研究は、楠綾子「占領下日本の安全保障構想――外務省における吉田ドクトリンの形成過程：1945-1949」神戸大学大学院法学研究会『六甲台論集』法学政治学篇第四五巻三号（一九九九年三月）。

（14） 鈴木九萬「平和条約成立後の我国防問題（第八軍司令官との会談）」芦田均／進藤榮一・下河辺元春編纂『芦田均日記』第七巻（岩波書店、一九八六年）三九八―四〇三頁（三九九頁）。アイケルバーガーと「芦田書簡」の背景については、マイケル・M・ヨシツ／宮里政玄・草野厚訳『日本が独立した日』（講談社、一九八四年）三五―四三頁も参照。

（15） 芦田書簡は『芦田均日記』第七巻、四〇三―〇四頁。

(16) 書簡は次のように結論している。「以上の点を要約すれば国際的不安の増大する場合日本の独立を保障する上の最良手段は一方においては米国との間に特別の協定を結んで第三国の侵略に備えると共に国内の警察力を陸上及び海上において増加することにある。少く共国際連合がその憲章の規定に基きちやんと動き出すようになる時までは日本国民は米国によつて国の安全を保障されたいと希望しているものと思ふ。」『芦田均日記』第七巻、四〇四頁。

(17) 吉田茂『回想十年』3（中公文庫、一九九八年。初公刊は新潮社、一九五七年）一四一頁、西村熊雄「サンフランシスコ平和条約について」『サンフランシスコ平和条約・日米安保条約』（中公文庫、一九九九年。『安全保障条約論』時事新書、一九五九年など四作を収録）二〇六—〇七頁も参照。

(18) 吉田『回想十年』3、一三九頁。『回想十年』には多くの執筆協力者がいる。外務省からも平和条約・安保条約締結に至る外務省の思考と行動についてよく事情を知る人物が加わっていると思われる。

(19) この点は西村「サンフランシスコ平和条約について」二〇七頁、楠「占領下日本の安全保障構想」三一頁。なお西村熊雄は、実際の安保条約においてこの有事駐留方式がとられなかったのは、吉田が沖縄も小笠原も硫黄島もすべて日本の領土に残したいという立場をとったためである、と述べている。一つの要因として注目すべき指摘である。

(20) 「芦田書簡」の原文は外務省の外交文書の中にある英文で、『芦田均日記』に載せられているのはその和訳と思われる。英文の中の "without compromising Japan's independence in peace time" という部分は、『芦田均日記』では「平素において日本の独立を保全する方法であり」と訳されており、ニュアンスが違うように思われる。英文は、外務省外交文書B' 4.0.0.1.「対日平和条約関係 準備研関係 第3巻」マイクロフィルム・リール番号B' 0008 八四頁。英文と和文のニュアンスの違いとその問題点については、三浦陽一『吉田茂とサンフランシスコ講和』上（大月書店、一九九六年）八二—八四頁も参照。

(21) *FRUS: 1949*, Vol. VII, pp. 773–77.

(22) Ibid., pp. 870–73.

(23) 六月十四日付のメモ。*FRUS: 1950*, Vol. VI, pp. 1213–21, 中西寛「吉田・ダレス会談再考——未完の安全保障対話」京都大学法学会『法学論叢』第一四〇巻一・二号（一九九六年十一月）二二一頁。

(24) *FRUS: 1950*, Vol. VI, pp. 1138-49.

(25) 六月二十三日付メモ。Ibid., pp. 1227-28.

(26) Ibid., pp. 1219-20.

(27) Ibid., p. 1294. cf. pp. 1293-96.

(28) ダレスのアイデアの解説は、中西「吉田・ダレス会談再考」二二六頁。

(29) *FRUS: 1950*, Vol. VI, pp. 1229-31.

(30) Ibid., pp. 1298-99.

(31) Ibid., p. 1391.

(32) 中西「吉田・ダレス会談再考」二二四頁。

(33) 中国義勇軍介入の衝撃とそれが日本再軍備に与えた影響については、五十嵐『戦後日米関係の形成』二六五―七三頁。

(34) *FRUS: 1950*, Vol. VI, pp. 1385-92

(35) 五十嵐『戦後日米関係の形成』二六七頁。

(36) 協定の案文は、*FRUS: 1951*, Vol. VI, pp. 132-34.

(37) ダレスの解説は、Ibid., pp. 134-37. 太平洋協定と日本再軍備の関連については、菅英輝『米ソ冷戦とアメリカのアジア政策』(ミネルヴァ書房、一九九二年) 第五章を参照。

(38) 中西「吉田・ダレス会談再考」二三三頁。

(39) 「講和問題についての平和問題談話会声明」大嶽『資料集』1、三六二―六四頁。

(40) 猪木正道『評伝吉田茂 4――山顚の巻』(ちくま学芸文庫、一九九五年。初公刊は読売新聞社、一九八一年) 三三二頁。

(41) 吉田茂『世界と日本』(中公文庫、一九九二年。初公刊は番町書房、一九六三年) 一五四頁。

(42) 対米協調についての吉田の基本的な考え方は、吉田茂『回想十年』1 (中公文庫、一九九八年。初公刊は新潮社、

一九五七年）第一章、４（中公文庫、一九九八年。初公刊は新潮社、一九五八年）第二十八章を参照。

(43) 宮澤喜一『東京―ワシントンの密談』（中公文庫、一九九九年。初公刊は実業之日本社、一九五六年）五五頁。池田とドッジの会談の記録は、後で両者が手を入れたうえで、国務省と陸軍省の責任者に渡された。アメリカの外交文書集に載っている会談記録の原文（五月二日の日付になっている）を読むと、「日本及びアジアの地域の安全を保障するために」というところは、「平和条約の条件を保証し他の目的を果たすために（to secure the treaty terms and for other purposes）」となっている。*FRUS: 1950*, Vol. VI, pp. 1195-96.

(44) Ibid., p. 1198. 吉田のイニシアチブの効果については、Robert D. Eldridge and Ayako Kusunoki, "To Base or Not to Base?: Yoshida Shigeru, the 1950 Ikeda Mission, and Post-Treaty Japanese Security Conceptions," *Kobe University Law Review*, No. 33 (1999). なお池田訪米の四カ月ほど前、『朝日新聞』（一九五〇年一月六日付）は「日本防備に両論――講和の促進に障害　米誌報道」（ニューヨーク特電四日発＝ＡＦＰ特約）という見出しで、米週刊誌『ニューズ・ウィーク』一月九日号の次のような記事を紹介している。「軍部方面では琉球や小笠原と同様日本本土にも若干の軍隊や基地を維持することを主張しているが、国務省は米国が敗戦国に対して軍事條項をおしつけているという非難をうけることなしにどのようにしてこれを実現できるかをなお模索している」

(45) 吉田『回想十年』3、一四三頁。

(46) 「わが方見解」は、外務省条約局法規課『平和条約の締結に関する調書Ⅳ――1951年1～2月の第1次交渉』（一九六七年十月。青山学院大学国際政治経済学部所蔵「堂場肇文書」。以下、『平和条約の締結に関する調書』は『調書』Ⅳなどと略す。編纂年月等は巻末の主要参考文献を参照）一三五―四四頁、細谷・有賀・石井・佐々木編『日米関係資料集』八四―八八頁、大嶽秀夫編・解説『戦後日本防衛問題資料集　第二巻――講和と再軍備の本格化』（三一書房、一九九二年。以下、『資料集』2と略す）四〇―四一頁。「わが方見解」提出の経緯については、『調書』Ⅳ、一一―一四頁。『平和条約締結に関する調書』は、一九六〇年代に、おそらく西村熊雄が中心になってまとめたと思われる外務省の内部文書で、サンフランシスコ講和への日本政府の動きと日米外交の詳細を記録し、重要関連文書（未公開文書を含む）を集めた、戦後外交史第一級の資料である。近年になってその一部が研究者によって利用されはじめたが、正式には公開されておらず(＊4)、読売新聞の記者であった故・堂場肇氏が入手されたコピーを利用するという形をとっている。この調書の複写については、東京大学の田中明彦教授に大変お世話になった。あらためてお礼申し上げたい。

(47) 『調書』Ⅲ、一九頁。これは推測だが、あるいは吉田は本格的な再軍備となれば、朝鮮戦争に日本も軍事的な協力を求められ、そうした内外の危惧を煽ることになると心配したかもしれない。吉田は警察予備隊の創設にかかわったフランク・コワルスキー(Frank Kowalski, Jr. 在日米軍事顧問団幕僚長)に対して、予備隊の朝鮮派遣は決してないと強く釘をさしている。フランク・コワルスキー／勝山金次郎訳『日本再軍備――米軍事顧問団幕僚長の記録』(中公文庫、一九九九年。初公刊はサイマル出版会、一九六九年)一〇五―〇六頁。

(48) 『調書』Ⅲ、七八頁、猪木『評伝吉田茂』4、三八八頁。

(49) 西村『サンフランシスコ平和条約』八二頁。

(50) 『調書』Ⅲ、一三―二九頁(二八頁)、西村『サンフランシスコ平和条約』八二頁。

(51) 『調書』Ⅲ、二〇九―一一頁、大嶽『資料集』2、二六―二七頁。この「理想案」の作成の経緯については、中西寛「講和に向けた吉田茂の安全保障構想」伊藤之雄・川田稔編『環太平洋の国際秩序の模索と日本――第一次世界大戦後から五五年体制成立』(山川出版社、一九九九年)。

(52) 豊下楢彦『安保条約の成立――吉田外交と天皇外交』(岩波新書、一九九六年)。

(53) 田中『安全保障』五一―五二頁。

(54) 『調書』Ⅳ、一〇―一一頁。

(55) 楠「占領下日本の安全保障構想」五〇頁を参照。

(56) 外務省の事務当局が一九五〇年十月十一日に作成した「安全保障に関する日米条約説明書」『調書』Ⅲ、一二八―三二頁(一二八頁)。同日作成された「安全保障に関する日米条約案」と合わせて、外務省の中では「B作業」と呼ばれた。ちなみに、アメリカの対日平和構想と思われるものを分析して作成した日本政府の対策案(十月五日に吉田に提出)は「A作業」、先に見た非武装案の検討作業は「C作業」、「A作業」を吉田の批判を受けて書き直し、日米交渉に対する対処方針案を策定した作業は「D作業」と呼ばれた。

(57)『調書』Ⅲ、一二八―一三二頁(一二九頁)。

(58) 同右、一二八―一三二頁(一二九頁)。

(59) 渡辺「講和問題と日本の選択」三四頁。

(60)『調書』Ⅲ、九三―九四頁。

(61) 同右、一七―一八頁、西村『サンフランシスコ平和条約』八一頁。案文は『調書』Ⅲ、八九―九四頁。

(62) 西村『サンフランシスコ平和条約』八一頁。

(63)『調書』Ⅲ、一一〇頁。

(64) 同右、一三〇頁。

(65) 第一次交渉における吉田＝ダレス会談については、『調書』Ⅳ、*FRUS: 1951*, Vol. VI, 三浦陽一『吉田茂とサンフランシスコ講和』下(大月書店、一九九六年)、中西「吉田・ダレス会談再考」を参照。

(66) *FRUS: 1951*, Vol. VI, pp. 812-13.

(67) アメリカ側記録。訳文は大嶽『資料集』2、三七頁を参考にした。

(68) 中西「吉田・ダレス会談再考」二四七頁。

(69) *FRUS: 1951*, Vol. VI, p. 830.

(70) Ibid., p. 832, 大嶽『資料集』2、三五頁。

(71) 吉田『世界と日本』一〇五―〇七頁、三浦『吉田茂とサンフランシスコ講和』下、一四七―五一頁。

(72) 日本側記録。大嶽『資料集』2、四二頁。

(73) *FRUS: 1951*, Vol. VI, p. 839.

(74)『調書』Ⅳ、一三五―四四頁、細谷・有賀・石井・佐々木編『日米関係資料集』八四―八八頁、大嶽『資料集』2、四〇―四一頁。

(75)『調書』Ⅳ、一四頁。

(76) 同右、二七―三〇頁。
(77) ダレス外交については多くの研究書があるが、Richard H. Immerman ed., *John Foster Dulles and the Diplomacy of the Cold War* (Princeton University Press, 1990) は、第一線の研究者によるイッシュウごとの優れたダレス外交論であり、役に立つ。ダレスの伝記としては、Ronald W. Prussen, *John Foster Dulles: The Road to Power* (The Free Press, 1982) がよい。ただし、同書で扱っている時期は国務長官になる前まで（一九五二年まで）であり、続編の刊行が待たれている。ダレスの思想と外交については、井口治夫「ジョン・フォスター・ダレスの外交思想――戦前・戦後の連続性」『同志社アメリカ研究』三四号（一九九八年三月）、高松基之「外交官の肖像 ジョン・F・ダレス」上・下『外交フォーラム』二号（一九八八年十一月）・三号（十二月）なども参照。
(78) 『調書』Ⅳ、一五一―五三頁。
(79) 同右、一五四頁。
(80) 同右、一五五頁。
(81) 同右、四五頁。同頁では、「警察予備隊や海上保安隊のほかに［傍点は引用者］」となっている。
(82) 吉田『回想十年』3、一四六頁。
(83) 『調書』Ⅳ、一八二頁。原文は英文、訳文は大嶽『資料集』2、四七頁を参考にした。
(84) 田中『安全保障』六一―六三頁。
(85) 『調書』Ⅳ、一六四頁。この文書は吉田の了承を得ている。『調書』Ⅳ、三九頁。
(86) ヨシツ『日本が独立した日』一一頁。ヨシツは「米政府高官」が誰であるか書いていない。匿名を条件としたインタビューと思われる。ただヨシツのインタビュー・リストには、当時この案を知る立場にあったアリソンやラスクらの名前が見られる。
(87) 吉田『回想十年』3、一四六―四七頁。
(88) イギリスが、安全保障の取り決めを平和条約の中に入れると日本に押しつけたような印象が生まれるとして、反対していたことも影響しているようである。*FRUS: 1951*, Vol. VI, pp. 842-43. 安保条約の成立におけるイギリスの役割については、細谷雄一「イギリス外交と日米同盟の起源、一九四八―五〇年――戦後アジア太平洋の安全保障枠組みの形成過程」『国際政治』一一七号（一九九八年三月）。

(89) 西村熊雄「安全保障条約論」『サンフランシスコ平和条約・日米安保条約』一九頁。

(90) ダレスは、パーティーの席で非公式に、将来二国間の軍事協定は拡大されるかもしれないと日本側の出席者に伝えるにとどめた。*FRUS: 1951*, Vol. VI, p. 858. また二月一日、事務レベルの交渉でアリソン公使が、「時日はかかるかもしれないが、米国は太平洋地域でも北大西洋条約方式の地域的集団安全保障が成立し日本もこれに参加して太平洋の安全保障を確立されることを希望している。日本はこのような地域的集団安全保障にたいしどのようなコントリビューションをなされるつもりであるか」と質問している。これに対して日本側は、「わが方は、日米間の協力協定のもとにおけるわが方の協力についてのべた以上を答えることはできない」と答えた。『調書』Ⅳ、三四頁。

(91) 前者を強調するのは細谷千博『サンフランシスコ講和への道』一八七―九二頁、後者は宮里政玄「アメリカ合衆国政府と対日講和」渡辺・宮里編『サンフランシスコ講和』一三一―三二頁。

(92) この経緯については、Frederick S. Dunn, *Peacemaking and the Settlement with Japan* (Princeton University Press, 1963), Chapter 6.

(93) 『調書』Ⅳ、一六五―七二頁。

(94) 同右、四〇頁、西村『サンフランシスコ平和条約』九一頁。この日、アメリカ側が出した協定案は、交渉前に用意されていた二国間協定案とはずいぶん異なる。*FRUS: 1950*, Vol. VI, pp. 1373-79, *FRUS: 1951*, Vol. VI, pp. 801-03, 843f, 843-49. おそらく米軍駐留の規定を平和条約ではなく二国間協定に入れたいとする日本側の意向に配慮して、前日に日本側が示した日本案――アメリカ側はこれを「すこぶるヘルプフル」と評した（『調書』Ⅳ、三二頁）――と、駐留に関するさまざまな権利を盛り込んでいたアメリカ案を、整理不十分ながらも合成し交渉のたたき台にしたものと思われる。

(95) 「相互の安全保障のための日米協力に関する協定」にたいするわが方のオブザベーション」『調書』Ⅳ、一七五―一七七頁。一七八―八二頁も参照。ちなみに、この委員会では「再軍備の計画や緊急事態または戦争の場合に対処するための措置」を秘密裏に検討すべきとされていた。『調書』Ⅳ、四四頁。
(96) 『調書』Ⅳ、六一―六四頁。
(97) 西村「安全保障条約論」一〇〇―〇八頁。
(98) 宮澤『東京―ワシントンの密談』一二六―三〇頁。
(99) 西村「安全保障条約論」一〇二頁。
(100) 同右、一〇〇―〇八頁。行政協定の詳細については、明田川融『日米行政協定の政治史――日米地位協定研究序説』(法政大学出版局、一九九九年)。
(101) 『調書』Ⅳ、一五一―五三頁。
(102) 西村「安全保障条約論」二一―二二頁。
(103) *FRUS: 1951*, Vol. VI, pp. 856-57.
(104) 西村「安全保障条約論」三六頁。
(105) 同右、三六―三七頁。
(106) 同右、六四頁。
(107) *FRUS: 1951*, Vol. VI, pp. 857-58.
(108) Ibid., p. 858.
(109) 西村「安全保障条約論」三七―三八頁。
(110) 『調書』Ⅵ、七八五―八七頁。
(111) 『調書』Ⅳ、一五二頁。
(112) 『調書』Ⅴ、二六五―六六頁、『調書』Ⅵ、七八五―八七頁。
(113) 西村「安全保障条約論」六九―七〇頁。
(114) 極東条項の挿入についてより詳しくは、豊下『安保条約の成立』九九―一〇八頁。
(115) *FRUS: 1951*, Vol. VI, pp. 1256-61 (1259).

(116) Ibid., pp. 1226-27.

(117) 『調書』Ⅵ、三四五―四七頁、*FRUS: 1951*, Vol. VI, pp. 1187-88.

(118) 『調書』Ⅳ、六五頁、二〇七頁、西村「安全保障条約論」六八頁、*FRUS: 1951*, Vol. VI, pp. 856-57.

(119) 『調書』Ⅴ、九一頁、二六六―六七頁、西村「安全保障条約論」六八頁。

(120) 『調書』Ⅵ、一九三―九四頁、七五二―五五頁。

(121) 同右、二三三頁。

(122) 同右、一九三―九四頁、七一一―一二頁、西村「安全保障条約論」五〇―五一頁。

(123) 『調書』Ⅵ、一九二―九三頁。

(124) 西村「安全保障条約論」五〇―五一頁。

(125) 『調書』Ⅳ、四一頁。

(126) 同右、一九三頁。

(127) 同右、七一一―一二頁。

(128) 西村「安全保障条約論」四六頁。

(129) そうした批判の代表的な例として、豊下『安保条約の成立』をあげることができる。また、豊下楢彦「安保条約の論理」豊下編『安保条約の論理――その生成と展開』(柏書房、一九九九年)も参照。

(130) 『調書』Ⅳ、一〇三頁。

(131) 吉田『回想十年』3、二四―二六頁。

第２章

防衛力漸増　◉吉田路線とアメリカ

⬆アリソン大使（1953年６月12日。写真提供：共同通信社）

一　再軍備要求の圧力

一九五二（昭和二十七）年四月二十八日、サンフランシスコ平和条約とともに発効した旧日米安全保障条約は、あくまで暫定的な取り決めであった。武装解除された日本は、独立しても「自衛権を行使する有効な手段」を持たず、そのままでは「無責任な軍国主義」（共産主義勢力）の脅威にさらされ、危険である。この危険に対処するためアメリカは、「暫定措置」として米軍を日本に駐留させる。ただしアメリカは、日本が徐々に自国の防衛に責任を負うことを期待する。条約の前文は、そのようにこの取り決めの主旨を説明している。そこから論理的に考えれば、もし日本がアメリカの期待通りに自国の防衛に責任を負う、すなわち、もし日本が再軍備をなしとげ「自衛権を行使する有効な手段」を身につけるようになれば、その後は、条約の廃棄なり、改定なりが日米両国の政治課題になるはずであった。その意味で、安保改定につながる圧力はまずアメリカ政府の側からもたらされたと言える。再軍備要求の圧力である。

前章で見たとおり吉田茂首相は、講和交渉において、ダレスに講和後の再軍備を約束した。そのため安保条約には、アメリカ側の日本再軍備への期待が盛り込まれることになった。アメリカ側の期待が、具体的な数字になって表れたのは、条約調印の翌年、一九五二年になってからである。吉田の側近で軍事問題のアドバイザーであった辰巳栄一元陸軍中将は、次のように回顧している。

「朝鮮事変の進展に伴って、米国側は、日本の再武装問題に異常の力瘤を入れ出すようになった。昭和二十七年一月のことであるが、日本の陸上防衛要員を如何程にするかという問題で、日本政府と米軍総司令部との間に、幾度となく論議が行われた。米国側の主張は、こゝ数年の間に陸上兵力を三十二万五千に増強すべきであるというにある」

辰巳は吉田の代理として総司令部に出向き、そこで、日本本土防衛のために第一線師団一〇個を根幹とする三二万五〇〇〇人の陸上兵力がなぜ必要であるか「至れり尽せりの説明」を受けたという(1)。総司令部の説明は、前年末に統合参謀本部がまとめた、日本再軍備の規模と構成に関する覚書を背景にしていた。一九五一年十二月十二日、統合参謀本部は国防長官に対して、日本が日本防衛のために持つべき兵力目標について報告している(2)。この覚書は、「今後数年間の世界情勢は引き続き極めて危険な状態で推移するであろうし、共産圏諸国の軍隊による日本攻撃はほとんど前触れなく行なわれる」であろうこと、日本が自由世界と同盟し安保条約が発効していること、したがって日本防衛には米軍の支援があること、日本国憲法が「日本防衛のための軍隊を認めるように改正」されること、日本の国防軍と在日米軍が規模、編成、役割分担において相互補完的であること、アメリカは日本の国防軍の当初の増強に必要な軍備の大半を提供すること、などを前提にして、次のような兵力規模を提示した。

まず第一段階において陸軍は一〇個師団三〇万人、海軍は哨戒フリゲート艦一〇隻および(大型)支援用揚陸艦(大型上陸支援艇)五〇隻、空軍は戦闘爆撃機、戦術偵察機各一飛行隊が考えられていた。第二段階では陸軍はさしたる増強はなく、海軍は未定で、空軍は迎撃戦闘機が六、戦闘爆撃機一二、戦術偵察機三、輸送機六、の各飛行隊に増強するとされていた。植村秀樹氏の研究も指摘するように、アメリカの軍部が日本に求めていた軍事力はまず陸上兵力であり、この時点での統合参謀本部の計画は、海と空については本格的なものではなかった(3)。陸上兵力についても、後に構成の修正や兵力量の多少の増強がなされる。しかし、ともかく講和後にアメリカがめざす日本再軍備の原案は、この覚書にあるように陸上兵力一〇個師団三〇万人を基盤とするものであった。

辰巳は軍事専門家として、総司令部の説明には理があると考えた。北海道から九州まで守るとすればそれくらいの兵力がいる、というのが辰巳の判断であった(4)。しかし、辰巳が吉田に総司令部の考えを報告すると吉田は、次のように述べたという。

「日本の現状は、軍事上の要求のみで兵力量を決めるわけにはゆかぬ。今は先ず国に経済力をつけて民生の安定をはかることが先決問題だ。日本は敗戦によって国力は消耗し、痩馬のようになっている。このヒョロヒョロの痩馬に過度の重荷を負わせると、馬自体が参ってしまう、とはっきり先方へ答えてくれ」

辰巳は、総司令部の「執拗な要請」と吉田の「頑としてこれを相手にしない強硬な態度」の板挟みとなって、陰ながら苦労したと回想している(5)。

もちろん、吉田はダレスへの再軍備の約束を反故にしたわけではない。ダレスとの交渉の後、吉田は再軍備のためのいくつかの具体的措置をとった(6)。まず辰巳の進言を受け入れて、一九五一年秋には中堅クラスの旧職業軍人を、そして半年後には大佐クラスを警察予備隊に入れて、その強化をはかった。また将来の本格的再軍備に備えて幹部養成を目的とした保安大学校を設立した(一九五一年五月に指示、一九五三年四月開校。一九五四年九月、防衛大学校と改称)。吉田は新しい軍隊の幹部養成に強い関心を持ち、保安大学校が、戦前の士官学校とは異なる、リベラルな軍人教育の場になるようイニシアティブをとった。さらに、警察予備隊を増強して定員を七万五〇〇〇人から一一万人にする(一九五二年五月)とともに、保安隊に改組して、新しく設置した保安庁（一九五二年八月）に組み入れた。保安庁は保安隊とともに新設の（海上）警備隊（一九五二年四月）を擁して、「わが国の平和と秩序を維持し、人命および財産を保護するため特別の必要がある場合において行動する」任務を帯びた機関として設置された。警察予備隊と比べて警察からの独立性が強く、治安維持以上の目的を持つことは明らかであった。たしかに、表向きには軍隊ではないという建前がとられたが、吉田は保安庁長官としての訓辞の中で、保安庁こそ「新軍備の基礎であり、新国軍建設の土台である」と明言した(7)。

しかし吉田は、再軍備は「非常にゆっくり行う」という考えを変えたわけではなく、アメリカが望むような規模とタイミングの再軍備要求には抵抗した。警察予備隊の増員も、トルーマン大統領と対立して罷免されたマッカーサーの後任であるリッジウェイ（Matthew B. Ridgway）の総司令部は、一九五二年度に一五万人に倍増するよう求めたが、吉田は一一万人を主張して譲らなかった(8)。

一九五二年八月、アメリカ国家安全保障会議は、講和後の対日政策基本文書NSC一二五／二をとりまとめ、トルーマン大統領の承認を得た。この文書は、「行動の指針」の一つに、日本再軍備の第一段階として「バランスのとれた一〇個師団の陸上兵力と適切な海空軍力」からなる軍備を日本が持てるように援助することを盛り込んでいた。また文書は、この第一段階の軍備増強が終了した時点で、アメリカは、その時の状況を検討しつつ、「日本が太平洋地域の自由諸国の防衛に参加するための軍事的能力を発展させるように援助する」ことも求めていた。文書は、対日政策の目的の一つに、日本を太平洋地域の集団安全保障の取り決めに参加させることをあげており、第一段階の軍事増強は、そのための重要な前提と位置づけられていたようである(9)。翌一九五三年、アメリカの政権は、二〇年ぶりに民主党からアイゼンハウアー（Dwight D. Eisenhower）をかついだ共和党に移ったが、政権が交代した後もこのNSC一二五／二は引き続き承認された。

二　池田＝ロバートソン会談

MSA受け入れと再軍備問題

サンフランシスコ講和後数年間の防衛力増強をめぐる日米外交のハイライトは、一九五三（昭和二十八）年十月にワシントンで行われた池田＝ロバートソン会談である。近年の歴史研究は、この会談がかつて言われたほどには防衛力漸増路線の定着に決定的影響を持ってはいなかった、という見方を強めている(10)。この会談は結局のところ、防衛力増強の規模とスピードについて日米間に了解を生み出さなかったし、この時の議論がアメリカの防衛力増強の圧力を弱めたわけでもないからである。しかしそれにもかかわらず、池田＝ロバートソン会談は、アメリカの軍事的保護の下、自らは軽軍備でまず経済復興を優先するという吉田の政策路線の形成にとって一つの重要なステップであったし、少なくとも、防衛力増強に対する日米両政府の考え方の違いを明確にする会談であったことはまちがいない。そこでこの節では、近年利用可能になった日米双方の一次史料を利用して、会談での双方のやりとりをやや子細に検討してみたい。

アイゼンハウアー政権の国務長官に就任したダレスは、一九五三年五月、議会で新政権の対外援助計画について証言を行い、その中で、一九五四会計年度（一九五三年七月から一九五四年六月末まで）の相互援助計画予算の中に日本国内の安全保障と防衛のために必要な武器に要する費用を計上していると述べた(11)。

これは新政権が相互安全保障法（ＭＳＡ）に基づく軍事援助を日本に対しても行うという、初めての意思表示であった。ＭＳＡは一九五一年に制定された法律で、「自由世界の相互安全保障並びに個別的及び集団的防衛を強化し、友好諸国の安全及び独立並びに米国の国家的利益のために友好諸国の資源を開発し、且つ、友好諸国の、国際連合の集団的安全保障体制への有効な参加を助ける」という目的をもって、アメリカが友好諸国に軍事的、経済的および技術的援助を行うための法律であった(12)。この法律によって、それまで個別の法律によって実施されていたアメリカの各種の対外援助が一元的に効率化して行われることになった。日本について言えば、占領下においては日本への軍事援助は国防予算でまかなわれてきたが、独立国になった以上、ＭＳＡ援助に切り替える方が望ましいというのがアメリカ政府の考えであった(13)。

ダレスの証言によって日本国内では、ＭＳＡ援助への関心が高まった。社会党を中心とする左翼勢力は、ＭＳＡ援助受け入れは憲法を空洞化し再軍備の重荷を背負い込むものとして批判した。日本政府は、ＭＳＡ援助が防衛力増強のための援助にとどまらず、日本の経済的自立のための何らかの援助をともなうものであることを期待した。朝鮮休戦（一九五三年七月）による特需の停止に危機感をいだいた財界の中には、ＭＳＡ援助を通じた兵器生産による経済復興への期待も生まれた(14)。

日本政府はＭＳＡ援助受け入れの方向で動いたが、受け入れのためには、自国の防衛についてアメリカに長期的な計画を示す必要があった。というのも、ＭＳＡでは援助を受ける国は、「条約に基いて、自国が受諾した軍事的義務」を履行するとともに、「自国の防衛能力を発展させるために必要なすべての妥当な措置をとること」が求められていたからである（五一一条）。現にダレス国務長官は、上院歳出委員会において、保安隊を一〇個師団（三五万人）に増強することがアメリカ政府の目標であり、この目標を日本が達成するためにはアメリカの資金援助が必要と証言していた(15)。そのことにも刺激されて、政府内はもちろん民間においても、さまざまな再軍備計画が議論されるようになった。主なものだけでも、政府内には保安庁案、経済審議庁案、大蔵省案の三案があり、民間にも経団連案などがあった。それらの案には、陸軍で一〇万人から三〇万人、海軍で一〇万トンから三八万七〇〇〇トン、空軍で一〇〇〇機から三七五〇機というように、大きな差があった(16)。

吉田は、再軍備問題で日本政府の立場を固めることをねらって、野党第二党改進党の党首である重光葵（しげみつまもる）と会談した（一九五三年九月二十七日）。吉田の自由党は当時、衆参両院において議席の過半数を持たず、吉田内閣は、少数与党内閣に転落していた。講和独立後、吉田は、左翼・革新勢力のみならず、追放を解除された鳩山一郎をかつぐ三木武吉、河野一郎といった保守派の政治家たちからも退陣を要求され、苦しい政権運営を迫られていたのである。講和後わずか一年の間に二回も解散権を行使して衆議院議員総選挙（一九五二年十月、一九五三年四月）を行わざるをえなかったのも、そのためであった。しかし二回の選挙の結果、吉田の政権基盤はさらに弱まった。吉田が重光との会談を求めたのも、政権安定のために、比較的に政策の近い改進党と政策協調をはからざるをえなかったからであった。

両者の政策の一番の相違は再軍備問題の取り扱いであったが、結局両者は、長期の防衛計画を立てて自衛力を増強し、また「保安隊」を「自衛隊」に改組し直接侵略にも対抗できるようにすることで合意した(17)。この合意は、憲法問題に触れなかったことにも見られるように、再軍備は漸進的に行うという吉田の路線を変更するものではなく、むしろその路線に改進党を引き寄せたものと評価できる(18)。再軍備問題が主要な争点となった過去二回の総選挙では、積極的に再軍備を主張する改進党や鳩山派の自由党の議席が伸び悩み、逆に再軍備反対の社会党の議席が伸びていた。重光としても、もし再軍備を行うにしても、当面は吉田のようにゆっくりやるしかないと判断したものと思われる。

かみ合わぬ日米の戦略情勢認識

吉田は、重光との政策合意を背景に、自ら渡米してアメリカ政府との交渉に臨むつもりであった。十月に腹心の池田勇人自由党政調会長を特使とする使節団（大蔵官僚が実務の中心メンバーになった）をワシントンに送ったのは、その下交渉のためである。アメリカ政府は、極東担当の国務次官補ロバートソン（Walter Robertson）以下、国務省、国防省、予算局、対外活動局（ＦＯＡ）、財務省などから多数の担当者を集めて池田使節団を迎えた。日米双方は、講和成立後、日米間で懸案となっていた事項、すなわち再軍備・防衛力増強問題、東南アジアとの貿易および賠償問題、対中貿易、ガリオア（占領中に日本が負った対米債務）問題、日本への外資導入や借款の問題などを議題にして、十月二日の予備会談から共同声明を発表した十月三十日まで、予備会談を含めて一二回の会談を行い、活発な討議を繰り広げた。会談は、アイゼンハウアー新政権誕生の後、初めて日米が本格的な意見交換を行う場になった(19)。

この池田＝ロバートソン会談で防衛力増強要求の口火を切ったのは、国防省のナッシュ（Frank C. Nash）次官補（国際安全保障問題担当）である。ナッシュは第二回会談（八日）に出席して、世界情勢および極東情勢について国防省の見解を説明した。ナッシュは話を自分の最近のヨーロッパ視察から始めて、四年前に比べれば、ＮＡＴＯ諸国は、はるかに共産主義勢力に対抗する力をつけ、脅威は過去のものとなったけれども、極東情勢には重大な懸念があると比較した。ナッシュは、ソ連という国は力の真空を埋めようとして動く傾向があり、極東にはその力の真空がある。ソ連は東シベリアに約五〇万人の兵力と五〇〇〇ないし六〇〇〇機の航空機を持っている。これに中共の兵力を合わせれば、（全体数約五〇〇万人のうち）五〇万人の軍隊を割いて北と南から日本に電撃的に侵攻できる。米軍は「機動打撃力（mobile striking force）」として展開して日本を支援するけれども、日本本土の防衛は日本が責任を持つべきである。米軍は将来にわたって日本に大きな軍隊を置いておくことはできない。ナッシュは以上のように述べた後で、海岸線の長い日本の防衛には、最少限、一〇個師団三二万五〇〇〇人の陸上兵力が必要である、海空軍についての計画の詳細は希望があれば後で詳しく説明する、と防衛力の増強を要求した(20)。

宮澤喜一の回顧録『東京―ワシントンの密談』では、日本側には軍事情報などあるはずもなく、素人が玄人とまともに議論はできないと思って、日本側はナッシュの話を聞きっ放しにしたとなっている(21)。だが、日米の会議録を見ると、池田はきわめて素朴ではあるが核心をつく質問を行った。

「日本を守る傘になるアメリカ海空軍の存在を考えれば、ソ連が五〇万の兵員を上陸させることなど、どうして想像できましょうか。とくに、ソ連は船の数が足りないのですから。まさか、それだけの兵員を空輸することはできないでしょう。」

池田は、島国である日本の防衛には海空軍の力が決定的な意味を持ち、東アジアの戦略地図における米海空軍とソ連の海空軍の力の差を考えれば、日本が大きな陸上兵力を持つ必要はないのでは、と指摘したのである。この池田の発言に対してナッシュは、アメリカの海空軍はたしかに相手を苦しめるだろうが、「傘」という考え方は楽観的に過ぎる、ソ連との航空戦は激しいものになるだろうし、いったん橋頭堡が築かれ、抵抗がなければ、ソ連は大軍を投入できると反論した(22)

しかし、この説明に日本側の出席者が納得したようには見えない。日本側でこの八日の会談の記録をとった大蔵省の村上孝太郎は、五〇万人の電撃作戦というナッシュの話は「ブラフで」あるとして、池田が指摘するように輸送船の問題もあるし、ソ連軍五〇万人の兵力といっても極東全体か沿海州だけの配備か明らかでない。またソ連機は五〇〇〇ないし六〇〇〇機というが、アメリカの極東空軍司令官は四五〇〇機と言明している。ソ連のミグ・ジェット戦闘機の行動半径の説明も不正確である、などと、その説明のあいまいな点を見てとった。その上で村上は、ナッシュの説明を

「(1) 其の戦略判断に使用せるデーターは日本の雑誌に表れるものと大差なく且つ

(2) □□(不明)日本の再軍備に対する要請は極めて性急であり、徒(いたずら)に抽象的なる情勢の緊迫化を説くに過ぎず

従て結論的に云へば、従来我々が東京に於て保安庁と［米軍］顧問団との関係に於て感じたる如き「知らしむべからず、急がすべし」との印象を受けたのであります」

と酷評する報告を行っている(23)。こうして、日本の防衛力増強の議論は、その戦略的必要性の認識が日米の間でかみ合わないまま進められることになった。

「防衛五カ年計画池田私案」

さて池田＝ロバートソン会談では、日米双方からそれぞれあるべき日本の防衛力増強の姿について案が示されたが、双方の案は、どちらも細部まで詰められた最終提案というものではなかった。たとえば十二日の第三回会談でアメリカ側は、陸上兵力について一〇個師団三二万五〇〇〇人という数字を示したが、

編成について日本側が質問すると、その検討は極東米軍の任務であると主張するばかりで詳しい説明をしなかった。しかもアメリカ側は会談の後半（二十二日）になると、三五万人という数字にも言及しはじめて日本側の不信をかっている。これは、ワシントンで会議が進んでいる間、極東米軍が一五個師団三四万八〇〇〇人という新しい兵力目標を検討中であったことに関連していた。

他方、池田が十三日にアメリカ側に提示した「防衛五カ年計画池田私案」――これは予算上の制約に重きを置いて大蔵省で検討されていた防衛計画案に、池田が手を加えたものであった――も池田の「個人的な研究の結果」として示され、「全体として日本政府の最新の考え方を反映してはいるが、公式的なものでも最終的なものでも全くない」との断り書きのついたものであった。実際、東京では保安庁が極東米軍に対して保安庁独自の案（陸上兵力一〇個師団二〇万人を基幹とする）を示して意見交換を行っており、池田私案はアメリカ政府に示された唯一の案ではなかった(24)。もともと池田＝ロバートソン会談は、何かを最終的に決めるというより、吉田訪米を控えて「瀬踏み」を行うための会談という意味合いが強かったので、そのことは必ずしも不思議ではない。

池田の「私案」は、陸上兵力一〇個師団一八万人、海上兵力二一〇隻（一五万六五五〇トン、三万一三〇〇人）、航空兵力五一八機（練習機三〇〇機を含む、七六〇〇人）からなる防衛力を整備する計画であった。これに対して、アメリカ側が会談で示した計画は、陸上兵力一〇個師団三二万五〇〇〇人、海上兵力一〇八隻（一万三五〇〇人）、航空兵力八〇〇機（三万人）からなっていた。両者の計画は海空兵力についても規模と構成に差があったが、最も議論になったのは陸上兵力の多寡であった。

陸上兵力について日米の案は、一〇個という師団数では一致していた。南北に長い国土と道路の状況を考えれば、日本防衛のために師団数は最低でもそれくらい必要、という点で日米間に異論はなかった（池田私案では一応、北海道に四個、本州に四個、九州に二個の配置が前提とされていた）。しかし、日米の陸上兵力案は、師団当たりの兵力数が大きく異なっており、そこが問題になる。池田私案は、日本の陸上兵力は海外出動を念頭に置いていないので、後方部隊を減らすことができるという前提に立っていた。宮澤は池田私案の考え方を、次のように説明している。

「米軍は幾度かの海外出動（と申すより、国内では一度も戦ったことが無いのだから、常に海外出動であろうが）の都度、よその国での戦だから、いわばタンスから長持迄持ってゆかなければならぬ。わが保安隊の場合は、国外に出ることは予想されてないのであるから、軍用自動車がこわれれば町の自動車修繕工場を使えばよい、何も一々完全な修理班を連れて歩く必要はない。そういう意味で、軍が直属で持っていなくともその土地土地で、シヴィリアンの協力を受けるということが、本当に本土に敵が侵入した場合には十分可能である。その点は、遠征軍と、ホーム・グラウンドで戦う軍との大きな相違点で、そういう観点からすると、いわゆる後方部隊はうんと減らすことができる。」

池田私案はこうした考え方に基づいて、一個師団当たりの兵力数（ディヴィジョン・スライス）をかなり切り詰めようとしていた。宮澤は続けて次のように説明している。

「米軍は一個師団当り三万二千五百人の内、二万人が第一線の戦闘部隊、一万二千五百人が後方部隊だそうで、今の保安隊は一個師団を二万七千五百人で編成し、その内一万七千人程度が戦闘部隊だそうである。そこで、これをうんと圧縮すれば、日本の保安隊の場合、後方部隊を節約して全部合せて一万八千人位でやっていけないはずはない。現に北大西洋同盟（ＮＡＴＯ）では、平時編成は、一個

師団一万八千人であると云う。」(25)

池田私案は、保安隊の編成から戦闘部隊以外の部分の三分の一から二分の一、戦闘部隊についても軽火器部隊の三分の一を削減するなどして、何とか師団当たり一万八〇〇〇人程度という数をはじき出していた。

十月十五日に開かれた第五回会談では、統合参謀本部の軍人たちが出席して池田私案について質疑応答があった。池田はこの席で、陸上兵力一〇個師団一八万人という数は、米海空軍の存在に頼ることができるという前提ならば、日本防衛に十分な数であると主張した(26)。

しかし米軍の専門家たちは、池田私案の中の海空兵力増強案には一定の評価を与えたものの、陸上兵力については数が足りないと不満をあらわにした。出席したヒューストン(M. N. Houston)という大佐は、アメリカ側の兵力目標は純粋に日本防衛のために必要なものであって、海外派兵を考えたものではない、たとえ海外に出なくても、かなりの数の司令組織や戦闘支援部隊が必要である、池田私案より軍団数を増やして(一つでなく三つにして)それぞれに直轄の補給、砲兵、工兵、化学部隊、戦車部隊を置くべきである、「私案」は後方支援をあまりに民間に頼りすぎているのではないか、と批判している(27)。

これに対して、この日、池田私案の細部を説明する主役を努めた村上は、「私案」が後方支援の面で民間頼りになっていることを認めた後、これは前もって言っておくべきであったが、と前置きして、「私案」の三つの前提を説明した。

(1) この案は侵攻阻止を海空軍に依存し、侵攻は水際で撃退される。

(2) この師団割［一個師団当たり人数、一万八〇〇〇人］は平時を想定したものである。もし戦争になれば何らかの再組織が必要。

(3) もし敵が侵入したら、地の利を最大限に利用するとともに、特定の場所に陣地を構築して防衛する(28)。

この三点は池田私案のポイントをよく表すものである。つまり、米海空軍の支援を受ければ、地上戦にはならないし、もしなっても兵員不足は地の利で補って戦える。それに、そもそも、そういう戦争が差し迫っているとは考えていない、というわけである。池田私案の大きな特徴は、こうした危機感の薄さにあると言ってよいかもしれない。日米の戦略情勢認識に溝があるのは明らかであった。

アメリカ側は村上の説明に反発した。海空軍がある時点で満足な状態にあるからといって、陸軍が少ないのは危険ではないか。敵に橋頭堡を築かれて、陸で撃退する必要が出てくるかもしれない。また攻撃されてからの動員に頼ることはできない。戦う必要がないということを前提にするべきではない。また、国内で戦うからといって、地の利が自分に有利に働くとは限らない。たとえば鉄道で物資を輸送しようとすれば、サボタージュに対し脆弱になるなどと指摘した。

焦点は防衛力増強のペースと予算額に

陸上兵力の目標数について、日米の考えは隔たったままであった。しかし、会談が進むにつれて、アメリカ側のこの会談での真の関心は、最終的な兵力目標とは別のところにあることが次第に明らかになっていった。話を八日の第二回会談に戻せば、ナッシュの説明が終わった後、ＭＳＡの実施を管轄するＦＯＡの担当者ポール（Norman Paul）は、次のように説明している。一九五五会計年度（一九五四年七月から一九五五年六月末まで）のＭＳＡ援助については、すでに予備的審議が始まっている。この中に本格的に日本を含めるためには、防衛力増強計画とその財政負担について了解ができたことを議会に示さなければならない。また、ＭＳＡとは別に前からある国防省の予算で、陸上兵力一八万人までの初期装備を整えることができるが、これは一九五四年六月三十日までに使わなければならない。日本は今の経済状態で、防衛費を二倍、約二〇〇〇億円にする、すなわち現在国民総生産（ＧＮＰ）の二％使っているものを四％にすることができる。自分たちは日本が最低限の努力をしていることを議会に説明しなければならないのである(29)。このポールの説明は、日本側にとっては次年度、すなわち一九五四会計年度（一九五四年四月から一九五五年三月末まで）と次々年度における防衛力の増強と予算額が大きな問題になることを指摘するものであった。

十月八日に本格的に始まった防衛問題の検討は、十二日にアメリカ案の説明、十三日に日本側が池田私案を手交、そして十五日に「私案」に対するアメリカ軍部の担当者からの質問と意見交換が行われて、だいたい、お互い言いたいことを言い合う形になった。そこで日米双方は、覚書交換による会談結果のとりまとめをめざす。十九日付の日本側覚書に、二十一日付でアメリカ側が返答し、それに対して、日本側が二十七日付の覚書を出して答えた。この時点でお互いの「本当の肚」（宮澤）が文書の形で整理されることになった。この覚書の交換の中で、防衛問題の焦点は、はっきりと、ここ一、二年の増強のペースと防衛予算の額に移っていった。

まず十月十九日に日本側が提出した覚書の防衛問題に関する部分を検討してみよう。覚書は初めに、「日本代表は充分な防衛隊をもつには四つの制約があることを強調した」と述べ、会談を通じて日本側が説明し、またそれ以前にも吉田と吉田に従う人たちが、公式、非公式に主張してきた「制約」をあげている。それらは、法律的、政治社会的、経済的および物理的という具合に、四つに整理されていた。簡単に言えば、日本には平和憲法がある、占領下の教育で国民の間には平和主義が広まっている、国民の生活はいまだ貧しいままである、徴兵ができない中で多数の適当な人材をすぐに集めることは難しい、という「制約」であった(30)。

次に覚書は、両国代表が以上の制約を認めたうえで、三つの了解ができたとする。その一つは次のような文言であった(31)。

「日本にしかるべき防衛隊らしきものを創設するのみならず、維持するためにすら、かなりの額の軍事援助が来るべき何年間かの間必要であることに意見一致した。この点に関し日本代表より現状において実行可能な最大限と信ぜられる部隊の規模について提案がなされた。アメリカ側代表は提案中の数字と規模は低目であると述べたが、右提案はさしたる困難なく発展改善しうるべきものと考えた。日本代表は提案された［アメリカ側の］計画の下において考慮せらるべき軍事援助の種類（タイプ）と額を知りたい、また右計画が基本的命題を変更せずしていかにして改善しうるかにつき承認をえたいと述べた。」

いささか抽象的かつ間接的でわかりにくい表現であるが(32)、要するに日米がそれぞれ防衛計画の目標について提案をしたが、将来の協議において歩み寄りが可能と言っているのである。この覚書を起草した宮澤は、回顧録の中で覚書の文言をわかりやすく言い直している。

「日本が現在程度の防衛力を維持するだけでも相当な軍事的援助が必要であることに合意した。

なお、これに関し日本側から、この程度の防衛力なら持ち得るという一案が提出された。この案に対し、米国側は、これは少なきに過ぎることを指摘したが、今後なお協議を続けることによって、お互いに合意し得る結論が出ると考えている。

なお日本側は、どの程度の援助がいつ与えられるかを、更に詳細に承知したい。」(33)

宮澤はアメリカ側の陸上兵力三二万五〇〇〇人説と日本側の一八万人説で「引分け」程度の勝負はできたと考えたという(34)。その意味は歩み寄りの含みを残した棚上げというものであったと思われる。

実は、日本側としても、提出した池田私案以上には最終兵力目標についてまったく妥協の余地がないと主張していたわけではない(35)。十五日午前中の会議の議論の最後に、池田は、FOAのポールから、もし経済問題が克服され、装備と訓練がアメリカから提供されるとしたら、憲法的・法律的制約にふれることなく、さらに兵力の増加ができるか、と質問されて、

「それは程度の問題だが、できると言いたい。とくに日本人の心がその「計画の」期間中に変わるだろうと考えるのでそう言うのである。それはかなりの程度、日本人が期待し得るアメリカの援助にかかっている」

と答えている(36)。

ここでこの覚書をさらに読むと、池田たちが、防衛問題での妥協によって得ることを期待していたものがより明確になる。覚書は、自分たちの国は自分たちで守るという気概を日本人に持たせるには、外部からの援助があると助かるとして、(1)軍事的な援助だけでなく経済的な援助を期待する、(2)いわゆる「域外調達」の今後の規模について知りたい、(3)売上代金の一部を援助として道路の改良などに使える余剰農産

物の買い付けを五〇〇〇万ドルくらい期待したい、として経済支援の約束を取り付けようとしたのである。アメリカ側は、日本側には経済援助との交換ならば一八万人以上の増強を議論する意志もあると判断した(37)。

しかし、微妙で抽象的な言い回しで防衛力増強について何とか「引分け」程度に持ち込み、あわよくば経済援助も引き出そうという日本側のもくろみに対して、関係各省との協議のうえで慎重に練られたアメリカ側の返事（二十一日付覚書）は、具体的で厳しいものであった。ある新聞記事は、この回答が「そのまま日本の新聞にのったら吉田内閣の屋台骨を吹き飛ばすことになるよ」という関係者の言葉を伝えている。回答を受領した夜、日本側の交渉者たちは大使館で重要協議を行ったが、その場の空気は深刻であったという(38)。

受け付けられなかった「経済的制約」

アメリカの覚書は、防衛問題に関し、日本側の覚書があげた、四つの「制約」の存在を一応認めたうえで、法律的制約と政治的制約の二つは日本の国内問題だからコメントしないと突き放し、経済的制約と物理的制約については間接的にそれを軽視する態度をとった。すなわち、日本は一九五四会計年度は約二〇〇〇億円、一九五五会計年度は二三五〇億円の防衛費を計上してほしい、また当年度中に（一九五三会計年度、つまり翌五四年三月末までに）二万四〇〇〇人、次年度中に（一九五四会計年度、つまり五五年三月末までに）四万六〇〇〇人陸上兵力を増強して一八万人にしてほしいと具体的な数字を出して要求してきたのである。経済的制約、物理的制約といってもそのくらいの余裕はあろう、というわけである。そのうえ、日

表1　1953 アメリカ会計年度（ただし，日本の場合は1952会計年度）

	1人当たり GNP	1人当たり防衛費	防衛費の GNP 比
ギリシャ	298ドル	25ドル	8.5%
ポルトガル	166	8	5.0
トルコ	204	13	6.5
ユーゴスラビア	199	36	18.2
日本	200	3	1.6

［出典］「鈴木源吾文書」。

表2　1954 アメリカ会計年度（ただし，日本の場合は1953会計年度）

	1人当たり GNP	1人当たり防衛費	防衛費の GNP 比
ギリシャ	309ドル	26ドル	8.4%
ポルトガル	171	9	5.0
トルコ	216	14	6.7
ユーゴスラビア	228	36	15.7
日本	210	5	2.4

［出典］同上。

米双方が約三二万五〇〇〇人ないし三五万人の陸上兵力を仮の目標として受け入れるべきであると提案してきた（ここで初めて三五万という数字が出てきた）。さらに、日本に経済援助を与える予定はないし、それを正当化する理由も見当たらないとして、防衛力増強とアメリカからの経済援助を何とか結び付けたい日本側の希望に冷水を浴びせたのである(39)。

ここで一つ押さえておくべきことは、会談を通じてアメリカ側は、日本の経済的状況が防衛力増強の制約になっているという議論を受け付けなかったことである。先に見たようにアメリカ側は、日本の経済は今のままでもGNPの四%、二〇〇〇億円程度を防衛費に使いうるという立場であった。ダレス国務長官は八月に吉田と会談した際に、「イタリアは、日本よりははるかに共産圏から離れているのに、国民所得の七%を防衛費に使っている」と述べて、二、三%しか使っていない日本の努力を促している(40)。八日の会談でFOAのポールから防衛費倍増を求められた池田が、日本は一人当たりのGNPが小さいからと倍増を渋ると、アメリカ側は後で右掲のような表を示して、一人当たりのGNPが日本に近い国との比較で、やはり日本の努力は足りないと指摘した(41)。

また、後で少し触れるが、アメリカ側は会談の中で、日本の経済が安定しないのは日本政府がインフレ対策を怠っているからであるとして、経済状況が良くないから防衛力増強が難しい、あるいは援助がほしいという日本側の議論を逆手にとって、経済政策の是正を強く要求した。

妥協点の模索

さて日本側はアメリカ側の覚書に困惑したが、この覚書を見て、また覚書に対する質問半分、抗議半分の二十三日の会談でのやりとりから、アメリカ側の「肚」は、国防省にすでにある予算で早い時期に一八万人の増強をさせたいという点と、MSA援助に日本を含めるためには、GNP比四%程度の防衛予算の数字を出して議会に説明することが必要というところにあると理解し、もう一度妥協点を探ろうとした。そのあたりのことは、宮澤の回顧録『東京―ワシントンの密談』がよく伝えている。宮澤は、池田私案で計画されている一九五七年三月末までに一八万人という増強のペースと、アメリカ側の一九五五年三月末までに一八万人というペースの間にある二年間の差を、日米の会計年度の違いに目をつけて縮めようとした。それは、もし日本側が、一九五七年三月末ではなく一九五六年の六月末までに目標を達成すれば、日本側は、日本側の会計年度で一九五六年度（一九五七年三月末まで）、アメリカ側の会計年度でも一九五六年度（一九五六年六月末まで）中に増強を実現することになる。そうすれば日本側は、当初の案と同じ会計年度内に増強を実現し、アメリカ側の会計年度で見れば（一九五七年度から一九五六年度に）一年短縮して実現することになる。宮澤たちは、そうした「苦しいことを考えて」歩み寄りの努力をしたという(42)。

そうした苦心の末にまとめた新しい覚書をアメリカ側に手交したのは二十七日のことである。この覚書は、防衛問題の交渉の切所を次のような表現で乗り越えようとした(43)。

「日本側は、アメリカ側が日本の防衛力増強に関して四つの制約の存在を認識していることを多とする。いかなるものであれ現実的な［防衛］計画はこれらの制約に対する日米双方による慎重な考慮に基づかなければならない」

と、覚書はまず四つの制約について、その評価はともかく、その存在をアメリカ側は認めるのは認めたという事実を確認する。次に、

「日本の一九五四会計年度については、もし防衛に対する日本自身の予算的貢献が、今年度のそれを、単に実額だけでなく国民所得に対する割合でもかなり上まわらなければ、アメリカの軍事援助を議会に対して弁護することは困難であろうというのがアメリカ側の意見である。アメリカ側は日本の一九五四会計年度は二千億円程度を、同じく、一九五五年度は二千三百五十億円を念頭に置いている」

と、予算の問題についてはこのようにアメリカ側の要望をそのまま書くだけにとどめている。しかしアメリカ側の記録によれば、この点に関して日本側はできるかぎりの努力を約束する気があることを口頭で伝えた(44)。次に兵力目標については、

「アメリカ側が持つ情報は三十二万五千から三十五万が日本の陸上兵力の妥当な目標であることを示唆している」

と、さらりと書いて、そういう目標を日本側がどう扱うとも書いていない。「アメリカ側が持つ情報は」と書いているところなどは、読みようによっては日本側はそれについてあまり教えてもらっていないとも読める。十九日の覚書に比べれば、アメリカ側の言う数字は聞きっ放しにしておくという感じが強くなっていた。二十一日のアメリカ側の覚書とこの二十七日の覚書における両者の主張の相違点をまとめた国務省のメモは、最終兵力目標については何も触れておらず(45)、国務省もこの点に関する日米間の差異を棚上げにする意向だったように思われる。覚書はさらに続けて、

「日本側は一九五四年四月から始めて遅くとも一九五五年の三月までに、陸上兵力を二万四千人増員し、さらに四万六千人の増員をすぐ引き続いて行い、一九五六年の夏までに十八万の陸上兵力を持つようにする」

と書いている(日本案の「夏まで」というのはアメリカの会計年度が終わる「六月末まで」という含みである)。ここで宮澤は、「先方として当面どうしても拘泥せねばならぬ理由があるらしい」一八万という数字を何年間で達成するかについて歩み寄り、「あまり根拠がない」三二万五〇〇〇とか三五万とかいう数字を「半永久的に葬ってしまう」ことを期待したという(46)。

しかし、この点での妥協はもう一歩で及ばなかった。二十七日の非公式会談でこの覚書を受け取った、国務省極東局北東アジア課のマクラーキン(Robert J. G. McClurkin)は、個人的な意見と断りながら、当面の増強のペースを、日本の一九五四会計年度に三万五〇〇〇人、そして翌五五会計年度、すなわち一九五六年三月三十一日までに、さらに三万五〇〇〇人増員することにはできないかと新しい提案を行った。一八万人の達成時期だけを見れば、日本案との差をわずか三カ月に縮める案であった。

だが、この日の会談で日本側を代表した愛知揆一大蔵政務次官は、自分たちはこの「一九五六年の夏まで」という日本案ですらまだ池田の承認を受けていないのだと、いささか情けない言い方でマクラーキンの案を拒絶した（この会談には池田も宮澤も出席していない）(47)。

翌、十月二十八日、実質的に最後の池田＝ロバートソン会談（第一〇回）が開かれ、防衛予算の額についてもやりとりがあった。これから二年間いくらだったら出せるのかとロバートソンが質問すると、池田は、自分は元蔵相として言うが、これは数字の問題というより原則の問題である、予算というものは必要に基づいて費目ごとに積み上げていくものであり、最初から個別の分野の総額を言うことはできないと、まず原則的な答えを返しておいて、すぐさま最後の妥協をめざした。池田は、二十三日の会談（池田とロバートソンは出席せず）で日本側が質問しアメリカ側が否定した考え方、すなわち軍人恩給を防衛予算の計算に加えるという考え方を再度蒸し返したのである。しかも池田は、具体的な数字を準備しており、それをあげて防衛関係費の大枠を見積もってみせた。一九五四会計年度については、保安庁経費が七八〇億円、繰越費が二五〇億円、防衛分担金が五七〇億円、その繰り越しが五〇億円、軍人恩給が六七〇億円、国家地方警察費（池田はこれまで計算に含めている）が二〇〇億円、海上保安庁費が六〇億円、これらを全部足せば二五八〇億円、という計算であった。しかし、ロバートソンの方はこの計算に動かされず、防衛問題については、日本がこれまで示してきた以上の努力ができないことに失望を表明して、次の議題に話を進めたのであった(48)。

あきらめた了解案作成

さて、二十七日の日本側の覚書を受けて、アメリカ側は関係各省で対応を協議したが、新たな了解案をつくることはできなかった。三十日の省庁間の会議では、国防省のサリヴァン（Charles Sullivan）が、極東軍司令部の意見は聞けなかったがと前置きして（意見を求めたが、時間的に返事が間に合わなかったようである）、日本側が提案している陸上兵力の増強の少なさを考えれば、この点はいっそ合意の覚書からは削除した方がよい、われわれにとって日本の提案は約束としての価値がない（worthless）と、厳しく言い切った。この日の会議では、もし合意の覚書ができても防衛力増強の数字は削除することに決まった(49)。

国防省のサリヴァンとは別の理由で、削除を進言したのは、駐日大使のアリソン（John M. Alison）である。彼は池田＝ロバートソン会談の進展につき逐一、概略の報告を受けていたが、二十九日（日本時間）の午後、至急ということで電報による具体的な進言を求められた(50)。秘密裏にであれ公式にであれ防衛力増強のタイミングについて取り決めを結ぶとしたら、次の四つの選択肢の中からどの順番で選ぶのがよいと考えるか、という問い合わせである。

(1) それについては全面削除。

(2) 三二万五〇〇〇から三五万人という目標が望ましい旨アメリカ側が表明し、日本側がその方向へ進む一般的な意欲があることに言及する。

(3) 日本の一九五四、五五両会計年度に三万五〇〇〇人ずつ増員し、一九五六年の三月三十一日までに一八万人にする（マクラーキンが示した案）。

(4) 日本側の提案（一九五四会計年度中に二万四〇〇〇人、一九五六年夏までにさらに四万六〇〇〇人の増員）。

アリソンの答えは(1)、(4)、(3)、(2)の順番であった。

アリソン大使が全面削除が一番望ましいとしたのは、アメリカは日本側に強い圧力を十分かけたので、今必要なことは、いったんそれを休止して、「アメリカの見解の意味を日本側に消化させる」ことであると判断したからである。アリソンによれば、(4)と(3)は防衛努力の上限を決めてしまい、今後の交渉においてアメリカ政府の手を縛る。それに日本人が自己の利益のために自分たち自身でやらねばならぬことを、こちらから圧力をかけてやらせるという任務をまた背負いこむことになり、全面削除より望ましくない。また(2)については、自分には何の意見もないと突き放した。ただアリソンは、さらに続けて自分の基本的な考えを述べた。

「われわれは、ある時点で、当面は一八万［という数］で妥協しなければならなくなるかもしれない。だが、もしそうであるのなら、それは、ワシントンでの池田に対するアメリカの圧力の結果と解釈されるよりは、今後数週間、あるいは数カ月の間に日本側から持ち出される方が望ましい。」

アリソンの意見は、日本国内の政治情勢は防衛問題解決の気運が高まっており、東京での交渉は不利ではないという判断に基づいていた。また彼は、日本側の自主性を尊重する必要性を説いたのである(51)。

結局、アメリカ側の内部調整がつかなかったため、日米双方は了解案の作成をあきらめて、大枠で理解されたところを抽象的に示す共同声明を出して会談を終了した（十月三十日）。問題は東京での継続協議に回されることになった。共同声明では日米が防衛問題について、憲法、経済、予算、その他の制約から直ちに十分な防衛力の増強はできないことを確認したが、同時に、日本側がこれらの制約を考慮しつつ増強の努力を行うこともまた確認した(52)。

曲がりなりにも主張を貫く

東京での防衛力増強問題の協議は、日本側にまずできるところからやらせるというアリソン大使の現実主義的な考え方もあって、当面の増強、とくに日本の一九五四会計年度に焦点を合わせて交渉がなされた(53)。日米相互防衛援助協定（MSA協定）が調印される際（一九五四年三月）の主な了解事項としては、一九五四年度に全体で保安庁を四万一〇〇〇人増員すること（内訳は、制服組三万一〇〇〇人、文民職員一万人）が決められた。制服組の増員のうち二万人が陸上兵力であった(54)。陸上兵力の師団数（管区数）は、四から六に増やされることになった。そして予算の方は、一九五四年度に保安庁費七八八億円、前年度からの繰越金二〇〇億円、防衛分担金五八五億円、使い残しの安全保障諸費(55)から一〇〇億円、防衛関係費には含まれないが防衛に関連する契約に八〇億円、海上保安費の中の沿岸警備関連の費用が四七億円、それに加えて米軍に使用を許している国有財産の賃貸価値が日本側見積もりで約二〇〇億円、といった具合にあれこれ足し合わせて全部で約二〇〇〇億円になる、という形をとることが決まった(56)。

東京での交渉においては、三〇万以上か一八万かという対立は、交渉の前面からは後退していた。しかしそのことは、アメリカ側が池田＝ロバートソン会談直後に、日本のあるべき防衛力に対する自分たちの考えを捨てたことを決して意味しなかった。むしろ、十二月になって統合参謀本部は、極東米軍が検討していた前述の一五個師団三四万八〇〇〇人の陸上兵力を中心とする新しい兵力目標を承認している(57)。また、十一月に来日したニクソン（Richard M. Nixon）副大統領が、日本非武装化はアメリカの誤りだったと発言したことに見られるように、再軍備・防衛力増強の政治的圧力をゆるめたわけでもない。アメリカの防衛力増強要求の態度が目に見えて変化するには、一九五四年の内外情勢の変化で、アメリカが対日政策の再検討を行うのを待たねばならなかった。

池田＝ロバートソン会談で日米双方の主張は、防衛力増強の最終目標に関して平行線をたどり、また当面の増強についても折り合うことができなかった。本節では十分に触れていないけれども、ジョン・ダワー（John W. Dower）教授が描くように、会談では日本側が、「国民感情」から見て日本側の示すところが精一杯であると主張し、アメリカ側は「議会の意見」があるからそれでは不十分と主張する構図が見られた(58)。日本側はまた日本の貧しい経済状況を訴えたが、アメリカ側は今の状況でも防衛予算を二倍にできるとして譲らなかった。そうした議論のすれ違いの背景には、日本の安全についての危機認識の違いがあった。日本側には、アメリカに依存することができるのであれば少ない努力でも安全である、という基本的な判断があったのである。しかし、そうしたすれ違いにもかかわらず、日米はまったく喧嘩腰で対立したわけでもなく、結局は実らなかったものの妥協の道を探ろうとした。

この会談で日本側が曲がりなりにも防衛力増強に関する主張を貫くことができたのは、この会談の位置づけとも関係している。アメリカ側は、防衛力増強目標の詳しいところは極東軍に聞いてくれという態度に終始した。日本側が示した案もあくまで池田の「私案」であり、閣議決定を受けてはいなかった。先にも述べたように、東京では保安庁と極東米軍の間で意見交換があり、それは吉田も了承していた(59)。池田＝ロバートソン会談はあくまで吉田訪米の下準備の会談であり、防衛力増強についてこの会談で最終的に決める必要はなかった。それだけにお互い言いたいことを言い合うことができた、という面が多分にあった。

財政・経済政策批判に力点

それにアメリカ側にとって、この会談のねらいが防衛力増強の圧力をかけることだけにあったわけでもない。そもそも、池田訪米の目的は「懸案の財政問題」の解決にあるとされていた(60)。国務省は、防衛力増強よりもむしろ、その点に関して日本に圧力をかけることの方に関心をいだいていたようである。実際、会談終了後、愛知政務次官は、防衛問題においては国務省側が日本側に相当の理解を示し国防省説得の労をとってくれたようだ、との印象を報告している(61)。

池田＝ロバートソン会談の前に、防衛力増強の圧力はかけ続けるべきだが、会談の力点は日本政府の経済・財政政策に対する批判に置くべきであると主張したのは、駐日大使のアリソンであった。大使は、九月七日の本省宛電報の中で、減税や赤字財政、銀行のオーバーローンや国内の過剰消費など、日本政府の財政・経済政策の欠陥がインフレ圧力を加速していると警告した。そしてアメリカが援助を与えるとしても、その条件として、まず「ドッジの薬をもう一服」処方する必要があると進言したのである(62)。

二日後、ヤング (Kenneth Young) 極東局北東アジア課長は、ロバートソン次官補に対して、防衛力増強の公的圧力は吉田の反対派を勢いづかせ、現在のわれわれの主要目的である保守合同の見通しを曇らせるだけなので、しばらく控えるべきであると進言した。そしてヤングは、日本が極東の力の中心になるのを阻んでいるのはその経済である、として次のように主張した。

「自分は、師団を増やさないことで日本をしかりつけるより、まず、財政政策の立て直しの面で、日本政府に対して強い態度をとる方がよいと思います。インフレ的で、十分活用されず、誤って運営される経済の下で、米国からの増え続ける特需という施し物に寄生しながら、二個ないし四個の師団を日本が増やすことよりは、強力な日本経済の方が、アジアにおいて、またアジア大陸に対して、より強固な力になるでしょう。」(63)

実際に会談が始まると、アメリカ側は強く経済・財政政策の是正を要求した。第四回の会談(十月十四日)ではドッジが出てきて「日本経済強化のための諸方途について」と題する意見書を出し、日本政府の経済・財政政策に警告を発した。ドッジは池田に、緊縮財政と自力更正によって輸入を減らし輸出の増加に励むよう促したのである(64)。

会談が最終段階を迎えたころ、ある新聞の社説は次のように伝えている。

「池田特使の日米会談は、保安隊増強の具体的計画の討論に関連して、日本の経済安定に関する討議が重要な議題であったことが次第に明かになった。誇張した表現ではあるが、第二次ドッジ政策の受入れというような説さえ出ている。いずれにしろ、軍備の基礎をなす経済安定につき、日本の現状にアメリカが大きな不満足をもち、インフレ安定に対して強く要望していることは明白である。」(65)

実際、会談終了後の共同声明には「日本側会議出席者は日本の経済的立場を強化し、かつ日米経済協力をさらに促進するためインフレーション抑制につき日本としても一層努力することが肝要と信ずる旨をのべた」との一節が盛り込まれた。

吉田内閣は一九五三年の秋以降、経済政策の引き締めに乗り出す。いわゆる吉田デフレである。吉田は回想録の中で、もともと健全財政の必要を感じていたところに、池田が「インフレーションに向いている国には、借款供与など出来ない」とのアメリカ側の意向を伝えたこともあり、アメリカとの関係が「いわば一つの切っかけ」となって、デフレ政策を決断したと書いて、池田＝ロバートソン会談におけるアメリカからの圧力に一定の効果があったことを認めている(66)。このデフレ政策は次節で述べるように、当初は日本経済を深刻な不況に陥れたが、しばらくすると、世界景気の回復の波に乗って日本の輸出が伸びる原因になり、国際収支を改善させて、結果的に日本の経済復興を大きく助けることになった。またアリソン大使や国務省の日本問題担当者は、日本がともかく緊縮財政を実行し、その中で、アメリカ側の希望とはかけ離れているものの、日本なりに防衛力増強の努力を行おうとしていることを評価した(67)。彼らの目には、日本が防衛努力の不足分を経済面の努力で補っているように見えたのである。

こうして池田＝ロバートソン会談は、防衛力増強をめぐる日米の意見対立を解消させはしなかったが、結果的に、防衛力増強よりも経済復興という吉田の政策路線にプラスの働きをすることになった。

三　アメリカ政府の変化——対日政策の「ニュールック」

節目の年——一九五四年

アメリカ外交の責任者であり、日本との交渉に知識と経験を持つダレス国務長官は、池田＝ロバートソン会談に見られるような、日本政府の防衛力増強への消極的な姿勢に不満であった。一九五三（昭和二十八）年の末にダレスは、アリソンに対して次のように書き送っている。

「率直に言って日本がその復興および安全保障への貢献という点でドイツにはるかに遅れをとっていることに失望している。……日本人は厳しい財政措置をとらずに朝鮮戦争の「たなぼた（windfall）」を浪費しており、それがとても悪い印象を与えている。日本人はアジアの安全保障を促進するのに必

要なことを自分たちで行う義務を感じることもなく、絶えずアメリカからより多くのものを求めようとしている。」(68)

また同じころに、当時ロックフェラー財団の理事長を務めていたラスク（David Dean Rusk）前国務次官補には、次のように書いている。

「日本にはドイツの場合に見られるような精神力（moral strength）の再生がない。……もし日本人が違う発展を示していたら、沖縄諸島における行政権の返還に私はもっと強い賛成の立場をとっていたであろう。だが今のところはこれを奨励したくない。」(69)

このダレスの日本に対する不満をなだめようと、アリソン大使は次のように返事を書いた。

「日本人が言い返し、アメリカの要求すべてにすぐにイエスと言わないのは、昔の日本人の気概が甦っている兆候です。もし、われわれがそれを味方にし、またそれを正しい方向に導き続ける――現在われわれはそうしていると思います――ことができれば、気概を持ち、最終的には、力を持った、頼れる同盟国を得ることになるでしょう。」(70)

しかし、ダレスの不満がおさまったようには思えない。ダレスとアリソンは、将来、日本をアメリカの強力な同盟国にするという目標において一致していたが、アプローチには、国務長官と大使という立場の違いもあって、差があった。アリソンは、日本留学の経験もあり、東アジア問題の専門家であって日本の事情に詳しいだけに、再軍備よりも経済復興を優先させる日本政府に同情的なところがあった(71)。ダレスの場合は、その関心がまずアメリカの冷戦政策全体にあり、西側体制全体の強化という問題に取り組んでいたので、日本の個別的な事情を知らなかったわけではないが、あえて捨象しようとする傾向があった。

そのため、ドイツあるいはイタリアなどと比べて、日本政府の軍事的努力が足りないことに我慢がならなかったようである。

だが、そのダレスも翌年の秋になると日本の防衛力増強についての態度を変化させている。一九五四年九月、台湾海峡における軍事的緊張の中で開かれた国家安全保障会議の席上ダレスは、「日本再軍備に関するわれわれの目標を引き下げねばならないかもしれない」との考えを明らかにした(72)。十月に開かれた会議では、日本人はアメリカが日本の軍事的貢献の問題で日本を「ちょっと強く押し過ぎている」ように感じていると指摘したうえで、そのためアメリカは日本人のアメリカに対する政治的共感を失うおそれがあると警告した(73)。またダレスは、イタリアと比較しても日本の防衛費は十分でないというような議論を撤回して、次のように述べている。

「日本は絶望的なほど（desperately）貧乏な国であり、経済がもっと健全になるまで大きな軍事力を再建するように強く要求するべきではない。だからまず、日本経済をより健全な基盤のうえにのせる努力をしよう。」(74)

ダレスの変化はアメリカ政府の対日政策の変化を意味していた。一九五四年十一月に吉田とその一行がワシントンを訪れた時、彼らが再軍備・防衛力増強問題に関するアメリカ政府の態度に変化を感じ取ったのは当然である。というのも、アメリカ側はその問題にはまったく触れなかったからである(75)。もちろん、日本政府は緩やかながらも防衛力増強に着手していた。しかし、それはこの変化の大きな理由ではない。

ダレスの変化は、一九五四年における日本内外の情勢変化へのアイゼンハウアー政権の対応を反映していた[76]。

揺らぐ吉田の政治基盤

一九五四年を迎えて日本経済は苦境に陥った。特需が減少して国際収支が悪化し、この年六月にはドル準備高が前年末の約半分にまで落ち込んだ[77]。国際収支悪化の背景には、それまでのインフレ助長的な政策が刺激となって、輸入品に対する需要が過熱していたという事情があった。これに対して吉田内閣は、思い切った緊縮政策を実行した。それは、先に見たように日本経済のインフレ体質を批判するアメリカへの回答でもあり、ある外国新聞はこの吉田の政策をアメリカの外交上の勝利と報道した[78]。しかし、そのデフレ政策はたしかに輸入を抑制し、また生産コストを削減したが、反面、倒産と失業を激増させ、日本経済に深刻な不況をもたらした。それを見てアメリカ大使館は、日本経済の復興に対する楽観的な見通しを改めざるをえなかった[79]。

そういう時に吉田の政治基盤は、二つの問題で揺らいだ。警察法の改正は国内治安の強化をめざす吉田の持論であったが、国会での審議は左右社会党を中心とする野党側の反対で波乱を呼び、ついに一九五四年六月三日、会期延長をめぐって国会内で乱闘が起こって審議が中断するといった異常事態となった。このため吉田は、予定していた訪米を直前になって延期せざるをえなかった。吉田は警察法の改正を、日本の法と秩序を守るためにぜひとも必要と考えたのであろうが、法と秩序に関する吉田の権威はいま一つの問題、すなわち造船疑獄の発覚と四月二十一日の指揮権発動によるその処理のために大きく傷つけられていた。野党の不信任案は否決されたものの、吉田退陣までこの問題での追及が続いた。政局は、保守合同の動きをにらみつつ流動化する。

悪い時には悪いことが重なる、ということかもしれない。親米吉田政権が政治的にも、また経済的にも困難な状況にある時に、国内の対米感情を悪化させる事件が起こった。一九五四年三月一日、静岡県焼津港のマグロ漁船第五福竜丸（一〇〇トン）はマーシャル諸島付近で操業中、ビキニ環礁におけるアメリカの水爆実験によって被曝した。およそ二週間後に福竜丸が帰港し乗組員二三名入院のニュースが報じられると、日本中に衝撃が走った。焼津港ではとれたマグロを廃棄したが、たちまち魚価は暴落し、国内いたるところで海産物の安全から気候の変化まで、環境についてのさまざまな不安が語られることになった。そしてこの事件の処理、すなわち事実認定、謝罪、福竜丸本体の処理、乗組員の治療（九月に久保山愛吉無線長が死亡）、補償のあり方をめぐって、日米間の摩擦は感情的なものにまで発展した。駐日アメリカ大使館は、この第五福竜丸事件が戦後一〇年間で最も厳しい緊張を日米関係に強いていると報告した(80)。

アメリカ政府の懸念は、この事件によって日本人の核兵器に対する恐怖感が蘇るとともに、原水爆実験の継続で「好戦国アメリカ」という印象が生まれることであった。アリソン大使は、第五福竜丸事件についてダレスに報告し、日本国内では中立主義者と平和主義者が勢いを増すと同時に、日本人の間では核兵器の時代に日本が再軍備することの賢明さに疑問が膨らんでいると警告した。アリソンは反米感情の高まりに注目しつつ、日本における中立主義の力が今後どうなるかは、日本の指導者が、日米関係こそ最も自国の安全を保障すると結論するかどうかにかかっていると付け加えた。このアリソンの電報（五月二十日付）は、ダレス国務長官からアイゼンハウアー大統領に回付された。大統領はこれを読んで日本の状況を心配し、国務省に情勢分析と対応策の検討を指示した(81)。すでにアイゼンハウアーは、核兵器に大きく依存する「ニュールック」戦略の成否の鍵を握る水爆実験が全世界に与えている悪いイメージを気にかけており、国家安全保障会議において、「誰もがわれわれをスカンクだと思い、サーベルをがちゃつかせる戦争屋だと思っている」と嘆くほどであった(82)。

東アジアの二つの休戦

他方、混乱する日本の外に目をやると、国際情勢には大きな転換期が訪れつつあった。前年七月の朝鮮休戦に続いて、この一九五四年七月にはインドシナでも休戦が成立したからである。アイゼンハウアー政権は、慎重にもインドシナへの直接介入を回避した(83)。しかし、フランスの後退はアメリカの後退であると世界の目には受け取られた。日本では自由党の会合(八月十日)で池田勇人幹事長が、アメリカはインドシナでの巻き返しに失敗した、今は東西どちらの陣営につくか明白にすべきではないという趣旨の発言をしたと報じられた。アリソン大使が報告したように、池田はアメリカからの経済援助をねらって牽制球を投げただけかもしれない(池田は発言の後アリソンに会見を求めて、自分の発言は誤って伝えられたと弁明した)(84)。しかしそれでも、政権党の幹部からのこうした発言は、日本国内で中立主義的傾向が強まるおそれのある時期だけにアメリカ政府を失望させ、また警戒させるものであった。

たとえばダレスは、日本が依然として極東での自己の役割に使命感を持っていないと失望し、八月十二日の国家安全保障会議では、日本の政治的オリエンテーションが西側にあることにアメリカが自信を持てるようになるまで、日本の軍事的強化はすべきでないと発言した。ソ連は、スターリンの死(一九五三年三月)の後から打ち出しはじめた「平和共存」政策をますます強化しつつあった。またアジアでは、インドのネルー（Jawāharlāl Nehru）首相を中心にした非同盟・中立運動が勢いを持つようになっていた。国際情勢の変化の中でアメリカ政府は、日本に西側の一員としての確固とした態度を求める必要があった。

しかし、この時期の東アジアの国際情勢変化でより重要なことは、二つの休戦によって軍事的緊張が大幅に緩和し、この地域での東西対立の性格が変化したことである。それは、防衛力増強よりも経済復興に重点を置こうとする吉田政権にとっては、都合のいい環境の出現を意味していた。というのもまず、池田＝ロバートソン会談で出されたソ連極東軍五〇万の日本上陸というアメリカ国防省のシナリオは、少なくとも短期的には、ますます現実味に欠けるものになった。また、東西両陣営の線引きが一応終わって、以後はそれぞれの陣営の長期的発展が競われるようになり、同盟国の経済的安定により大きな注目が集まるようになった。ダレスも、いまや極東の危機は経済の脆弱さと社会的困窮の中で生じる破壊活動（subversion）にあるとして、それに対処する計画を早急に立てねば危険であると警告するようになった(85)。

第五福竜丸事件を伝えるアリソンからの電報で日本に対する関心を深めたアイゼンハウアー大統領が、夏になると、日本重視の姿勢を明確にし、日本経済の浮沈の鍵である貿易問題に言及したのは、そのような文脈の中でのことであった。大統領は、アジアの要である日本を西側に引きつけておくために、日本経済の安定化と貿易の伸展を助けることが絶対に必要であると強調した(86)。日本経済への関心の高まりは、経済復興を優先する吉田の政策路線には好都合であった。

吉田を見放すも路線は受容

だが、日本内外の情勢が変化する中で、アメリカにとっての吉田の価値は低下していった。アリソン大使は、緊縮予算の中でも防衛費を増額させた吉田をそれなりに評価していた。しかし、一九五四年六月になって吉田内閣が予算節約のため防衛費も他の費目と同じく一割削減すると決定したことは問題であった。それは、二カ月前になされた約束を、事前にアメリカに相談することなく反故にするものだったからである(87)。またアリソンは、第五福竜丸事件の処理における吉田と日本政府の対応にも不満を持った。吉田内閣は国内の反米感情を抑えることができず、アメリカへの協力も不十分と見たからである(88)。

しかし何よりも大きいのは、アリソンやアメリカ大使館が吉田の統治能力全般に対して疑問を持つようになったことである。もちろん彼らにしても、誰であれ吉田に代わる者が吉田よりアメリカの利益にかなうという見通しがあったわけではない。だが、国内政治の混沌を見れば吉田の政治的リーダーシップの衰えは明らかで、長期的に見た場合、日本に強力な保守政治を確立するには、吉田だけに肩入れするような態度を示すのは好ましくなくなっていた。十一月の吉田訪米を前にしてアリソン大使は、吉田を支援するために何か経済援助の「おみやげ」を渡すようなことは控え、吉田に対しては「慎重な中立(studied neutrality)」の姿勢をとるべきだと進言した(89)。実際、吉田の訪米は具体的成果に乏しいものになった。

しかし、アメリカが吉田に失望し、その将来に見切りをつけたことは、再軍備よりも経済復興を優先させる吉田の政策路線の否定を意味しなかった。むしろ皮肉なことに、吉田が退陣する一九五四年末までには、吉田の路線に対するアメリカの容認の姿勢は明確になっていた。というのもアメリカ政府内では、国際情勢の変化と日本の政治的・経済的混乱から判断して、当面はそれらの安定の方を重んじ、防衛力増強についてはは要求を緩和することになってもやむをえないとのコンセンサスが形成されつつあったからである。

そうしたコンセンサスは、一九五四年の夏にアリソン大使とアメリカ大使館のイニシアティブで始まった対日政策の見直し作業——対日政策の「ニュールック」と呼ばれた——から生じたものであった。この見直し作業は、翌年春には国家安全保障会議の新しい対日政策文書NSC五五一六／一として結実した。この文書においてアメリカ政府は、日本の政治的・経済的安定を侵害してまで軍事力増強を要求すべきではないし、日本が持つべき軍事力の規模と構成は基本的には日本政府が決めるべきという原則を確認して、NSC一二五／二にはあった一〇個師団の陸上兵力といった具体的な数字への言及を削除したのである(90)。

アメリカ大使館による対日政策見直しの基本的な論点は、アリソン大使からダレス国務長官に送られた九月九日付のメモに整理されている(91)。メモはまず、翌年度（一九五五年度）の日本の防衛関係費とそれに含まれる防衛分担金の額をめぐる交渉が、講和条約締結以来、最も重要な決定をアメリカに迫るものであると位置づけた。すでに日本政府は、いくつかの理由から翌年度は防衛関係費を削減する、という意図を示していたのである。

メモは、この問題を考える時に、日本において中立主義が持つ力を過小評価すべきではないと警告する。というのも、日本における中立主義は軍事的、経済的、政治的、そして社会的考慮によって煽られているからである。軍事的には、熱核戦争の時代に一方の側に加担すれば日本国民の絶滅を意味するかもしれないという危惧がある。また経済的考慮としては、先の大戦で日本は大きな損失を被ったがスイスやスウェーデンといった中立国は得をしたし、また日本自身、朝鮮戦争では戦争に直接加わらずに巨大な利益をあげたという経験がある。さらに政治的考慮としては、西洋諸国の側に立ってアジア人と戦うべきではないという、根深い人種的感情がある。それに、戦争に備える努力が日本にとって大きすぎるものになるのではないか、再び軍部が復活して支配的になるのではないか、敵と妥協するよりもはるかに厳しい国内的影響が生ずるのではないか、といった社会的考慮も存在する。

そうした中でアメリカは、日米の協力関係をねじ曲げるような努力を行って、翌年度の日本の防衛支出をわずかばかり増加させようとする前に、そのことにともなう実際上の利益と損失をじっくり検討すべきである、とメモは主張する。メモは、その検討のために問われるべき最も重要な問いとして次の五つの問いを提示し、同時に、それらの問いに対する答えを示唆した。

(a) きわめて近いうちにソ連や中共との戦争を予想しているのか。そうではなくもし冷戦が長期的に続くと予測するのであれば、われわれの努力は非共産世界との長期的な関係の発展に注がれなければならない。

(b) 核兵器の発展が日本の戦略的価値に与えた影響。日本は基地としてあまりに脆弱なのではないか。

(c) 日本が敵の攻撃に脆弱だとすれば、そういう場所にわれわれの援助で防衛産業を育成することをどのように正当化できるのか。

(d) アメリカの日本再軍備目標は経済的に実行可能か、また達成までどのくらいの時間がかかるのか。これまでのところ、正確なコストの予測がない。他の経済的課題もかかえる中で、その軍備のコストを負担できるほどの貿易拡大の見通しが日本にあるかどうか検討が必要。

(e) 国内の最も初歩的な治安管理さえできていない国で近代的軍事力を育成し、産業動員の基地にしようとすることはどの程度実際的か。日本では国家反逆、スパイ、国家機密などについての法的定義がない。共産党も、共産主義的労働団体も、合法的で野放し状態である。

メモは、一日でこれらの問いに答えることはできないと断ったうえで、政策の再検討が行われたら、対日政策の前提は、

「現在のように「外」からの攻撃に対する防衛ではなく、「内」からの攻撃に対する防衛になるであろう。当座の間、われわれの政策の強調点を防衛から経済と国内治安に移すことになるであろう」

と、大使館の主張の要点を記している。すなわち、援助などを利用して、日本の世界貿易体制への再加入を促進し、賠償問題を解決し、東南アジアの経済的地域主義を育成し、日本の産業を近代化するよう努力するとともに、日本政府に対して、国内の治安措置の問題と共産主義の問題に効果的に対応するよう主張し、強力な日本政府の形成と、アジアと世界の問題における日本の威信と参加の増大を助ける努力に政策の重点を移すべきだという主張である。メモはさらに続けて、この路線は数年の間、日本の軍事的無能力、あるいは日本の中立化を黙認することになるかもしれないが、たとえそうであってもそれは事実の確認にしかすぎないと論じている。

最後にメモは、政策の力点を変化させることで強力な、そしておそらくはより協力的な日本が出現するだろうと期待するが、もしだめな場合は軍事援助を制限し、また米国の国益のみに従って極東軍司令部の移転と米軍の撤退ができるよう準備すべきであるとも説く。さらにメモは、軍事力を増強すべきだとアメリカが主張せず、アメリカは日本に二次的な戦略的関心しか持っていないと思わせる方が、日本から相互的な防衛努力に対する約束を引き出しやすいという、逆説的な判断も付け加えている。

結局このメモは、東アジア情勢の変化の中で国内的に不安定な日本の状況に危機感を持ったアメリカ大

使館が、日本の政治的・経済的安定を再軍備よりも重視する必要を説いたものであった。東京滞在中にこのメモを読んだダレスは好意的な反応を示し、メモの線にそってさらに研究を続けるように促した(92)。

すでに石井修教授が指摘しているように、軍事力増強よりも政治的・経済的安定を優先させるべきであるとするメモの考え方は、アイゼンハウアー政権の軍事・外交政策の基本認識にも合致していた(93)。極東軍の参謀長マグルーダー（Carter B. Magruder）中将は、このメモを批判して、国防の用意のないいかなる政府も強力にはなりえないし、日本を軍事的に強力にする前に経済的に豊かにするという考え方は単に日本人の精神力を弱め、日本をソ連の格好の餌食にするだけである、と論じた。これに対してアリソン大使は、アイゼンハウアー大統領の言葉を引いて、メモの考え方は大統領の考え方に沿うものであると反論している。

「アメリカとその仲間の国々（partners）は世界中で、必要とあれば長期間にわたって、適切な防衛力を育成し維持する用意ができていなければならない。この目的を達成するためには、性急な軍事力の増強によってわれわれの経済を台無しにすることは避けなければならない。軍事力は、それが健全な経済的基盤の上に立つ場合にのみ初めて、効果的であるし、実際、維持することもできるのである。われわれは自由主義諸国が、自由と民主主義への意志を内側から腐食させ破壊するような諸条件を自助努力によって除去するのを助けなければならない。」(94)

アイゼンハウアー新政権は、トルーマン政権の対ソ封じ込め政策を受け継ぎ、対ソ政策の基本は民主党から共和党に政権が交代しても変化しなかった。しかしアイゼンハウアー新大統領は、封じ込め達成のためには新しい戦略が必要と考えていた。それまでの冷戦政策に二つの点で不安を感じていたからである(95)。

一つは、朝鮮戦争勃発後の軍事費の膨張である。この戦争とその後の軍拡で、アメリカの軍事費は約一三〇億ドル(一九五〇会計年度)から約五〇〇億ドル(一九五三会計年度)へと急激に膨らんでいた。GNP比で言うと約四・八%から約一三・八%への増加であった。アイゼンハウアーはその保守的な財政観から、このように拡大する軍事費がアメリカ経済の活力に与える影響を心配した。アメリカの安全保障に強力な軍事力は欠かせないにしても、その経済負担が民間経済の健全な発展を妨げるようでは危い。ソ連の指導部が狙っているのはアメリカの経済破綻ではないか。大統領は、就任早々のラジオ演説で「共産主義者の大砲は、軍事的標的と同じく経済的標的にも向けられている」と警告した(96)。経済は安全保障の基盤であり、それに過度の負担を与える軍事費の膨張は抑制しなければならなかった。

そのことにも関連するが、新大統領のいま一つの気掛かりは、長期的な防衛体制の確立であった。ダレス国務長官は大統領に、共産主義者はヒトラー(Adolf Hitler)とは異なり、個人の生命の長さにとらわれず、遠大で時代全体にまたがる戦略を持つので、誰も危険がいつやって来ると特定することはできないと書き送っている(97)。この見解——それは封じ込め政策の設計者ケナンの見解でもあった——はアイゼンハウアーも与するところであった。アイゼンハウアーは、トルーマン政権が朝鮮戦争勃発後に始めた一九五四年を目標年度にした軍事力の急増計画に批判的であった。

アイゼンハウアーの考えでは、「最大の危機の年」を設定して、それに向かって軍備を急増するというやり方は問題であった。もしその年に何も起こらなければ、国民の間に防衛努力に対する倦怠感が生まれ、努力の急激な減退が起こると思われるからであった。共産主義の脅威が長期的なものならば、アメリカの対応も長期的な計画に基づくべきで、努力の急増、急減という不安定な波は好ましくなかった。アイゼンハウアー大統領は軍人としての経験から、ある期間を定めておいて、それまでにある一定の軍備が絶対に必要であると主張するのは軍事官僚組織の習性であることを熟知していた。それもあって、「危機の年」に向かっての軍備増強というやり方には反対したのである(98)。

アイゼンハウアー政権が打ち出した「ニュールック」戦略は、封じ込め政策を経済に過度の負担をかけず長期に維持しうるものにしたい、というアイゼンハウアーの考えの一つの帰結であった。この戦略の特徴は、軍事力の重点を核抑止力に置き、海空軍力を強化する一方、陸上兵力を削減して軍事費の節減をはかることにあった。人的経費を減らして、極度に危険ではあるが比較的安上がりな核兵器に大きく依存しようとする戦略である(99)。

この「ニュールック」戦略のように経済的で長期的な冷戦政策を求めるアイゼンハウアー新政権の志向は、経済復興を優先させ防衛力増強は緩やかに行うという吉田の政策路線と基本的に波長の合うものであった。アリソンの九月九日付のメモが、

「(核の)力の大体の均衡が存在する状況で、われわれが発展させようと努力しているのは非共産世界の力であって、現有軍事力の極大化ではない。われわれ自身もそういうコースをとっていない」

と指摘しているのは、そのことを示唆している。

もちろん、安全保障政策において経済を重視する、長期の発展を重視するといっても、それは第一義的にはアメリカ経済の重視であり、アメリカの長期的な発展の重視である。それが日本経済の重視や日本の長期的発展の重視につながるには、東アジア情勢の変化という要因が必要であった。インドシナ休戦後、

東アジアの軍事的緊張が緩和し、この地域の軍事力増強の緊急性が低下したこと、そして共産主義との経済競争が意識されはじめたこと、どちらの点も再軍備よりは経済復興という吉田の立場を受け入れやすくするものであった。こうした東アジア情勢の変化により、アイゼンハウアー政権の冷戦に対する基本的なアプローチが日本にとって意味あるものになったのである。

それに「ニュールック」戦略そのものも、吉田の政策路線の定着にプラスの働きをした面があると思われる。この戦略の主眼はもちろんアメリカの防衛費削減にあり、日本のような同盟国の防衛費削減に直接つながるものではなかった。むしろ理論的には、その削減分を同盟国に負担させるための防衛力増強要求につながることにもなりかねなかった。しかし実際には、この戦略は日本防衛における陸上兵力増強の意義を減少させ、日本に対する防衛力増強要求の説得力を低下させたのではなかろうか。たしかに、核抑止に大きく依存する「ニュールック」戦略は、小規模な軍事衝突や、ゲリラによる間接侵略といった、明白でない侵略にどう対応するのかという大きな問題をかかえていた。そうした侵略に対してアメリカがいつも核を使用するとは信じられず、そうした侵略には十分な陸上兵力で対応することが必要であった。

しかし、仮想敵国と陸続きでない島国日本の場合、その陸上兵力はあまり大きなものでなくてよい。明白な侵略の場合を除いて小規模な陸上兵力の衝突はありそうもなく、ゲリラ戦は補給の関係で限定的なものになるからである。そしてもし明白な侵略が起こった場合には、陸上兵力が必要ないというわけではもちろんないが、海に囲まれた日本の防衛に最も重要なのは海空軍力であり、アメリカの海空軍力は「ニュールック」戦略で核攻撃力を強化して日本防衛にあたることになる。池田＝ロバートソン会談では、アメリカ国防省の担当者は、いったん敵の橋頭堡が築かれてしまうと日本の陸上兵力が重要になると説明した。しかしこの説明は、ノルマンディー上陸作戦（一九四四年六月）を指揮し、上陸作戦についておそらく世界最高の権威であるはずのアイゼンハウアーの見解とは必ずしもかみ合わなくなっていた。アイゼンハウアー大統領は一九五四年三月のある記者会見で、今日においては大規模な上陸作戦の実行は非常に困難になった、なぜなら原爆一発で橋頭堡が吹き飛んでしまうから、という趣旨のことを述べている(100)。「ニュールック」戦略の登場は、核の時代に日本のような島国が持つ陸上兵力の意義について疑問をいだかせるところがあった。

アリソン大使のメモは、アイゼンハウアー政権の外交戦略の基調と共鳴しながら、アメリカ政府の対日政策再検討の基盤となった。この再検討の結果アメリカの対日政策は、防衛力増強はひとまずおいても政治的・経済的安定を重視する、というニュアンスが強くなる。もちろんこれは程度問題であり、アメリカ政府が日本の防衛力増強を希望しなくなったというわけではない。また極東軍は、日本の防衛のために三五万人程度の陸上兵力が必要という軍事的判断を変えなかった(101)。ただ、アメリカ政府はＮＳＣ五五一六／一が言うように、「日本の軍事力の規模とタイミングは日本における軍事力発展の必要性と同時に、政治的・経済的安定を発展させる必要性に関連づける」という態度をはっきりさせるようになったのである。

ところでアリソン大使のメモは、そうしたニュアンスの変化を超えた対日政策の抜本的変化につながりうるものであった。というのも、このメモが核兵器の時代における日本の戦略的価値の再検討を求めていたからである（先にあげた五つの問いの中の(b)と(c)を参照）。在日米軍事援助顧問団（ＭＡＡＧ）の助言を得た大使館は、日本をとりまく共産側の空軍力は、核攻撃によって短時間でアメリカの海空軍基地と日本の工業施設を破壊することができるので、戦争になれば日本は攻撃基地として無力化し、防衛基地として負担になるであろうとの見解を示して、作戦基地として、また軍需・補給のための基地としての日本の価値に疑問を呈した。

しかしこれに対して、アメリカ極東軍の高官は次のように日本の軍事的重要性を強調した。(1)日本列島は、極東の共産勢力に対して軍事作戦を行う海空軍基地複合体の中で最大のものである（したがって、敵の奇襲攻撃にさらされ脆弱であるのも当然である）。(2)もし日本に基地を持たないならば、アメリカの報復力はより劣等な基地に集中することになる。太平洋地域では日本だけが広範な補給施設を持っている（もし米軍が使わなければ、共産側が奪って使うであろう）。(3)効果的な反撃のために必要な前進基地システムを捨てて西半球に徐々に後退した場合、ソ連がそのシステムの破壊のために使うはずであった大量破壊兵器を使わずに取っておくことを許し、かつ、ソ連の前進基地システムをアメリカの方へ地理的に進めることになる(102)。要するに、敵の攻撃に脆弱ではあっても包括的な前進基地群の一環として日本は不可欠であり、抵抗せずに共産側の手にわたせば、相手側の余力という面でもアメリカとの距離という面でもアメリカの安全保障を大きく後退させる、という説明であった。

最後のところは、「ＣＩＮＣＦＥ七一〇四〇」という文書ではよりあからさまに、

「日本は今でも依然として西半球の防衛システムの強力な前哨地（outpost）の役割を果たし、敵に対しその最初の侵略行動をアメリカ本土から離れた安全な距離で行わざるをえないようにさせている」

と書かれていた(103)。

このような率直な見解は、専門家の見解でもあり、大使館側も受け入れざるをえなかった。大使館がア

リソン・メモの後にさらに検討してまとめた報告では、核攻撃に対する脆弱性という危険はあっても、海空軍基地の維持はその危険を賭けるに値する価値があると認めている(104)。日本の戦略的価値は再確認され、大使館の対日政策見直し作業は、対日政策の大転換をもたらすものにはならなかった。

しかし、それはともかくこの対日政策の見直しによりアメリカ政府は、防衛力増強について日本側のペースを受け入れ、日本の経済問題に強い関心を持ちはじめた。それは日本にとっては大きな意味のある変化であった。そのことで、再軍備よりも経済復興を優先させる吉田の政策路線の基盤が一段と固まったからである。一九五四年のアメリカの対日政策は、吉田を見放し、しかも吉田の路線は受容するという動きを見せたのである。

四　吉田路線と日米安保

講和後の吉田

一九五四(昭和二十九)年十二月、吉田首相は、長期政権に倦み、いささか独裁的な側近政治に反発し、汚職事件のからんだ政局の混迷に嫌気のさした世論のごうごうたる批判を浴びつつ退陣した。保守合同の思惑が渦巻く中で政権に固執し、最後は側近にいさめられて渋々引き下がるという姿は、講和直後の吉田の人気を思えば、政治的な奈落の底への転落ともいえる終わり方であった。吉田を支持する人々は、吉田は講和独立の達成とともにやめておくべきであったと残念がった(105)。しかし偉大な政治家は、あるいは権力への意志から、あるいは責任感から、なかなか辞めようとはしないものである。吉田は、サンフランシスコの講和は独立の基礎であって、国際信用を回復し、国力の発展をはかるのはまさにこれからの課題であり、その任を負うのは自分しかないと考えた(106)。

そして講和後二年半の吉田政権の継続が、その課題の達成にとって意味がなかったわけではない。戦後日本の発展は、軽軍備のまま経済復興に国民のエネルギーを集中させることによって可能となった。吉田政権の後期は、そうした戦後日本の生き方が明確な輪郭を持ちはじめた時期なのである。もちろん、本章で見たように、防衛力増強の圧力に対する吉田の抵抗、あるいは経済政策の是正が効果的であったのは、日本を取り巻く環境の変化とそれにともなうアメリカの政策変化によるところが大きく、吉田のリーダーシップだけで戦後日本の政策路線が明確になったわけではない。また当時の日本の状況を考えれば、吉田の選択以外に現実的な選択肢があったかどうかも疑問である。しかし、いかなるものであれ政策の成功は、それがよって立つ理論の正しさとそれを実行しようとする政治家の信念が、外的な環境とうまく適合した場合にもたらされるものであろうから、吉田がこの時期に講和前と同じように軽軍備で経済復興を優先させるという方針を頑固に貫いたことにはやはり意味があった、と言ってよいであろう。

だが講和後の吉田は、国内政治の運営に難しい問題をかかえており、自らの課題を十分に達成することはできなかった(107)。吉田はまず、政治的リーダーシップの基盤をあらためて確立しなければならなかった。それまで吉田のリーダーシップは、占領という特殊な状況下でマッカーサーおよび占領軍と良好な関係を築き、それを維持する能力に支えられていた。占領が終わり総司令部がなくなると、吉田は自分がやりたい政策への支持をどこか別の基盤に求めなければならなくなった。しかし占領が終わると吉田は、左翼勢力ばかりではなく、占領中の公職追放から復帰した戦前の政党政治家からも激しく攻撃されるようになっていた。吉田は、彼らのように国内のさまざまな利害を細かく調整して政治基盤を固めるということも、また国民心理のひだを読みとって懐柔するということも得意ではなかった。吉田は次第に、保守合同の複雑な動きの中で邪魔者として扱われるようになる。

日米安保と国民の独立心

吉田の前にはまた、国民の独立心と日米安保の折り合いの悪さをどうするか、という問題も横たわっていた。講和後もアメリカ軍は日本国内にそのまま駐留し、アメリカ政府は日本を保護し育成するという姿勢を崩さなかった。そのため国民の間には、日本は独立したとはいってもなおアメリカに隷属するのか、という不満がくすぶりはじめた。国内に外国の軍隊が存在することは、それだけでも国民の不満をまねきやすいものである。しかも日本の場合は、もともと敵国として進駐してきた軍隊が、どう見ても不平等な条約に基づいて占領終了後も継続して駐留していた。もちろんアメリカ軍はいまや味方の軍隊であり、日本政府はアメリカ軍の存在が日本の利益になるから駐留を許していたのである。しかし、そうした理屈とは無関係に、ようやく占領から解放された国民の独立心の高まりは、日米安保への批判に向かうようになっていった。

吉田は、日本がアメリカに隷属しているといった議論をまったく受け付けなかった。一つには、そうした議論が吉田の目には、日本人に被害妄想的な悲観論を植え付けるだけの、ためにする議論と映ったからである。吉田は、日米安保に対する批判を日英同盟に対する日本人の態度と比較して、次のように論じた。

「日英同盟成立の頃のイギリスは、いわゆる大英帝国の最盛期にあったのであって、七つの海を制覇し、その領土に日の没する時なきを謳われていた時代である。しかもわが日本は漸く世界史に登場しかゝったばかりの、極東の一小島国に過ぎなかった。つまり当時の大英国と日本との国力の懸隔は、到底今日のアメリカ対日本のごときものではなく、もっとへだたりの大なるものだったのである。それにも拘らず、日英同盟が成立するや、前述の如く、朝野に亘って快くこれを迎えた。そして、やれ、これで日本はイギリスの帝国主義の手先になるとか、イギリスの植民地化するとかいうが如き、猜疑的悲観論を唱えるものは、何ら見当らず、むしろ〝東洋のイギリス〟たることを誇りとして、その間少しも劣等感がみられなかったのである。

この点、近年いわゆる進歩的文化人や左翼の革新的思想の持主と称せられる連中が、何か対米関係の問題が起ると、アメリカの植民地化だとか、アジアの孤児になるとか、当の相手方はもちろん、世界のどこの国も、全然考えもしないような卑屈な言辞を、いとも簡単に弄するのを聞くと、これが日英同盟から僅々半世紀を経たに過ぎない日本人の姿かと、私はむしろ奇異の感を抱かされるのである。」(108)

続けて吉田は、現在の大部分の日本人は五〇年前の日本人と同じく堅実で力強い国民であるから、そうした卑屈な言辞に迷わされないでほしいと希望する。吉田の見るところ、日本が日英同盟のためにイギリスに従属したという事実は少しもないからである。

また吉田は、現代社会の現実から判断して、安全保障上の対米依存から脱却する必要はないし、できもしないと割り切っていた。現代は孤立自衛の時代ではなく集団防衛の時代である、というのが吉田の信念であった。吉田はこのことからも対米従属という批判を受け付けなかった。吉田は言う。世間には安保条

約という共同防衛体制を、
「恰も屈辱なるが如く感ずるものが少くない。今に及んでも、対等であるとかないとか、議論を上下している。斯かる人々は、現今の国際情勢を知らず、国防の近代的意義を解せぬもの、いわゆる井底の蛙、天下の大なるを知らぬ輩と評する外はない。今日いずれの国に独力以て国防を支え得る国ありや。英本国の中心に米国空軍が防空を分担し、伊仏の国境の一部には、英米軍が防衛に当っている。ソ連支配下の東独に接する西独には、北大西洋条約により英米仏三国軍隊が駐屯しているが、西独はむしろこれを歓迎し、英国部隊の削減に難色を示したなどのこともある。そしてこの外国軍隊の駐屯によって、莫大なる軍事費の負担を免れ、それが敗余の復興に多くの貢献をしているとして感謝している。そこには何の屈辱感も、劣等感も見出されないのである。」(109)

吉田は対米従属という批判に対して、集団防衛の時代にアメリカに頼るのは日本だけではないし、米軍の駐留を許しているのも日本だけではない。そもそもそうした依存にどのような現実的損失があるのか、と反論したのである。

吉田は、安保条約はアメリカに押しつけられたものであるとか、片務的な条約であるとかいった、この条約に対する主要な批判にも強く反発した。もともと安保条約は「日本が発意し日本が提案した」ものであり、「日本が施設を提供し、アメリカが軍隊を出して、かくて共に日本を防衛」する点で相互性は保持されているからであった。また、アメリカの日本防衛は義務ではなく確実性がないという非難は、吉田から見れば、条約の文字に拘泥しすぎた「三百代言的解釈」であった。外国軍隊が日本を侵略する場合、駐留米軍が手をこまねいて傍観するとみるのは常識に反し、また条約の趣旨を無視するものだからである。

吉田は、「安保条約のような政治条約は文字のみならず、行文の間の含蓄を読みとるのでなければ、共にこの種の条約を語る資格はない」と言い切っている(110)。

このような信念から吉田は、当初、岸信介の安保改定にも反対した。安保条約改定交渉が正式に始まってほぼ一カ月後、吉田は池田に宛てた書簡（昭和三十三年十一月六日付）の中で次のように書いている。

「安保条約改定の如きも岸〔信介〕の徒らに衆愚ニ阿附するの余別に定見ありての提案ニ無之、共同防衛、国際相依〔相互依存〕の今日、自主かと〔ママ〕双務とか陳腐なる議論ハ我等の賛成出来ぬところ」(111)。

吉田は、力もないのに形にこだわるような実利的でない精神を持ち合わせていなかった。時代が共同防衛の時代であり、アメリカとの協力が日本の安全を保障し経済の発展を助ける以上、その形式には二次的な重要性しか置かなかった。吉田は「自主とか双務とか陳腐なる議論」の意義をほとんど理解しなかったのである。

しかし、そこのところが、実は吉田外交の最大の問題点だったかもしれない。高坂正堯教授の古典的な評論が鋭く指摘するように、再軍備に抵抗し、防衛をアメリカにまかせて経済復興に専心するという吉田の路線は、国民の中に確固たる独立心がある場合にのみ成功するものであった。もしアメリカとの防衛協力によってアメリカへの依存心が強まり、独立心が弱まればどうなるか。おそらく国民の活力は衰弱するであろう。国民の活力は、多分に他国に依存しないという自尊心に基づいているからである。したがって吉田の外交は、まさに逆説的ながらも「確固たる独立心、とくにアメリカからの独立を求める強い気持によって」支えられる必要があったのである(112)。そうだとすれば、「自主とか双務とか」という議論を単に「陳腐」と片づけるのは問題であった。旧安保条約はたしかに駐軍協定の色合いが強く、安保条約への批判に対する吉田の反論の当否は別にして、現実に国民の独立心を逆撫でするところがあったからである。吉田は、「自主とか双務とか」という議論の根本にある国民の独立心の回復に十分注意し、それに適切な形と満足を与えるように努力すべきであった。

その努力を対米協調、集団防衛という大前提のもとで行うとすれば、現実的な手段としては、やはり安保条約の改定ということになるであろう。吉田の言う日英同盟との比較に戻れば、この同盟について日本人の間に劣等感が見られなかった大きな理由の一つは、それが形式上対等な相互条約だったことにある。高坂教授が言うように、「この同盟においては責任と権利が明確であり、日本は決してイギリスに無限定に依存していたのではない」のである(113)。たとえば第三次の日英同盟(一九一一年)では、東アジアとインド地域における双方の領土と特殊権益を守り合うための協同戦闘を規定している。

吉田自身、安保条約への批判に反論すると同時に、この条約は完全なものとして生まれたのではなく暫定的なものであり、より「恒久的な体制への移行」が初めから予想されていたと説明している。そしてその「恒久的な体制への移行」が意味するところは「〝守ってもらう〟関係から〝共に守る〟関係へ前進すること」であった(114)。すなわちアメリカへの一方的な依存ではない、より相互的な防衛関係への前進である。だが、具体的にどのようにして、またどのくらい時間をかけて、そういう関係に前進していくのか。吉田路線のような防衛力増強のペースで、憲法を改正せず、再軍備しないといいながら徐々に防衛力を増強するというやり方で、いつごろまでにそうしたことができると考えたのであろうか。吉田の考えは必ずしも明らかではなかった。

（1） 吉田茂『回想十年』2（中公文庫、一九九八年。初公刊は新潮社、一九五七年）二〇七―〇八頁。

（2） U. S. Department of State, *Foreign Relations of the United States: 1951*, Vol. VI, (G. P. O., 1977)（以下、*Foreign Relations of the United States* は *FRUS: 1951*, Vol. VI.などと略す。刊行年等は巻末の主要参考文献を参照）, pp. 1432-36,大嶽秀夫編・解説『戦後日本防衛問題資料集 第二巻――講和と再軍備の本格化』（三一書房、一九九二年。以下、『資料集』2と略す）二九九―三〇二頁。

（3） 植村秀樹『再軍備と五五年体制』（木鐸社、一九九五年）五六―五七頁。

（4） 大嶽秀夫『再軍備とナショナリズム――保守、リベラル、社会民主主義者の防衛観』（中公新書、一九八八年）九二頁、「辰巳栄一・インタビュー記録」大嶽秀夫編・解説『戦後日本防衛問題資料集 第一巻――非軍事化から再軍備へ』（三一書房、一九九一年。以下、『資料集』1と略す）五一二―一三頁。

（5） 吉田『回想十年』2、二〇八―〇九頁。

（6） 大嶽『再軍備とナショナリズム』第二章、および田中明彦『安全保障――戦後50年の模索』（「20世紀の日本」2、読売新聞社、一九九七年）第三章を参照。

（7） 大嶽『資料集』2、四四九頁。

（8） 予備隊員の倍増に最も強硬に反対したのは池田勇人蔵相であったという。大嶽『再軍備とナショナリズム』九〇―九三頁（九二頁）。吉田と再軍備問題については、波多野澄雄「吉田茂と「再軍備」」吉田茂記念事業財団編『人間 吉田茂』（中央公論社、一九九一年）。同「「再軍備」をめぐる政治力学――防衛力「漸増」への道程」『年報近代日本研究11 協調政策の限界――日米関係史・1905～1960年』（山川出版社、一九八九年）も参照。

（9） *FRUS: 1952-1954*, Vol. XIV, p. 1307.

（10） そういう見方をする代表的な研究書として、植村『再軍備と五五年体制』第三章第三節（一六八―八七頁）。研究論文としては、拙稿「池田＝ロバートソン会談再考」三重大学社会科学学会『法経論叢』第九巻一号（一九九一年十二月）。本節は拙稿の一部を下敷きにしているが、植村氏の上記研究や吉次公介氏の研究（「池田・ロバートソン会談と独立後の吉田外交」『年報日本現代史』第四号〈現代史料出版、一九九八年〉、「ＭＳＡ交渉と再軍備問題」豊下楢彦編『安保条約の論理――その生成と展開』〈柏書房、一九九九年〉）も適宜、参考にした。

(11) 大嶽秀夫編・解説『戦後日本防衛問題資料集 第三巻――自衛隊の創設』（三一書房、一九九三年。以下、『資料集』3と略す）三五一―五二頁。

(12) MSA法の基本部分は大嶽『資料集』3、三三三―五一頁。

(13) 大嶽の〔解説〕を参照。大嶽『資料集』3、三一〇―一六頁、三五四頁。

(14) 大嶽〔解説〕、吉次「MSA交渉と再軍備問題」一二一―二七頁。

(15) 大嶽『資料集』3、三五八―五九頁。

(16) 『毎日新聞』一九五三年九月二十四日付。

(17) 吉田＝重光会談の舞台裏については、宮澤喜一『東京―ワシントンの密談』（中公文庫、一九九九年。初公刊は実業之日本社、一九五六年）一九三―二〇〇頁。

(18) 田中『安全保障』一一九頁。

(19) 池田＝ロバートソン会談の中身については日米の外交文書が公開されるまで、ほぼ全面的にと言ってよいほど宮澤喜一の回顧録『東京―ワシントンの密談』第五章に依拠していた。これまでに公開された外交文書を紹介すれば、まず、アメリカ側の記録は「池田会談」としてまとめられている。"Ikeda Talks," State Department, Central Files, 611. 94/10-53, National Archives（以下、"Ikeda Talks" と略す）。「池田会談」は、主として会議録と双方が交換した文書、そしてアメリカ側内部の会議録から成っている。他方、日本側の外交記録である「本邦特派使節及び親善使節団 米州諸国訪問関係　池田特使関係」（外交資料館）には、本省と駐米大使館間の電報、日米双方で交換した文書、池田の記者会見記録、「池田私案」などが入っているが、基本的には池田や宮澤あるいは大蔵官僚らの脇役であった外務省の立場を反映してか、肝心の会議録が見当たらない。日本側の会議録は、大蔵省の「鈴木源吾文書」の中に含まれている。英文の場合と和文の場合があるが、いずれも速記録ではなく、会談の場での手書きの記録のようである。「鈴木源吾文書」の中の池田＝ロバートソン会談関連文書には、会議録のほかに、双方が交換した文書、報告書などがある。大嶽『資料集』3の中には、これらの文書の一部が含まれている。なお本節の下敷きになっている論文「池田＝ロバートソン会談再考」を執筆した際、「鈴木源吾文書」の複写について、東京経済大学の竹前栄治先生に大変お世話になった。あらためてお礼申し上げたい。

（20）"Ikeda Talks."（十月八日の会議録）。同日の日本側の会議録（「鈴木源吾文書」）は大嶽『資料集』3、三七〇—七六頁。

（21）宮澤『東京—ワシントンの密談』二二七頁。

（22）"Ikeda Talks."（十月八日会議録）。日本側記録では池田は、「米国の空軍を以て日本の上空に傘をさしたように守って貰えるならば蘇連は空挺師団で電撃的に日本に侵入するのは困難と思うが如何」と発言している。大嶽『資料集』3、三七二頁。

（23）「鈴木源吾文書」の中にある村上孝太郎主計局法規課長（後に、次官、参議院議員）から森永貞一郎主計局長宛報告書（十月十六日）。この報告書は五日、八日、十二日、十五日の会談での防衛問題に関する日米間のやりとりをよくまとめていて貴重な資料である。村上の報告書は、「村上メモ」として大嶽『資料集』3、三八〇—八六頁にも収録されている。

（24）日米双方が示した案の内容と性格については、大嶽『資料集』3、三七六—八〇頁、植村『再軍備と五五年体制』一七一—八三頁。

（25）宮澤『東京—ワシントンの密談』二三六—三七頁。

（26）"Ikeda Talks."（十月十五日午前中の会議録）。

（27）Ibid.（十月十五日午前中の会議録）。

（28）Ibid.（十月十五日午前中の会議録）。「村上メモ」大嶽『資料集』3、三八四頁も参照。

（29）"Ikeda Talks."（十月八日会議録）、同日の日本側会議録、大嶽『資料集』3、三七三—七五頁。

（30）十月十九日の日本側覚書。大嶽『資料集』3、三八八—九一頁参照。

（31）他の二点のうち一つは、日本側の防衛力漸増にともなって防衛分担金は漸減すべきことをアメリカ側が認めたということ。もう一つは、日本政府が、日本人が愛国心と自己防衛の自発的精神を持つように啓蒙する責任があると認めたということであった。

(32) アメリカ側の外交文書の中にあるこの覚書の英文は、よりわかりにくい表現になっている。それについては拙稿「池田＝ロバートソン会談再考」参照。ここでは日本側の記録にそって話を進める。

(33) 宮澤『東京―ワシントンの密談』二五一―五二頁。

(34) 同右、二四八頁。

(35) そもそも、提出した池田私案自体も交渉のかけひきを考えて、当初の予定から高射砲隊三個連隊を削除していた。「村上メモ」大嶽『資料集』3、三八三頁。

(36) "Ikeda Talks"（十月十五日午前中の会議録）。同日の日本側記録も参照。大嶽『資料集』3、三八五頁。

(37) *FRUS: 1952-1954*, Vol. XIV, p. 1535.

(38) 「ワシントン交渉の内幕(一)」『産業経済新聞』一九五三年十一月十四日付。

(39) 十月二十一日付のアメリカ側覚書、大嶽『資料集』3、三九一―九三頁。域外調達についてはだいたいの目標として一億ドルを示し、また農産物買い付けについては五〇〇〇万ドルというのは妥当な線であるとしている。これらの点では一応、日本側の希望に応えていた。

(40) 宮澤『東京―ワシントンの密談』一九一―九二頁。

(41) この表は十四日の会談（第四回会談）で、アイゼンハウアー政権下で予算局長になっていたドッジが日本側に手渡した「日本経済強化のための諸方途について（"Ways and Means of Strengthening the Japanese Economy"）」に含まれている。「鈴木源吾文書」。

(42) 宮澤『東京―ワシントンの密談』二六四―六八頁。

(43) "Ikeda Talks"（十月二十七日の覚書）。

(44) 日本側覚書と米国側のそれの相違点を要約した国務省のメモを参照。State Department, Central Files, 794. 5 MSP/10-2853, RG 59, National Archives（以下、*CF* 794. 5 MSP/10-2853 などと略す）。

(45) *CF* 794. 5 MSP/10-2853.

(46) 宮澤『東京―ワシントンの密談』二六七―六八頁。
(47) "Ikeda Talks"（十月二十七日会議録）。
(48) Ibid.（十月二十八日会議録）、日本側の会議録は大嶽『資料集』3、三九九―四〇〇頁。
(49) "Ikeda Talks"（十月三十日省庁間会議録）。
(50) *FRUS: 1952-1954*, Vol. XIV, p. 1542.
(51) アリソンの見解は Ibid., pp. 1544-46.
(52) 共同声明は大嶽『資料集』3、四〇〇―〇一頁。
(53) アリソンの考えは *FRUS: 1952-1954*, Vol. XIV, pp. 1556-59.
(54) 植村『再軍備と五五年体制』三二七頁。*CF* 611. 94/8-3054 (memo. Robertson to the Secretary of State). 増員される文民職員のうち大部分がそれまで制服組によってなされていた事務的な仕事を引き受けるので、陸上兵力の増強は実質的に池田＝ロバートソン会談で日本側が示した二万四〇〇〇人の増強に近いものになると思われる。*CF* 794. 5 MSP/1-1154 (tel. 1709), *FRUS: 1952-1954*, Vol. XIV, p. 1599.
(55) 一九五二年度予算には、将来の警察予備隊増強に備えるという目的で経費五六〇億円が計上されたが、結局この「安全保障諸費」は、一九五五年度に使い切るまで米駐留軍の施設や道路などに使用された。朝日新聞安全保障問題調査会編『日本の防衛と経済』（「朝日市民教室〈日本の安全保障〉」9、朝日新聞社、一九六七年）五八―五九頁。
(56) アリソン大使から岡崎勝男外務大臣宛書簡（一九五四年四月六日）。*FRUS: 1952-1954*, Vol. XIV, pp. 1628-30.
(57) Ibid., pp. 1560-64.
(58) ジョン・ダワー／大窪愿二訳『吉田茂とその時代』上・下（中公文庫、一九九一年。初公刊はティビーエス・ブリタニカ、一九八一年）。
(59) 植村『再軍備と五五年体制』一七三頁。
(60) 吉田からダレスへの書簡（一九五三年八月九日）村川一郎編『ダレスと吉田――プリンストン大学所蔵ダレス文書を中心として』（国書刊行会、一九九一年）七二頁。池田使節団のメンバーが大蔵省主体になっていたのは、そのためである。池田たちは日本の財政の苦しさを説明して、緩やかなペースの防衛力漸増を主張するとともに、ＭＳＡにからんで援助の引き出しをねらった。しかし、そのねらいは失敗した。ＭＳＡ交渉で経済援助を受け取ろうとする思惑とその失敗については、安原洋子「経済援助をめぐるＭＳＡ交渉——その虚像と実像」『アメリカ研究』二二号（一九八八年）。

(61) 外務省外交文書 A' 1. 5. 2. 1-1「本邦特派使節及び親善使節団 米州諸国訪問関係 池田特使関係 (1953. 10. 池田＝ロバートソン会談を含む)」二九六頁。

(62) *FRUS: 1952-1954*, Vol. XIV, pp. 1497-1502. 国務省が経済・財政政策の是正に強い関心を示したことについては、樋渡由美『戦後政治と日米関係』（東京大学出版会、一九九〇年）八二―八三頁。

(63) *CF* 611. 94/9-953 (memo. Young to Robertson).

(64) 詳しくは拙稿「池田＝ロバートソン会談再考」三五―四一頁。

(65)『毎日新聞』一九五三年十月二十七日付。

(66) 吉田茂『回想十年』3（中公文庫、一九九八年。初公刊は新潮社、一九五七年）三〇三―〇四頁。

(67) *FRUS: 1952-1954*, Vol. XIV, pp. 1596-1600.

(68) Ibid., p. 1572.

(69) "Dulles to Dean Rusk, 29 December 1953," "Strictly Confidential Q-S," General Correspondence Series, John Foster Dulles Papers, Mudd Library, Princeton University.

(70) *FRUS: 1952-1954*, Vol. XIV, pp. 1573-75.

(71) アリソンの役割については、フレドリック・R・ディキンソン「日米安保体制の変容——ＭＳＡ協定における再軍備に関する了解」(1)(2)、京都大学法学会『法学論叢』第一二一巻四号（一九八七年七月）・一二二巻三号（十二月）、池田慎太郎「ジョン・アリソンと日本再軍備 一九五二～一九五三年」『外交時報』第一三四三号（一九九七年十一＝十二月）。

(72) *FRUS: 1952-1954*, Vol. XIV, p. 1725.

(73) *FRUS: 1952-1954*, Vol. XII, p. 931.
(74) 十二月九日の国家安全保障会議での発言。*FRUS: 1952-1954*, Vol. XIV, p. 1798.
(75) *FRUS: 1952-1954*, Vol. XIV, p. 1784. 宮澤『東京―ワシントンの密談』二九八頁。
(76) 石井修教授が指摘するように、一九五四年は戦後日米関係における重要な節目の年であった。石井修『冷戦と日米関係――パートナーシップの形成』(ジャパン タイムズ、一九八九年)第六章「冷戦の変化と〝一九五四年の危機〟」(一二三―四六頁)を参照。なお本節は、拙稿「アイゼンハウアーの外交戦略と日本 一九五三―一九五四年」(1)(2)、京都大学法学会『法学論叢』第一二二巻三号(一九八七年十二月)・第一二三巻三号(一九八八年六月)を下敷きにしている。
(77) 当時の日本の経済状況については、内野達郎『戦後日本経済史』(講談社、一九七八年)第二章、また当時の新聞記事、たとえば「日本の経済危機――ロンドン・タイムス東京特派員記」上・下『朝日新聞』一九五四年三月三十日付・三十一日付などを参照。
(78) 『クリスチャン・サイエンス・モニター』一九五四年一月十四日付、『朝日新聞』一月十七日付夕刊。
(79) John M. Allison, *Ambassador from the Prairie or Allison Wonderland* (Hughton Mifflin, 1973) p. 266, *CF* 794.00/3-2554 (tel. 2300).
(80) 第五福竜丸事件の経緯とそれが日米関係に与えた影響については、拙稿「核兵器と日米関係――ビキニ事件の外交処理」『年報近代日本研究16 戦後外交の形成』山川出版社、一九九四年。
(81) アリソンの電報が大統領の対日政策へのイニシアティブを促した点について、石井『冷戦と日米関係』一三一頁を参照。
(82) 一九五四年五月六日の国家安全保障会議での発言。*FRUS: 1952-1954*, Vol. II, p. 1426.
(83) アイゼンハウアー政権のインドシナ政策については、日本語で書かれたものにも外交資料に基づいた手堅い研究がある。松岡完『ダレス外交とインドシナ』(同文舘、一九八八年)、赤木完爾『ヴェトナム戦争の起源――アイゼンハワー政権と第一次インドシナ戦争』(慶應通信、一九九一年)。

（84） *FRUS: 1952-1954*, Vol. XIV, pp. 1704-07, 1698-99.

（85） *FRUS: 1952-1954*, Vol. XII, p. 726.

（86） 大統領の日本重視キャンペーンとその背景については、石井『冷戦と日米関係』一三一—一三三頁、拙稿「アイゼンハウアーの外交戦略と日本」参照。

（87） *FRUS: 1952-1954*, Vol. XIV, pp. 1690-92, 1717.

（88） この点については拙稿「核兵器と日米関係」。

（89） *FRUS: 1952-1954*, Vol. XIV, pp. 1746-48. *CF* 611. 94/6-754.

（90） ＮＳＣ五五一六／一の原文は、*FRUS: 1955-1957*, Vol. XXIII, pp. 52-62, 細谷千博・有賀貞・石井修・佐々木卓也編『日米関係資料集 1945-97』（東京大学出版会、一九九九年）三二五—三三三頁。この文書の翻訳と解説は、拙稿「米国国家安全保障会議政策文書ＮＳＣ５５１６／１について」三重大学社会科学学会『法経論叢』第七巻二号（一九九〇年三月）。

（91） *FRUS: 1952-1954*, Vol. XIV, pp. 1717-20.

（92） Ibid., p. 1727.

（93） 石井『冷戦と日米関係』二一五—一九頁。

（94） これは一九五三年五月五日、アイゼンハウアー大統領がアメリカ議会に相互安全保障計画を提示した時のメッセージの一部である。"Ambassador's letter to General Magruder, 28 September 1954," *CF* 611. 94/10-1354. 石井『冷戦と日米関係』二一五頁、マグルーダーのメモに対する批判は、*FRUS: 1952-1954*, Vol. XIV, pp. 1731-32.

（95） 以下、拙稿「アイゼンハウアーの外交戦略と日本」を参照。

（96） *Public Papers of the Presidents: Dwight D. Eisenhower*, 1953（G. P. O., 1960）, p. 307.

（97） "Dulles to Eisenhower, 17 May 1953," "Dulles, John Foster, May 1954," Dulles-Herter Series, Ann Whitman File, Eisenhower Library（Abilene, Kansas）.

（98） Stephen E. Ambrose, *Eisenhower: The President* (Simon and Schuster, 1984), pp. 88-91. 同書は、アイゼンハウ

アーの優れた伝記である。二巻本で、第一巻は Ambrose, *Eisenhower: Soldier, General of the Army, President-Elect, 1890–1952* (Simon and Schuster, 1983). より簡潔にアイゼンハウアー大統領の業績を論じたものとして、Chester J. Pach, Jr. and Elmo Richardson, *The Presidency of Dwight D. Eisenhower* (The University Press of Kansas, 1991). 一九七〇年代以後のアイゼンハウアー再評価については、Richard A. Melanson and David Mayers eds., *Reevaluating Eisenhower: American Foreign Policy in the 1950s* (University of Illinois Press, 1987).

（99） アイゼンハウアーと「ニュールック」戦略の形成、および展開については、Douglas Kinnard, *President Eisenhower and Strategy Management: A Study in Defense Politics* (The University Press of Kentucky, 1977).

（100） 三月十七日の記者会見。*Public Papers of the Presidents: Dwight D. Eisenhower, 1954* (G. P. O., 1960), p. 330.

（101） 一九五五年八月の重光訪米（本書第3章参照）の際、日本側が示した六個師団（管区隊）四個機甲隊、一八万人の陸上兵力案（防衛六カ年計画）に、米統合参謀本部議長は満足しなかった。*FRUS: 1955–1957*, Vol. XXIII, pp. 99–100. ＪＣＳが、日本の防衛力増強の現実に合わせて目標を引き下げるのは、一九五六年の春になってからである。*CF* 794. 5 MSP/11–2756, *FRUS: 1955–1957*, Vol. XXIII, p. 355.

（102） "Comments on Embassy Memorandum of 9 September 1954," *CF* 611. 94/10–1354.

（103） 同文書は、対日政策の見直しに関してアメリカ極東軍の見解を示した文書である。米国国立公文書館でも、この文書自体は依然非公開である。しかし、公開されている国務省文書の中に明らかにその写しと考えられるものが存在する。"Message from CINCFE Tokyo to Department of Army, 10 February 1955," State Department, Lot 58 D 184, "Japan NSC 5516/1 and Progress Report," RG 59, National Archives. 外交文書集にはこの文書のサマリーが載せられているが、引用部分はほとんど削除されている。*FRUS: 1955–1957*, Vol. XXIII, pp. 3–4.

（104） ただし、基地維持のため以外にアメリカの陸上兵力を日本に置くことには疑問を投げかけている "A Preliminary Reappraisal of United States Policy with Respect to Japan," *CF* 611. 94/10–2554 (desp. 516). cf. *FRUS: 1952–1954*, Vol. XIV, pp. 1752–58.

（105） 宮澤『東京―ワシントンの密談』一三四頁。吉田政権末期の政界の動きについては、たとえば後藤基夫・内田健三・石川真澄『戦後保守政治の軌跡』上（岩波同時代ライブラリー、一九九四年。初公刊は岩波書店、一九八二年）Ⅲ章、宮崎吉政『実録 政界二十五年』（読売新聞社、一九七〇年）などを参照。

(106) 吉田『回想十年』3、四五頁、五四―五五頁。

(107) 以下の記述は、多くを高坂正堯『宰相吉田茂』（中公叢書、一九六八年。高坂／五百旗頭真・坂元一哉・中西寛・佐古丞編『高坂正堯著作集』第四巻、都市出版、二〇〇〇年に収録）に負っている。

(108) 吉田茂『回想十年』1（中公文庫、一九九八年。初公刊は新潮社、一九五七年）二六―二七頁、高坂『宰相吉田茂』一四三頁。

(109) 吉田茂『回想十年』4（中公文庫、一九九八年。初公刊は新潮社、一九五八年）四二頁。

(110) 吉田茂『世界と日本』（中公文庫、一九九二年。初公刊は番町書房、一九六三年）一六二―一六三頁。

(111) 吉田茂『吉田茂書翰』（中央公論社、一九九四年）七一頁。

(112) 高坂『宰相吉田茂』八七頁。

(113) 同右、一四四頁。

(114) 吉田『世界と日本』一六四―一六五頁。

第3章

安保改定構想の挫折 ◉重光訪米の意義

⬆**ニクソン副大統領**(左), **ダレス国務長官**(右)と**重光外相**(中央) (1955年8月29日, ワシントン。写真提供：毎日新聞社)

鳩山新政権の外交は、吉田政権への対抗を強く意識したものであった。一九五四（昭和二十九）年十二月十日、新生日本民主党を率いた鳩山一郎は、吉田茂が国民の批判を浴びて政権を去る中、国民の絶大な人気を得て首相の座についた。「鳩山ブーム」とさえ呼ばれたその人気は、明るい鳩山の人柄や、公職追放や病気のせいで首相になれなかった鳩山への同情にもよるが、何といってもサンフランシスコ講和をはさんで六年間続いた吉田の長期政権に倦み飽きて、政治に変化を求める国民の期待が生み出したものであった。それゆえ、新政権の樹立後間もなくソ連が日本との国交正常化を打診してきたことは、鳩山にとって願ってもないチャンスであった。外交の得意な吉田にもできなかったソ連との講和という大きな外交課題に取り組むことで、最もわかりやすく国民世論の期待に応えることができるからである。

それにまた、鳩山と民主党に集まった戦前からの政治家たちは、国民世論の動向は別にしても、自分たちの政治信条からも吉田外交にはしっくりしないものを感じていた。伝統的な意味において国家の自主独立を重視する彼らの目には、吉田の外交があまりにも「向米一辺倒」に映ったからである。もちろん彼らも、対米協調という吉田の基本路線を否定しそれに挑戦しようとしたわけではない。彼らとしても、アメリカとの協調が戦後日本外交の基盤であることを疑うわけではなかった。ただ鳩山政権の中には、アメリカとの協調を前提としつつも、独立国家としての「自主外交」を模索したいとする指向性があった。

本章でとりあげる重光葵外相の安保改定構想も、日ソ国交回復交渉と同じように、対米協調を前提としながらも吉田外交からの脱却をはかろうとする、新政権の外交姿勢が表れたものである。民主党は結成時の政策大綱の中で、安保改定をうたっていた。実際、一九五五年八月、新政権の外相になった重光が訪米して、ダレス国務長官と会談（二十九〜三十一日）し、安保条約の改定を申し入れる。重光の基本認識は、吉田が結んだ安保条約は不平等条約であり、国民の独立心を傷つけ、日本の保守政治を不安定にし、日米協調発展の妨げになるというものであった。重光は、吉田が結んだ安保条約の問題点である国民の独立心との折り合いの悪さを、安保改定によってきっぱり是正しようとしたのである。

しかし、重光による安保改定の申し入れは、改定は時期尚早であるとするダレスに拒絶された。重光の申し入れに対するダレスの態度は、その場に同席した岸信介が後に「木で鼻をくったような」と評したように、厳しく冷たくまた否定的なものであった(1)。したがって、安保改定の歴史研究においてこの重光＝ダレス会談は、重光がアメリカから安保改定をすげなく拒絶された会談としてだけ記憶されることが多い。本章では、この記憶をより正確なものにしておきたい。

というのも、この重光＝ダレス会談に関しては、しばしば根本的な事柄があいまいにされがちだからである。すなわち、安保改定と一口にいうが、一体、重光が考えていた安保改定とはいかなる内容のものだったのか、という点である(2)。従来、資料の不足もあって、重光の安保改定構想の内容は十分明らかではなかった。そのため、なぜ重光の安保改定提案が拒絶されたのかという問いには、もっぱら重光個人の力量を含めて日本側の力不足・態勢の不備に答えが求められてきた。そうした答え自体はまちがいではない。しかし、アメリカ側に提示された重光の安保改定構想には、実はアメリカにとって軽々しく扱うことができない重大な内容が含まれていた。そのことを抜きにして重光＝ダレス会談の歴史的意義を把握することはできないのである。本章では、主としてアメリカ側の資料によって可能なかぎりこの重光構想の内容を明らかにし、この会談が一九六〇年の安保改定に対して持つ意味を再検討する(3)。

一　相互防衛条約の提案

「たった三日でこれほど成功」

重光訪米と重光＝ダレス会談について、重光自身がその評価を語ったところは少ない。重光は、日本の国連加盟（一九五六年十二月十八日）に際して代表演説を行った二日後、鳩山内閣の総辞職とともに外相の座を去った。その翌月（一九五七年一月二十六日）に急逝したため、鳩山政権の外相としての行動についてまとまった回想を残しておらず、一九八八（昭和六十三）年に『続 重光葵手記』と題して発表された彼の当時の手記も、この会談の成果についてはほとんど触れていない(4)。もちろん記者会見や公式発表はあるが、重光自身は挙措に重々しい雰囲気を漂わせ、愛想がなく、エリート外交官出身らしい秘密主義もあって、しばしば周りにはわかりにくい印象を与えたようである。そのため、この会談についての一般的な見方は、だいたいにおいて岸信介や河野一郎といった、重光を批判する人々の発言または書き残したものに影響されている(5)。しかし、当時、外務省欧米局第二課長でこの重光＝ダレス会談にも同席した安川（やすかわ）壮（たけし）が帰国後にアメリカ大使館館員に語ったところによれば、重光はアメリカからの帰りの飛行機の中で、随員に対して会談の成果を次のように評していたという。

「たった三日でこれほど成功した外交交渉はかつて日本の歴史の中にはなかった。」(6)

これは、この会談について通常いだかれているイメージ――重光は安保改定について相当意気込んで渡米したが、ダレスにさんざんに言い負かされて帰ってきた——とはかなり異なる自己評価である。客観的に見れば、自画自賛の誇張と負けず嫌いの強がりが多分に含まれていると判断せざるをえない。しかし、もし重光の主観的判断が本当にそういうものであったとすれば、その原因は何であろうか。アメリカ政府の厳しい評価に気づかぬひどい勘違い、と簡単に片づける前に、いま少し検討してみる必要があるかもしれない。

なぜなら、会談後に出された日米共同声明（一九五五年八月三十一日）には、重光が安保改定の手がかりをつかんだと判断してもおかしくはない一節が含まれているからである。

「日本が、できるだけすみやかにその国土の防衛のための第一次的責任を執ることができ、かくて西太平洋における国際の平和と安全の維持に寄与することができるような諸条件を確立するため、実行可能なときはいつでも協力的な基礎にたつて努力すべきことに意見が一致した。また、このような諸条件が実現された場合には、現行の安全保障条約をより相互性の強い条約に置き代えることを適当とすべきことについても意見が一致した。」(7)

ここにはたしかに、「現行の安全保障条約をより相互性の強い条約に置き代えることを適当とすべきことについても意見が一致した」と書き込まれている。それは、日米両政府が初めて公式に将来の安保改定に言及する文言であった。

もちろん、「諸条件が実現された場合」という条件付きであり、その「諸条件」が問題であった。「西太平洋における国際の平和と安全の維持に寄与することができるような諸条件」という文言は、将来の自衛隊の海外派兵を意味するのではないかとして国内で大きな議論を呼び、発表後、厳しく批判されたのである。

この点について当時、重光外相が行った釈明は、半ば正しく半ば嘘であった(8)。重光は会談直後にニューヨークで記者会見し、日本側が安保改定と引き換えに海外派兵を約束したことはないと強く否定した。たしかにアメリカ側の記録を見ても、また重光の政府・民主党内における政治的基盤の弱さから考えても、声明の裏にそのような明確な約束がなかったことは明らかである。しかしながら、海外派兵の可能性が話し合いに出たことさえないとする重光の釈明は、まったく事実に反していた。ダレスと重光は実際にこの問題で激しくやり合い、ダレスが、重光の希望するような安保改定には海外派兵、およびその前提としての憲法改正が必要になると論じたのに対して、重光は、現行の憲法下でも場合によっては海外派兵が可能であるとの見解を示したのである。

すなわち、ダレスは八月三十日の第二回会談で、もしグアムが攻撃されたら日本はアメリカを助けに来るかと質問し、重光は、まずアメリカと相談するが、その上で自衛のためなら軍隊の派遣も可能であるという趣旨の返答をしたのである。これに対してダレスは、そういう重光の憲法解釈はわからない、とたしなめるように反論した(9)。アメリカ側の記録は、このあたりのダレスと重光のやりとりを次のように記している。

「それからダレス長官は、アメリカがもし攻撃されたら日本はアメリカを助けるために海外派兵ができるかと尋ねたうえで、それは疑わしく思われるし、日本政府がもっと強くならなければ相互性の基盤はできないと付言した。ダレス長官は、日本が適当な軍事力と十分な法的枠組み、そして改正された憲法を持てば状況は変わってくるであろうと評した。ダレス長官はとくに、グアムが攻撃されたら日本はアメリカの防衛にかけつけることができるかと尋ねた。重光外相は、日本はそうすることができるであろう、日本は現在の体制において自衛のために軍隊を組織することができるのである、と答えた。ダレス長官は、これは日本の自衛のケースではなくて、むしろアメリカ防衛のケースになるが、と言った。重光外相は、そういう状況においては、日本はまずアメリカと協議し、その後、軍隊を使用するかどうか決定するであろう、と答えた。ダレス長官は、重光外相の日本国憲法の解釈はわからないと述べて、自分は日本にできる最大限のコミットメントは日本防衛のために軍隊を使うことであると考えていた、と付け加えた。重光外相は、日本の軍隊は自衛のために使われなければならない、日本は条約との関連で攻撃がなされた場合は軍隊の使用について協議するであろう、と答えた。ダレス長官は、憲法が軍隊の海外派兵を禁じているなら、協議してもあまり意味がなかろうとコメントした。重光外相は、日本側の［憲法］解釈は自衛のための軍事力行使と、軍隊を海外に派兵すべきかどうかの協議を含むものであると返答した。重光外相は、日本も米比［相互防衛］条約のような条約を持ちたいし、それは現在の憲法下であっても可能であると説明した。ダレス長官は、日本がそうできると考えているとはこれまで知らなかった、と述べた。」(10)(＊5)

ダレスは、もし日本が安保を改定してより相互的なものにしたいのなら、アメリカの領土が攻撃された時に海外派兵が必要になると明言し、それには適切な軍事力が必要であり、また憲法改正が前提になると述べたのである。

そうしたダレスの厳しい切り込みと重光のやや苦し紛れの応答を見れば、共同声明の文言は、西太平洋の安全への貢献など、そういうことは今の日本にはできやしないだろうという、一種の挑発とも見なしうる。

実際のところ、協議の上で自衛隊の海外派兵も可能という重光の説明は、ダレスならずとも疑問に思う憲法解釈であった。重光外相が海外派兵を約束したのではないかとの報道がなされた後、鳩山内閣の中からはこれを危惧する声が続出した。たとえば、砂田重政防衛庁長官は「海外派兵は明らかに第九条に違反する」と言明したし、高碕達之助経済企画庁長官は、西太平洋の防衛とか海外派兵などは「日本の現状を知っている者にとっては夢のような話だ」と言い切った(11)。よく知られているように、自衛隊の創設に際して参議院は自衛隊の海外出動を禁止する決議を行っていた(一九五四年六月二日)。また当時の政府(吉田内閣)も、自衛隊の海外派兵などは考えていないと言明していた(12)。それに重光の説明は、鳩山新政権が成立早々(一九五四年十二月二十二日)にまとめた政府統一解釈――自衛隊は自国に対して武力攻撃が加えられた場合に国土を防衛する手段として存在し、自衛のために必要相当な範囲の実力部隊として存在するものであり憲法違反ではないという趣旨の憲法解釈(13)――を逸脱するものでもあった。

さらに、憲法改正がすぐにできるような状況でもなかった。鳩山一郎はもともと、吉田のように、再軍備をしないと言いながら再軍備をなし崩しに行うやり方には反対であった。はっきりと憲法を改正して本格的な再軍備を行うべきである、というのが鳩山の本来の立場であった。しかし政権についてみると、現実に存在する自衛隊を憲法違反と論じることはもちろんできなかった。そのため鳩山内閣の憲法改正論はややあいまいになる(14)。内閣の統一解釈では、自衛隊は違憲ではないが、憲法第九条については誤解もあるので機会を見て憲法改正を考える、という説明がなされた(15)。しかし現実の政治情勢は、その憲法改正の機会が訪れたとは言いにくいものであった。一九五五年二月に行われた総選挙では、憲法改正に明確に反対する左右両派社会党が勢力を伸ばしていたのである（左派社会党は前回一九五三年四月の七二議席から八九議席に、右派社会党は同六六議席から六七議席に増加した。総議席数は四六七）。

そういう状況では、いくら共同声明の文言に安保改定が言及され、また東京における両国代表団の協議が約束されても、それをもって「たった三日でこれほど成功した外交交渉」と自賛するのはいかにも判断が甘いであろう。結局のところダレスが会談で強調したのは、日本の能力から見て安保改定は時期尚早ということであり、岸信介が回顧するように、この会談で安保改定を求める重光は「重光君、偉そうなことを言うけれど、日本にそんな力があるのか」とダレスにはねつけられただけなのかもしれない(16)。

「西太平洋」を持ち出したのは重光

しかし、ここでしばしば見落とされがちな点に注意を向ける必要がある。それは、そもそもこの「西太平洋における」という共同声明の文言が一体どこから出てきたか、ということである。それはダレスがわざわざグアムを例に出して、もしグアムが攻撃されたら日本は派兵ができるかと聞いたことにも関連する。ちなみに会談前に国務省が準備していたと思われるアメリカ側の共同声明案には、「西太平洋における」という記述も、また相互防衛条約への言及もないのである。

一九九一（平成三）年十月に公表されたアメリカ外交文書集は、重光＝ダレス会談について会議録も含め重要な文書をいくつか収録している。この文書集によれば八月三十日の第二回会談の冒頭、重光は防衛問題に関する日本側の考えをまとめた文書を読み上げている。それ以後この日の会談はこの文書を基礎にして行われているので、この文書は重要である。ただ、文書集によればこの文書そのものは依然、非公開扱いになっていて、当然ながら文書集には含まれていない(17)。しかし幸いなことに、ワシントンのアメリカ国立公文書館では、国務省内の政策企画室に回された、この文書の写しと思われる文書を手に入れることができる。その文書によれば重光は、次のように安保改定の提案を行った。

「われわれは、現在の安全保障条約に取って代わる新しい防衛条約を締結することを目的として、状況の再検討を行うことが［日米］両国にとってもっとも利益になる時期が来たと感じている。

安保条約に調印した当時、非武装の日本は集団安全保障の体制において対等なパートナーとして立つことはできなかった。そのうえ、財政的、経済的状況とともに、当時優勢であった憲法解釈により、日本政府は相互的な基盤での軍事的な性格を持った二国間の協定を結ぶことが不可能であった。だが今や日本はNATOやSEATO［東南アジア条約機構］の一部の構成国のそれに優る軍事力を持っており、またそれは提案された六カ年計画(※)のもとで増強されることになっているので、現在の一方的な安全保障条約に代わる相互的基盤に立った二国間の新しい防衛条約を結ぶ機が熟したと思われる。

この新条約はアメリカがオーストラリア、ニュージーランド、フィリピン、韓国、中国［台湾］や他の国々と結んでいる条約に似た型のものになるかもしれない。そして、相互防衛に関しては、各締約国が西太平洋地域における相手国の領土または施政権下の地域に向けられた武力攻撃を、自国の平和と安全にとって危険であると認め、その共通の危険に対して自国の憲法上の手続きに従って行動することを宣言する旨の規定を含むものになるかもしれない。」(18)

(※) 重光は、一九五五会計年度から始まる防衛力増強の六カ年計画を持参してアメリカ側に示した。この計画では、陸上自衛隊は一九五八会計年度の終わりまでに一八万人に増強され、一九六一年度末までに海上自衛隊は三万四〇〇〇人、艦船一二万三九〇〇トン、そして航空自衛隊は四万二〇〇〇人、航空機一三〇〇機に増強されることになっていた。

この文書の最後の部分に見られるように、会談で「西太平洋」という言葉を最初に持ち出したのは、実は重光の方であった。重光は、アメリカがアジア・太平洋の他の自由主義諸国と結んでいる条約を参考にして、現行安保を改定し、西太平洋の双方の領土と施政権下にある地域を条約区域として、第三国から攻撃を受けたら憲法上の手続きにしたがって相互に助け合う相互防衛条約の検討を提案したのである。つまり、この会談で重光は、漠然と安保改定を希望したのではなく、実際に条約区域を示した相互防衛条約の提案を行ったのである。そしてダレスはその西太平洋という条約区域に関して、そこにおけるアメリカの領土であるグアムが攻撃されたらどうなるか、日本は助けに来ることができるのか、と問い質したのであった(19)。

もちろん、重光が会談の冒頭で読み上げたこの文書だけで、具体的な相互防衛条約案がアメリカ側に示されたということはできない。これは重要な文書であるが、やはり短いステートメントである。しかし、アメリカの外交文書が明らかにするところによれば、重光は渡米前にアリソン駐日大使を通じて、非公式な私案という形で条約案をアメリカ側に提示しているし(後述)、何よりも一九五七年二月にアリソンの後を継いだマッカーサー(Douglas A. MacArthur, II)駐日大使が、一九五八年二月に安保条約の改定草案を作成した際には、条文ごとに「重光案」との異同が説明されているのである(20)。こうしてわれわれは、(依然、そのものとしては非公開の)重光案の存在を確認できるのである(＊6)。

したがって、この重光＝ダレス会談において重光は、一般的な意味で、安保条約を相互的なものにしたいのなら西太平洋の安全ぐらいには貢献できるように努力せよ、と一方的に説教されて帰ってきたわけではなく、自分自身の具体的な改定案の方針をダレスに提示し、その方針の一部を「西太平洋における……」というように抽象的な形ながら共同声明に盛り込ませ、「より相互性の強い条約に置き代える」という言葉を引き出すことに成功したのである。そのことが重光のかなり強気な自己評価の根にあったのはまちがいない。

もっとも、重光自身は、今すぐにもそういう方向で交渉を開始することが可能であると主張したが、軍部を代表した統合参謀本部議長のラドフォード（Arthur W. Radford）提督は、重光が持参した防衛庁の防衛六カ年計画案では日本の防衛力は不十分であると批判し(21)、前述のようにダレスの方は、海外派兵を含まない相互防衛条約はアメリカにとって無意味であると、日本側の法体制の不備を批判したのである。

それにもかかわらず、そのダレス自身が筆を入れて共同声明の案文を書き直している(22)。周辺の資料から見てその書き直しは、問題になった安保改定に関する一項を中心にするものであったと考えられる。後で述べるように、ダレスはこの段階で相互的な防衛条約の改定にはきわめて消極的であったから、この書き換えはある意味で日本側の顔を立てるための精一杯のサービスであったようである。安川壮は回想録の中で、この共同声明の一項が日米のぎりぎりの妥協の産物であったとして、次のように記している。

「この共同声明の一項は、重光大臣の条約改訂の主張と、これに対する米国側の基本的立場を、何とかして調和させようとする苦心の作で、悪くいえば体裁を整える作文であった。」(23)

もし「西太平洋における国際の平和と安全の維持に寄与することができるような諸条件」という多分にあいまいな文言でまとめて、自らの都合のよいように解釈できるままにしておけるのであれば、自らが構想する安保改定への言及をともかく盛り込み、またそのための日米の協議も盛り込んだ(24)共同声明は、重光にとってかなりの成果と言えたであろう。現に、当時この会談を取材した毎日新聞の大森実特派員が記すところによれば、この文言が海外派兵義務を意味するという、国務省当局者（北東アジア課長マクラーキン）の記者会見における問題発言が出た後でこそ、岸も河野も「急にむっつりして口をきかなくなってしまった」らしいが、会談直後には両人とも機嫌がよく、岸は、会談がうまくいったのでよかったと語っていたという。そして重光の腹心として重光案の形成に関与した加瀬俊一国連大使（当時日本は国連オブザーバー時代）は、「一塁は抜きましたよ」という表現で会談の成果を評したそうである(25)。もしマクラーキンの発言がなく、この一項の解釈が問題にならなければ、安保改定に関してこの加瀬大使の表現あたりが重光訪米の客観的な評価になっていたかもしれない。

二　米軍全面撤退の構想

「保守合同を急げ」のサイン

安保条約を相互的なものに改定したいとする重光に対し、ダレスの方は、それは時期尚早であり日本にはまだ準備ができていないと否定的に対応した。そして共同声明の文言ではある程度のサービスをしたものの、それもマクラーキンの「失言」によって重光をすぐに苦しい立場に追い込むことになった。「失言」が問題になった後もアメリカ側は、海外派兵が話し合われたことは事実で、またこれは将来の課題にはなりうるという見解を示し(26)、重光への配慮は決して十分ではなかった。そして結局、条約改定のための協議は事実上の棚上げとなる。はっきり言って、アメリカの態度は冷たいもので、日本側の当初の楽観的な反応はそれをだいぶ見誤っていたようである。

しかし、一体、重光が求める相互的な安保条約のどこがアメリカにとって問題なのであろうか。仮に日本側の態勢が不十分だとしても、防衛力を強化して相互的な条約に変更したいというのは、防衛に責任を負おうとする一歩前進の態度であり、それこそアメリカが吉田の時代から日本に求めてきたものである。重光に対して、いま少し好意的な反応も可能だったのではないか。現に、アリソン大使などは日米関係の強化のための安保改定に理解を示し、その推進に積極的な見解を示していた(27)。重光は、渡米前にアリソン大使と数度にわたり秘密協議を行っており、そこでの感触から、たとえすぐに安保改定に動き出すことは無理でも、ワシントンでは改定の手がかりぐらいはつかめる、との期待を持ってダレスとの会談に臨んだようである。河野の回想によれば、会談前の打ち合わせの際に重光は、この問題でかなりの自信を見せていたという(28)。ダレスはなぜ厳しく否定的な態度を見せたのであろうか。アリソンは、ダレスが条約改定に反対したのは、新しい条約が日米両国の議会で議論されることを嫌ったからだと回顧している(29)。ダレスが米英仏ソ首脳のジュネーブ会談（一九五五年七月十八日）以後の国際情勢の変化のゆくえが定まらない時期に、議会対策で懸案を一つ増やすことを好まなかったのはたしかであろう。だが、そのほかにももっと根本的な理由があるのではなかろうか。

ダレスの厳しい態度の理由として、これまでの研究でしばしば指摘されているのは、日本国内の政治的不安定と重光自身の政治基盤の弱さである(30)。ダレスの態度はまずもって、鳩山政権の政治基盤が弱く、議会運営にも失態が多く、安保改定といってもそれをやり通す力がないことを見抜いていたことに大きな理由があったと思われる。アメリカは、鳩山政権が首相自身の健康問題もあって長期政権にはならないことを十分認識していた。また民主、自由、両保守政党の対立は鋭く、仮に何か約束をしても次の政権でひっくり返されるようなことになるのでは困ると、警戒もしていた(31)。それに民主党内もさまざまな分裂・対立をかかえ、また野党の中立主義者や左翼勢力の力にも侮れないものがあって、鳩山政権は決して安定してはいなかった。

そのうえ鳩山内閣は、すでに防衛分担金削減問題をめぐって対米外交でも大きな失態を演じていた(32)。この問題を話し合う東京での日米交渉は、一九五五(昭和三十)年三月二十五日に本格的折衝が始まると、アメリカ側の硬い態度もあってすぐに暗礁に乗り上げた。鳩山内閣は、交渉の行き詰まりによって、予算編成に重大な支障が生じることに危機感をいだき、問題を直接アメリカ政府首脳との交渉により解決するべく、四月一日、重光外相をアメリカに送ることを決定した。しかし、それはアメリカ政府との事前の了解を得ずに決められたものであった。さらに重光がアリソンに緊急(二週間以内)の訪米を申し込んだ翌二日には、鳩山内閣の外相派米決定を新聞各紙が報ずるところとなり、アリソンを憤慨させた(33)。三日のアメリカ政府の返答は、国務長官のスケジュールに都合がつかないことを理由に受け入れ拒否を通告するものであった。野党はいっせいに鳩山内閣の責任を追求し、六日、衆議院外務委員会は「わが国の国際上の信用をはなはだしく傷つけるに至った」として戒告決議を行っている。

この分担金の問題で落とした信用も大きいが、重光＝ダレス会談における重光自身の議論の進め方も、あたかも鳩山政権の基盤の弱さを自ら宣伝するようなものであった。重光は現行の安保条約改定が必要な理由として、それが国民一般に不平等なものであると感じられており、防衛分担金削減交渉や基地問題(34)で政治が動揺するのは、要するにこの不平等性に左翼・共産主義者がつけこむからだ、だからこの条約を改定したい、という論法で押し通そうとしたのである。それは正直ではあったかもしれないが、拙い議論であった。なぜなら、当然のことながらダレスから次のように反論されたからである。国内政治を不安定にするほど左翼や共産主義者が力を持っているのなら、仮に新しい条約を結んでもそれに必要な支持は集まらないであろう。彼らが反対しているのは、安保条約の形式ではなくアメリカとの協力そのものに対してではないか(35)。

つまり、重光が国内体制がぐらつくのは安保条約の不平等性のせいだと主張したのに対し、ダレスはそれほど脆弱な国内体制では安保条約を改定してもうまくいかないだろうと反論したのであった。ダレスにしてみれば、政権の力が弱いのが問題であって、それを安保のせいにするのは筋が違うという反発があったであろう。まずやるべきことがあるはずである。ダレスは重光との会談後の九月一日、アイゼンハウアー大統領に送った手紙の中で次のように述べている。

「日本人との会談は本当にうまく行きました。私は彼らにいくらかはっきりとものを言ってやりましたが、それはためになったと思っています。河野と岸も会談に出席していたのはよいことでした。というのも彼らは大きな政治的勢力を代表しているからです。われわれにとって大事なことは右派の諸政党を団結させることであり、互いに分裂しあって、「アメリカ帰れ」の主張に参加することで人気を求めようとはさせないことです。私はこの会談が彼らの心にアメリカとの協力という綱領で合同する必要を印象付けたと思います。私は、その印象が何らかの政治的結果を生み出すくらい長く残ることを期待しています。」(36)

すなわちダレスの厳しい態度は、国内の政治基盤の脆弱さを是正するため、保守合同を急げ、というサインでもあったのである。

またアメリカ政府は、鳩山政権の弱さとともに、その中での重光個人の力の弱さも見透かしていた。重光は、国務省が会談にあたって準備したポジション・ペーパーの中では、強い政治的野心は持っているものの、保守勢力の大きなグループからは尊敬も忠誠も得られない哀れな（poor）政治家と評されている。すでに、岸や河野がお目付け役として会談に加わっている事情、彼らの間の個人的な対立および複雑な人間関係、鳩山の重光に対する不信感(37)などが、アメリカ大使館側に十分伝わっていた。アメリカ側は、そういう弱い立場にある重光の政治的将来は日米協力の指導的推進者としての地位を得るかどうかにかかっていることを、知っていたのである(38)。

だが実際の会談で重光は、民主党内での基盤の弱さを露呈し、岸や河野をうまく統制することができず、その交渉力をそがれた。たとえば岸も河野も、重光抜きで国務省の役人に会った際には、重光が前日に説明した国内の共産主義の脅威はだいぶ誇張されていると述べて、重光の足を引っ張っている(39)。たしかに、安保改定の必要性を主張するために国内の左翼・共産主義者の脅威を説く重光の言い方には、誇張があったかもしれない。また重光自身が、自らの交渉手法について岸や河野と十分な打ち合わせをしていないのも問題であった。しかし、代表が言ったことを翌日に随員が打ち消すようでは、交渉のかけひきも何もあったものではない(40)。

米極東戦略の根幹に変更を強いる構想

こうしてアメリカ側から見れば、準備不足——防衛努力と憲法問題における——に加えて、鳩山政権および重光自身の政治的基盤の脆弱さが明白であるのに、重光から日米互いに助け合う相互防衛条約といった実力に見合わぬ提案を出されたので、ダレスが少々つむじを曲げたとしてもそう無理な話ではない。だが、アメリカの外交文書からは、これにさらに付け加えるべき重要な理由がもう一つ浮かんでくる。それは重光の提案自体の問題であった。

重光＝ダレス会談を一カ月後に控えた一九五五年七月二十五日、アリソン大使はダレス長官に機密電報を送り、重光から私的かつ非公式なレベルで、安保改定についての具体的な提案が出されたことを報告した(41)。アリソンによれば重光がねらう改定の目的は、安保条約をより対等なものにして、国内の左翼からの批判を封じ込めるとともに、防衛力増強に合わせて米軍が秩序だって日本から撤退できるようにし、防衛分担金をめぐる毎年の摩擦を除去することにあった。明らかにそれは、独立的な立場を得たいという日本側の願望から生まれた提案であった。アリソンの見るところ、重光は日本人のおそらく大多数と同じように、「現在の形式のままの安全保障条約が続くかぎり、日本は本当に独立した主権国家とはみなされない」との見解を持っていた。アリソンに対して重光は、安保改定の必要を説き、自分も鳩山内閣も憲法第九条があるからといって相互の義務をともなう集団的な安全保障の取り決めを結ぶことができないとは考えておらず、日本はANZUS条約のような条約を結ぶことができると説明したのである。

重光＝ダレス会談における重光提案の内容は、このアリソン電報と、提案を要約してその利点と問題点を説明した国務省内のメモ（七月二十八日）、そしてシーボルド国務次官補代理（極東担当）がダレスに出したメモ（八月二十三日）によってさらに明らかになる(42)。すでに述べたように、重光が提案する新しい条約は、アメリカとフィリピンの相互防衛条約や米、豪、ニュージーランド間のＡＮＺＵＳ条約に似た相互防衛の規定を取り入れたものであった。条約案の第四条は、次のように規定していたようである（＊７）。

「各締約国は、西太平洋地域における他の締約国の領域、又は行政的管理下にある地域に対する武力攻撃が、自国の平和及び安全を危うくするものであることを認め、自国の憲法上の手続きに従って共通の危険に対処するように行動することを宣言する」

この条文についての日本側の解釈では、日本は有事の際、国会の承認を得て（緊急時は事後）、日本本土、沖縄・小笠原、グアムなどを防衛するために行動する、しかし朝鮮、台湾、フィリピンなどでアメリカが攻撃されても防衛の義務は負わないことになっていた。次に条約期間は、中ソ友好同盟相互援助条約に対抗するため二五年間有効で一九八〇年までとされ、それ以後は五年ごとの更新が可能となるものであった。そして、そうした基本的な部分に付け加えて、いくつかの補助的な取り決めが含まれていた。しかし、それらは、補助的とはいえ重大な内容を含むものであった（重光案は当初、その一部を条文化しようと考えていたようである）。国務省北東アジア課のメモは、コメントを付けてそれらを次のようにまとめている。

「一、米地上軍を六年以内に撤退させるための過渡的諸取り決め。

コメント：これは「アメリカと日本の安全保障上の利益に矛盾しないようにして行う米軍の段階的撤退」を規定する、国家安全保障会議の現在の政策（付属文書Ｂ（※）の第五十一パラグラフ）に合致する。われわれにとって難しい問題は――もし国防省がそうすることが必要あるいは望ましいと考えた場合――緊急時に米軍を再配備する権利を維持することである。

二、米海空軍の撤退時期についての相互的取り決め。ただし遅くとも地上軍の撤退完了から六年以内。

コメント：一般的にこの点に関しては、米国海空軍は日本に無期限に（indefinitely）維持されることになるだろうと考えられてきた。国防省からの助言次第だが、この点はわれわれがこの日本側の提案に含まれるものよりもかなり有利な取り決めを手に入れたいところである。

三、日本国内の米軍基地と米軍はＮＡＴＯ諸国と結んでいる諸取り決めと同様の取り決めのもとで、相互防衛のためだけに使用されること。

コメント：現在の安保条約が「極東における国際の平和と安全の維持に寄与」するために、われわれに与えている基地の使用の明示的な制限は明らかに好ましくない。

四、在日米軍支援のための防衛分担金は今後廃止する。

コメント：国家安全保障会議政策文書（付属文書Ｂを見よ）の第五十一パラグラフは、日本の防衛力増強とわが軍の撤退に応じて日本側の防衛分担金の軽減を受け入れると規定している。この点では、日本の防衛予算をめぐって毎年論争しないですむような、何年間かの期間にわたる明確な段階的削減を取り決めることが多分可能であろう。われわれはまた、こうして免除された金額を日本の自衛隊の育成にまわすという何らかの了解を取り付けることが、多分できるであろう。」

（※）付属文書Ｂは、国家安全保障会議の対日基本政策文書ＮＳＣ五五一六／一の関連パラグラフを集めたもの。省略。

付けられたコメントからもわかるように、とくに二と三が問題であった。二は期限を切って（六年以内の地上軍撤退(43)の後、遅くとも六年以内、すなわち一二年以内に）米軍の全面撤退を提案するものであり、三は米軍が駐留している間はその使用を相互防衛目的に限定するというものであった。こうして重光の提案は、実は、アメリカに基地を貸してその極東戦略に協力しつつ日本は事実上の安全保障を得るという、それまでの安保条約の性格を大きく変化させる構想だったのである。

当時、駐日アメリカ大使館が作成した「日本における米国の防衛政策」という研究にも明らかなように、日本における米軍基地は、直接的な日本防衛に参加するための機能のみならず、極東に駐留するアメリカ三軍の作戦・兵站・修理基地として働き、また有事には大陸の共産主義勢力に対する攻撃基地として使われるものであった(44)。そうした戦略認識からすれば、遠くない将来に日本から米軍が海空軍を含めて全面撤退し、駐留している間は基地の使用に制限がつく（たとえば韓国や台湾で問題が起こっても、自動的には基地使用ができない(45)）という変化は、アメリカが容易に受け入れうるものではなかった。重光の提案は、そのままの形で受け入れれば、アメリカに極東戦略の相当大きな変更を強いることになる構想だったのである(46)(＊8)。

ただこうした大きな問題にもかかわらず、アリソン大使や国務省北東アジア課は、相互防衛の責任を引き受けるという重光の提案には一応、前向きの姿勢を示している。アリソンは、この提案が欠点を含むことは認めつつ、現在の安保条約のままで米軍の権利を守れる時間は過ぎつつあるとの見解であった。たとえ条約があっても、日本側は受動的抵抗で非協力的な態度をとることもできる。アリソンは、条約への不満が中立主義を好む勢力を勢いづけ、アメリカがすべてを失ってしまうことを恐れた(47)。北東アジア課も、重光提案にはアメリカに不利なところはあっても、もし日本が集団防衛の責任を受容するなら、それは太平洋の集団安全保障の取り決めに日本を結び付けるというアメリカの目標にとって大きな前進の一歩である、と評価した。そしてダレスも、北東アジア課の進言――国防省と軍部へ重光提案を知らせ、彼らを交えてさらなる検討を行い、アリソンと重光の非公式の話し合いを継続する――を了承した(48)。

しかし、ダレス自身が、米軍の全面撤退と基地使用の重大な制限につながるような提案にアリソンを含めた自分の部下たちよりもはるかに警戒的であったことは、次のエピソードからも確実に推測できる。

重光訪米の約五カ月前、一九五五年四月七日に開かれた国家安全保障会議で、アイゼンハウアー政権下における二番目の対日政策基本文書NSC五五一六／一が採択された(第2章参照)。その草案であるNSC五五一六には、条件付きとはいえ次のように、将来、相互防衛条約を結ぶ安保改定交渉に入る意思をアメリカから日本に示すことを、行動の指針とするパラグラフが盛り込まれていた。

「(適当な早い時期に)〔国務省と対外活動局の案〕、(相互に都合のよい時期に)〔国防省と統合参謀本部の案〕、現在の日米安全保障条約を、日本に駐留する権利、および日本の要請に応じて日本が敵対勢力による転覆活動あるいは浸透に対して抵抗するのを援助する権利を含む、相互防衛条約に代える交渉を喜んで行う意思があることを示せ。」(49)

ダレス国務長官はこの会議の席で、当該パラグラフに自分は同意できないと言い出した。もともとこのパラグラフは国務省から積極的に出された提案であり、そのためアイゼンハウアーもいささか驚いたのであるが、ダレスは驚いた大統領に対して、提案の出どころがどこであれ、自分はこのパラグラフには強く反対すると明言した。理由は要するに、条約の変更がアメリカにとって賢明な政策とは思われないからである。変更は、

「米国にとって重大な利益の損失なしに行うことができない。もしわれわれが新しい相互防衛条約を日本側に提案すれば、日本人は確実に、そういう条約のモデルを米国と韓国、そして米国とフィリピンの間にある現行の相互防衛条約に求めたがるであろう。これは、われわれが兵力と基地を日本に維持する権利［傍点は引用者、原文はイタリック］を捨てねばならなくなることを意味するであろう。そしてそういう特権は、日本政府の同意に依存するということになるであろう。そのうえ、相互防衛条約は、現在の状況から見て望ましい期限よりもはるかに短い間しか継続しない。そのような相互防衛条約は、一方のパートナーの要請で、一年の後に失効することもありうる。それゆえ、新しい条約を求める日本国内の圧力が現在よりもはるかに強くならないかぎりは、NSC五五一六の第三十五パラグラフに述べられた提案には強く反対する、と国務長官は結論を述べた。」(50)

結局、このダレスの意見を容れてパラグラフは全面的に削除された。

ダレスは、たとえ駐留の権利を含むものであっても、条約の改定がもたらすであろう基地使用の制限を恐れていたのである。したがって、遅くとも一二年後にはその駐留権さえ危なくなるような重光の提案は、仮に鳩山政権が強力な長期政権で、重光の政治力が強く、日本の防衛力と憲法の体制が整っていても、そのままではとうていダレスが簡単に受け入れることができるものではなかった。ダレスは会談前の八月三日、アリソンを通じて重光に、ともかくことはきわめて重要かつ難しい問題であり、慎重な研究を必要とするので、今度の会談で結論が出るような性格のものではない旨を告げて、釘をさしている(51)。会談の一週間前に出された極東局のダレスに対する進言も、重光の提案は、アメリカが望む集団安全保障に向かう点では一歩前進だが、日本や日本の周辺に「無制限に米軍を配置する権利」に比べると価値がない、相互防衛条約の交渉は「防衛問題における日米協力を継続するために、新しい取り決めが必要不可決であると明らかになるまで」延期すべきである、というものであった(52)。

重光の提案は、私案の形とはいえ、単に西太平洋を条約区域とする相互防衛というだけでなく、アメリカの極東戦略の根幹にかかわる重大な内容を含んでいた。おそらくそのことが、重光に対するダレスの厳しい態度に影響したと思われる。提案を出す側の立場と実力に比べて、提案の意味が大きすぎたのである。それがダレスの感情によい影響を与えたはずはない。

米軍全面撤退は言わず

ただし重光は、実際の会談では米軍の全面撤退を言い出さなかった。それはなぜであろうか。渡米を三日後にひかえた八月二十日の『続 重光葵手記』には、興味深い記述がある。

「八月二十日　土曜　晴　暑気強し

午前九時、上野発、那須に向ふ。

駅より宮内省〔庁〕自動車に迎へられ、御用邸に行く。控室にて入浴、更衣。昼食を賜はり、一時過参入、拝謁す。渡米の使命に付て縷々内奏、陛下より日米協力反共の必要、駐屯軍の撤退は不可なり〔傍点は引用者〕、又、自分の知人に何れも慇篤な伝言を命ぜらる。

三時半発、六時半上野着。ホテルに入り、直に広河原に向ふ。」(53)

この記述から、渡米前に昭和天皇に拝謁した重光が、自らの渡米の目的についてかなり詳しく内奏していることがうかがえる。もちろんここで興味を引くのは、「駐屯軍の撤退は不可なり」という天皇の見解である。これが、安保改定について重光が行った説明に対するものであった可能性は高い。重光の説明を聞いた後、米軍の全面撤退は不可と言われたのではなかろうか。

ただ、これはあくまで推測である。また仮に当たっているとしても、昭和天皇の意向のみによって重光が全面撤退を言わなかったとすることはできないであろう。というのも、安川の回想によれば、会談前にバージニア州ホットスプリングスのホテルで重光と外務省関係者が協議した際には、重光が会談で提出すべく用意していた文書の中に、「日本が陸上十八万人を中心とする防衛力増強を完了した際、米軍は全面的に〔傍点は引用者〕日本から撤退すべきである」と書かれた部分があったからである(54)。安川はこの部分の削除を主張した。

> 「重光大臣の、米国側が受け入れるか否かは別として、この際日本側の言いたいことは遠慮なく主張しておくべきだとの言に対し、私は米軍全面撤退を主張することは、米国側に日本の外務大臣は非現実的な人間だという印象を与えかねないと反論した。その時の重光大臣の渋い表情が思い出される。」(55)

安川によればホテルでの会議の後、文書は加瀬国連大使によって修正され、その実体こそ変わらなかったが、米軍の全面撤退をうたった部分は削除されたという。

したがって、重光はぎりぎりのところで、ダレスとの会談では全面撤退を持ち出さないことに決めたようである。ただ、会談で実際に提出した文書は撤退を「陸上兵力からはじめて」という表現にしていることに注意する必要がある(56)。読み方によっては、陸上兵力撤退後の海空軍撤退への含みが見えるからである。しかし、それはともかく、すでにアリソンを通じて重光自身の構想はダレスに伝えてあった。会談でそれをまたはっきり文書の中に書き入れて「遠慮なく主張」するかどうかは、あくまで交渉のかけひきの問題であり、重光は、よく考えたうえで安川の進言を容れたのであろう。だがそれにしても、拝謁時の昭和天皇の意向を考え合わせると、安川が、全面撤退を言えばアメリカは外相が「非現実的な人間」という印象を持ちかねないと諫めた時に重光が見せたというその「渋い表情」は、安川の回想録から伝わってくる以上に複雑なものだったかもしれない。

三　影響――安保改定への布石

重光の「失敗」と岸の「成功」

重光＝ダレス会談から二年後の一九五七（昭和三十二）年六月、岸信介は首相として訪米し、アイゼンハウアー、ダレスらと会談した。そして「千九百五十一年の安全保障条約が本質的に暫定的なものとして作成されたものであり、そのままの形で永久に存続することを意図したものではないという了解を確認した」(57)という共同声明の文言に見られるように、アメリカから安保改定について原則的な同意を取り付けることに成功した。岸は、重光＝ダレス会談で、政治的ライバルでもある重光の対米交渉を目の当たりに見て、それを失敗と評価し、そこからいくつか教訓を引き出したように思われる。

岸は、まず保守合同をなしとげ（一九五五年十一月）、国内の政治基盤を固めるとともに、内政家としての自らの実力を示してアメリカの期待に応えた。すでに岸は一九五三年の秋ごろからアメリカ大使館との接触を開始し、自らを保守合同を推進する実力者として売り込み、かねてより日本の政局安定のために保守合同が必要と考えていたアメリカ政府からも注目されていた(58)。重光訪米時においても、岸の役割は民主党の真の実力者として保守合同について説明することであった。その際、重光が左翼・共産主義者による「不平等条約」批判を抑えるために安保改定が必要という主張を繰り返して、ダレスから批判されたのに対して、岸は、共産主義と戦うために基本的に必要なことは経済状況の向上と保守勢力の合同だ、と述べてアメリカの印象点を稼いでいる(59)。

また、二年後の岸は大統領との首脳会談の席上、かつてダレスを怒らせた重光の考え方に自分が与しないことを明言した。

「岸首相は続けてこう言った。ダレス長官も覚えておられましょうが、一昨年、重光氏は安保条約を「対等な」条約に改定するよう求めました。というのも、彼は、安保条約の下で日本が「従属した」地位に置かれていると信じていたからです。私はそういう感情を持ってはおりません。ただ、それにもかかわらず、再検討したいいくつかの事柄があります。」(60)

たしかに重光はダレスに向かって、日本人は現在の条約下で自分たちが対等に扱われていると思っていない、自分はアメリカが日本を「半植民地」のままにしておく意図がないことを確認したいと発言して、ダレスと激論になった。ダレスは、安保条約は国会の圧倒的多数によって承認されており、日本が「半植民地」のはずがない、条約を結べば主権の一部は制限を受けるであろう、条約には独立よりも相互依存と協力が必要になる、日本が自国を不平等な立場にあるというのは誤りで、アメリカはそのように日本を扱ってはいない、と強く反論した(61)。岸は、重光のような議論の運び方でアメリカ政府を苛立たせはしなかった。

そして岸の発言の中で、自分は重光とは考え方が違うとした後で付け加えた部分は、重光の「失敗」と岸の「成功」を比較する際に、忘れてはならない重要なポイントを示唆している。すなわち、岸が一九五七年の訪米時に持ち出した安保条約の再検討案は重光のそれよりはるかに限定的であった、という事実である。岸は条約を改善すべき点として、安保条約と国連の関係の明確化、在日米軍の配備に関して日本がアメリカと協議できるようにするという、いわゆる事前協議制の導入、そして条約に期限を設定すること、の三つをあげている(62)。それは決して重光提案のような、形式上対等な相互防衛条約への改定提案ではなかった。会談に臨む岸は慎重であった。マッカーサー駐日大使によれば、岸は相互防衛条約に賛成とも反対とも意思を表明しなかった。ただ「それは熟慮されていない(it "is not contemplated")」と述べるだけであった。大使は、岸が相互防衛条約を提案できないのは、現在の国内政治情勢もあるが、より重要な理由として、アメリカから海外派兵を求められることを恐れているからであろう、とダレスに報告した(63)。

さらに岸は、米軍撤退の要請も慎重に地上軍に限定した。岸はたとえば、一九五五年二月のアリソン大使との会見で、米地上軍の撤退は望むが、今後長期にわたってアメリカの空軍に依存しなければならないという見解を示していた(64)。またマッカーサー大使は、一九五七年五月下旬にダレスに送った重要な手紙の中で、岸が、世界情勢や、日本を重要な標的にする極東の共産主義の脅威について基本認識を自分たちと同じくしており、日本が世界戦争を防ぐアメリカの核抑止力に依存していることを認め、侵略に即応できる「機動打撃力(mobile striking force)」の概念についても自分たちと同じ見解であると報告している(65)。岸は、アメリカがその海空軍を長期的に日本に保持する意向であることは十分理解していたと思われる。したがって、岸が自らの安保改定構想についてダレス長官に説明した際に、現在の安保条約を

「その基本的な意味において（in its basic sense）廃止する」ことを求めようと考えたことは決してない、と断言したのは重要である。岸はダレスが、この話し合いはアメリカを日本から追い出すために仕組まれたものではないとは思うがと牽制すると、それを強く否定した(66)。

要するに岸は、重光の「失敗」を見て、まず国内政治と自らの足場を固め、不平等を言い立ててダレスを怒らせることをせず、アメリカにとって重光の提案よりはるかに受け入れやすい提案を行い、首相として最初の訪米を「成功」させたのである。もっとも、「成功」といってもアメリカ側は岸の提案をすべて受け入れたわけではない。そのことについては次章で検討する。

安保改定に果たした二重の働き

重光は戦前、職業外交官として外務省の中枢にあり、戦時中は外相として日本外交を指導する立場にあった。冷徹な知性と理詰めの思考により、とかく場当たり的になりがちな日本外交に明確な外交目標を与えようとした重光の努力は、戦争中に「対支新政策」あるいは「大東亜新政策」の形成という形で実を結んだ。また重光は駐ソ、駐英大使時代には透徹したリアリズムでもって日本外交の批判を行った。とくにその徹底した三国同盟批判論は、酒井哲哉氏が「事実認識においても論理構成においても、全く完璧」と評するように優れたものであった(67)。重光が戦前を代表する第一級の外交官であったことは、まちがいない。

しかし戦後の重光は、同じく外交官出身である吉田茂ほどの活躍ができなかった。戦後、重光は東久邇内閣の外相を短く務めた後、おそらくはソ連の意向により戦争犯罪人として訴追され、東京裁判でA級戦犯として禁固七年の刑を宣告された。巣鴨プリズンを仮釈放され一九五二年三月に追放を解除された後、六月に請われて改進党の総裁になったが、党内のさまざまな勢力を取りまとめて吉田から政権を奪取するような政治能力は持っていなかった。一九五二年十月と五三年四月の総選挙において、党勢を期待通りに伸ばすこともできなかった。一九五四年十一月結成の日本民主党では副総裁に就任したけれども、しだいに政治的実権のない飾り物の立場にあることが明白になる。

もちろん国民や政党政治家が重光に期待したのは、その外交手腕であった。吉田もそうであるが、戦後まもない日本においては、外交官としての能力がきわめて大きな政治資源になった。アメリカとうまく話をつける外交官の能力が、死活的に重要だったからである。たしかに重光が政界に入った時には、すでに占領は終わり、もはや占領期のように、首相になった五人のうち三人までが外交官出身者で占められるような時代でないことは明らかであった。しかし、対米外交が日本政治の主要な課題であることに変わりはなかった。その意味で、吉田に敵対する勢力が優れた外交官である重光を取り込もうとしたのは当然であった。重光自身も鳩山政権で外相に復帰して、大いに意気込んでいたであろう。

重光は、外政家として吉田茂への対抗心をいだき、外務省の官僚には、自らの役目は吉田が残した仕事の後始末をすることであると語っていたという(68)。訪米は、まさに重光が政府を代表してミズーリ号艦上で降伏文書に調印した屈辱から一〇年目の夏にもあたり、サンフランシスコで吉田が結んだ不平等な安保条約を自分の手でなんとか書き直す、という密かな抱負が重光の心をとらえていたのかもしれない(69)。あるいはまた、アリソンが見て取ったように、訪米で華々しい成果をあげて自らの政治的影響力を高めたいという野心が鎌首をもたげていたかもしれない(70)。もちろん、そうした個人的な感情や野心を推測するよりも、日米の安全保障上の協力が日本人の自尊心を傷つけるようなものであってはならない、という信念がその安保改定構想につながったと素直に考えた方が、謹厳実直な「帝国外交官」重光の理解としてはよいのかもしれない。

しかしいずれにせよ、また重光＝ダレス会談の成果について重光自身の自己評価がどのようなものであったにせよ、重光の安保改定構想はまちがいなく挫折した。西太平洋を条約区域とする相互防衛条約を結び、さしあたり米軍基地の使用を制限するとともに一二年以内に米軍を全面撤退させるというその構想は、アメリカの極東戦略に根底からの変化をもたらさずには実現が難しいものであり、日本側の力不足、準備不足、あるいは重光の意気込みや外交手腕、さらにはその脆弱な政治的基盤などには関係なく、挫折すべくして挫折する運命にあったと言えるであろう。むろん重光が、「不平等条約」の是正という大きな理想を掲げるあまり、自国と自らの立場を客観的に眺めることができなかったのも事実である。残念ながら、そのことが挫折を確実にしたと言わざるをえない。

ただし、この重光の挫折は後に一定の積極的な機能を果たしたと言うこともできる。安川はそのことについて、次のように書いている。

「重光・ダレス会談をゲームにたとえれば、まさにダレスの完勝であり、私も内心割り切れないものを感じたものだった。しかし今にして思えば、この会談が後年の安保条約改訂に対する一つの布石〔傍点は引用者〕であったことは、評価されてよいと思う。私は個人的には重光大臣に何の怨念もなかったし、その日本外交に対する熱意には敬意の念さえもっていた。」(71)

本書なりにこの安川が言う「布石」という言葉を解釈すれば、この石は後の安保改定にとって二重の働きをしたように思われる。すなわち、岸信介にアメリカ（ダレス）との交渉におけるいくつかの教訓を与えるとともに、仮にも日本の外務大臣が、非公式な私案とはいえ米軍の全面撤退を提案したことで、日本国内で安保条約に対して高まりつつある不満の強さ、またその不満を放置した場合にそれがもたらすかもしれない危険な方向性を、アメリカ政府に意識させる働きである。それによって岸の安保改定要求は、アメリカ政府の目にははるかに穏当なものとして映ったのではなかろうか。「この際日本側の言いたいことは遠慮なく主張しておくべきだ」という重光の姿勢は、長い目で見れば、日本外交にとって決してむだではなかったと考えたい。

一九六〇年の安保改定に至る過程を考察する際に、重光の安保改定提案と岸が実現した安保改定の具体的内容における、小さくはない相違を見逃してはならない。岸信介がその政治生命をかけてなしとげた安保改定は、たしかに多くの点で安保条約の不備を是正し、旧安保にまつわる日本側の不平等感をかなりのところ取り除くことに成功した。しかし、岸の新安保も吉田の旧安保と同様に、日本がアメリカに基地を貸して安全保障を確保する「物と人との協力」という基本構造を変えるものではなかった。重光の安保改定構想の挫折は、そのことを浮き彫りにするエピソードである。

（1）　近年公開されたアメリカ側の記録からも、ダレスの厳しい態度を確認できる。アメリカ側の記録としては、会議録とその下敷きになったメモ、国務省が会談前に用意したブリーフィング・ペーパー、共同声明案など、アメリカ国立公文書館に保存されている国務省の次のファイルを利用した。State Department, Lot 60 D 330, "Shigemitsu Visit to U. S, 1955," RG 59, National Archives（以下、両方合わせてSHVと略す）。また、公刊されているアメリカ外交文書集にも、会議録やその前後の報告等の重要な文書が収録されている。U. S. Department of State, *Foreign Relations of the United States: 1955–1957*, Vol. XXIII (G. P. O., 1991)（以下、*FRUS: 1955–1957*, Vol. XXIII と略す）。岸信介『岸信介回顧録――保守合同と安保改定』（廣済堂出版、一九八三年）二〇五頁。

（2）本章は、関心の焦点をこの問題に絞り、重光訪米の際に意見交換された他の問題と安保改定構想の関連を考察の射程外に置いている。たとえば、当時進行中であった日ソ交渉に対する重光の慎重な態度の背景には、単にそれが鳩山側近主導で行われていることへの反発だけではなく、安保改定という大きな課題に取り組む中で対米関係に悪影響を与えたくないという判断もあったと思われる。この点は、重光と日ソ国交回復交渉に関する優れた論考である、田中孝彦『日ソ国交回復の史的研究――戦後日ソ関係の起点：1945～1956』（有斐閣、一九九三年）も指摘している（第3章）。また、この一九五五年四月のバンドン会議に見られる非同盟路線や、七月のジュネーブ会談直後の「米ソ雪解け」という時代の雰囲気も当然、重光の安保改定構想に影響を与えたであろう。さらに検討が必要である。

（3）本章は、拙稿「重光訪米と安保改定構想の挫折」三重大学社会科学学会『法経論叢』第一〇巻二号（一九九二年十二月）を下敷きにしたものである。なお、本格的な安保改定研究の先駆者、原彬久教授の『日米関係の構図――安保改定を検証する』（ＮＨＫブックス、一九九一年）は、関係者への広範なインタビューとともにアメリカの外交文書を利用して、安保改定を検証する書物である。本書の第4章、第5章同様、本章に関しても参考にした。

（4）伊藤隆・渡邊行男編『続 重光葵手記』（中央公論社、一九八八年）。

（5）岸『岸信介回顧録』、岸信介・矢次一夫・伊藤隆『岸信介の回想』（文藝春秋、一九八一年）、河野一郎『今だから話そう』（春陽堂書店、一九五八年）。

（6）"Memorandum of Conversation by Windsor Hackler, 22 September 1955," State Department, Lot 58 D 118, "Shigemitsu Trip," RG 59, National Archives.

（7）細谷千博・有賀貞・石井修・佐々木卓也編『日米関係資料集 1945–97』（東京大学出版会、一九九九年）三四九頁。ところで、共同声明のこの箇所が海外派兵を意味するのではないかと問題になった後、外務省は、普通に訳せば「かつ西太平洋における……」とすべきところを「かくて［傍点は引用者］西太平洋における……」という訳文にして、自国の防衛に第一次的責任をとれるようになることがすなわち西太平洋の平和と安全に寄与することになる、と説明した。この問題の背景については、当時、毎日新聞特派員としてワシントンでこの会談を取材した大森実氏の『特派員五年――日米外交の舞台裏』（毎日新聞社、一九五九年）一〇〇―〇三頁を参照。また、同じ著者の『エンピツ一本』上（講談社、一九九二年）も興味深い。

(8) 記者会見における重光の釈明は、『朝日新聞』一九五五年九月三日付夕刊。

(9) この興味深いやりとりは、すでに原『日米関係の構図』四〇―四二頁が紹介している。

(10) *FRUS: 1955-1957*, Vol. XXIII, p. 102.

(11) 『毎日新聞』一九五五年九月二日付夕刊。同日付の『朝日新聞』夕刊も参照。

(12) 吉田内閣の木村篤太郎保安庁長官は、国会の答弁（一九五四年四月十二日）で次のように述べている。「いわゆる武力による威嚇と武力の行使は、国際紛争の解決手段として行使しない、と（憲法九条一項に）明確に規定されております。いわゆる日本の自衛権の範囲内、その範囲内において自衛隊というものは設立されておるのであります。自衛隊というのは、わが国の独立を守り、安全を期するためでありまして、海外派兵などということは考えておりません。」中村明『戦後政治にゆれた憲法九条――内閣法制局の自信と強さ』（中央経済社、一九九六年）一四五頁。

(13) 中村『戦後政治にゆれた憲法九条』九頁。

(14) 田中明彦『安全保障――戦後50年の模索』（「20世紀の日本」2、読売新聞社、一九九七年）一四一―四四頁。

(15) 中村『戦後政治にゆれた憲法九条』九頁。

(16) 岸・矢次・伊藤『岸信介の回想』一三〇頁。

(17) *FRUS: 1955-1957*, Vol. XXIII, p. 97.

(18) "The Defense Problem, 29 August 1955," State Department, Lot 66 D 70, "Japan," RG 59, National Archives. 現在、国務省の文書の主要部分はメリーランドの第二国立公文書館（National Archives II）に移されている。

(19) この点は、アメリカ側の会議録の下敷きとなったメモを見るとよりはっきりする。それによればダレスは重光に対して、日本は現在の憲法の下で「もしアメリカが条約［大文字］区域で攻撃されたら」助けに来られるかと尋ねた後で、グアムに言及している。SHV.

(20) "Treaty of Mutual Cooperation and Security between Japan and the United States," State Department, Central Files, 794. 5/2-1858, RG 59, National Archives（以下、*CF* 794. 5/2-1858 などと略す）。

(21) その一つの理由としてラドフォードは、日本の六カ年計画は、アメリカの在日陸上軍兵力七万の約半数が果たしている補給支援機能を十分考慮に入れていないことをあげている。*FRUS: 1955-1957*, Vol. XXIII, pp. 99-100. 鳩山政権における自衛力増強は、吉田時代と比べてあまり代わり映えがしない結果になった。その点については、植村秀樹『再軍備と五五年体制』（木鐸社、一九九五年）二四九―五九頁。ところで、訪米団に参加した内閣官房副長官の松本滝蔵は、後で芦田均に会談の内輪話をして、重光の六カ年計画の説明は戦闘部隊と補給部隊の区別について要領を得なかったと批判している。ついでに英語に堪能な松本は、重光の英語力についても「どうもアノ浪花節のような英語では……」と問題視している。芦田均／進藤榮一・下河辺元春編纂『芦田均日記』第六巻（岩波書店、一九八六年）一二二頁（昭和三十年十月四日付）。

(22) 河野『今だから話そう』一〇二頁。岸は当時、毎日新聞に次のように語っている。「最後にダレス氏が一章一章よく読んだあと、我々の意見もとり入れて多少筆を加えた。」『毎日新聞』一九五五年九月十日付夕刊。

(23) 安川壮『忘れ得ぬ思い出とこれからの日米外交――パールハーバーから半世紀』（世界の動き社、一九九一年）五〇頁。

(24) 共同声明には、「さらに、このような［相互性の強い］条約を締結することを目標として、東京において防衛問題に関する日米両国代表間の協議を行うべきこと……に意見が一致した」と書かれている。

(25) 大森『特派員五年』九二頁、九六頁。

(26) 九月三日の見解。ただし、六日には「日本の海外派兵などは机上の空論にすぎない」との声明を発表した。『朝日新聞』一九五五年九月七日付夕刊。

(27) John M. Allison, *Ambassador from the Prairie or Allison Wonderland* (Hughton Mifflin, 1973), p.275.

(28) 河野『今だから話そう』九六―九七頁。大森氏はこの間の事情を取材して、重光は訪米前のアリソン大使との話し合いでアメリカ側との間に了解がついたと思っていたが、いざダレスと話してみると日本側の意向が十分通じていないのがわかって驚いた、と書いている。大森『特派員五年』九七―九九頁。

(29) Allison, *Ambassador from the Prairie or Allison Wonderland*, p. 276.

(30) 鳩山政権の脆弱性を指摘するものとして、たとえば樋渡由美『戦後政治と日米関係』(東京大学出版会、一九九〇年)一二一頁。

(31) そのような理由からアリソンは、訪米前の重光に対してその安保改定案に自由党の支持をとりつけるよう促した。*CF* 794. 5/8-455 (tel. 300), *FRUS*: *1955-1957*, Vol. XXIII, p. 81.

(32) 第1章でも触れたように、旧安全保障条約に基づく行政協定の第二五条は、日本がアメリカ駐留軍の費用を分担することを規定していた。当初その額は五五八億円と定められたが、日本が防衛力を漸増するにともないアメリカはその削減を考慮する、という了解ができていた。たとえば、一九五四年度には約二五億円の削減がなされている。鳩山内閣は成立(一九五四年十二月)当初から、防衛費用の総額(防衛分担金を含む)を前年並(一三七二億円)に抑え、防衛力の増強は分担金の削減でまかなうことを公言して、アメリカとの交渉前にすでに防衛費の総額の枠を固めていた。総選挙などで遅れたアメリカとの本格的折衝は一九五五年三月二十五日に始まったが、交渉はアメリカ側の厳しい態度の前にすぐに暗礁に乗り上げた。結局は四月十九日に、付帯条件付きながら日本側の最初の希望(約二〇〇億円)に歩み寄る一七八億円の削減(すなわち分担金の額は三八〇億円)が認められたが、そこに至る交渉の過程は非常に厳しく、緊迫し、時に激論を交えるものであった。重光の手記(四月十三日付日記)も、「先方は激しく日本側をなじり、……空気極度に悪化、緊張す。夕、音羽に報告。形勢重大を報ず」などと会談の厳しいようすを伝えている(『続 重光葵手記』六九五頁)。とくに日本側では一万田尚登(いちまだひさと)蔵相のアメリカに対する態度が強硬であり、アメリカ側の資料(*FRUS*: *1955-1957*, Vol. XXIII, p. 70)によれば、一万田が十三日に辞表を鳩山首相に提出したので鳩山内閣は一時崩壊の危機に直面したという。鳩山も、次のように回顧している。「閣議をやつても、悲観情報が多く、一時は「折角選挙に勝って内閣を作つたが、最悪の場合には予算が組めずに内閣を投げ出さなければならないかも知れない」と覚悟をしたこともあつた程である。」鳩山一郎『鳩山一郎回顧録』(文藝春秋新社、一九五七年)一五九頁

（ただし、旧漢字は新漢字に直した）。

（33） *FRUS: 1955–1957*, Vol. XXIII, pp. 34–35.

（34） 一九五五年に入ってから重光訪米までに、「飛行場基地拡張問題」や「核持ち込み問題」によって日米安保における基地の問題が、与野党間の激しい争点としてますます深刻な政治・社会問題になりつつあった。前者ではとくに東京砂川町の立川基地の拡張に反対する地元民の実力闘争、後者では七月から八月にかけて行われたいわゆるオネスト・ジョン・ロケット砲（原子砲弾を発射可能なロケット砲で、八月中旬に在日米軍に配備）をめぐる国会での論争が、世論の注目を集めた。

核持ち込み問題は、三月十四日、鳩山首相が外国人との記者会見で、核の日本国内貯蔵を認めるような発言をしたので、国会で取り上げられる問題になった。六月二十七日、重光は野党の追及をかわすため、自分とアリソン大使との間には、現在の在日米軍が核兵器を持たず、将来も日本の承諾なしには持ち込まない旨の了解があると答弁した。しかし、アリソン大使はそうした了解の存在を否定して、重光に抗議した。重光は、自分の発言は左翼からの攻撃を抑えて日米関係を傷つけないようにするためのものであったと弁明して、アメリカがアメリカの見解を公にしないよう要請した。アリソンから重光に七月二日に伝えられた見解は、漏洩を避けるため口頭で読みあげられたが、アメリカ側の資料によれば次のようなものであった。

「それゆえ本使は閣下に対してアメリカ合衆国は日米間の安全保障上の諸取り決めが核兵器の日本持ち込みを禁止しているとは解釈していないことを通告せざるをえないと思います。本使は、この問題に関しましても、両国政府に共通の関心である他のすべての問題と同じように、アメリカ合衆国が日本政府との間で頻繁かつ率直な意見の交換を希望していることを承知しております。しかしながら、極東における国際の平和と安全に寄与し、日本の安全に寄与するためにアメリカ合衆国が安全保障条約において引き受けている諸任務のために、および極東の流動的な情勢のために、両国政府の利益にとっても、また自由世界の全般的態勢にとっての重大事としても、現在の取り決めに規定されているような柔軟性の維持［傍点は引用者］がもっとも望ましいというのが当方の信ずるところであります。」"Introduction of Atomic Weapons, 23 August 1955" (position paper), SHV. cf., *CF* 711. 5611/6-2755 (deptel. 2711), 711.

5611/7-155 (tel. 187), 711. 5611/7-255 (tel. 751).

(35) *FRUS: 1955-1957*, Vol. XXIII, pp. 97-98.

(36) Ibid., p. 118.

(37) 鳩山の回顧録からも、鳩山の重光に対する不信感が伝わってくる。鳩山『鳩山一郎回顧録』一六二―一六五頁。重光が安保改定の具体的内容について、前もって鳩山にどれだけ詳しく説明していたのかは明らかでない。アメリカ側の文書によれば、下田武三外務省条約局長はアメリカ大使館員に対して、重光は八月四日に鳩山と会った際に、訪米時には防衛問題について話し合いたいと述べて鳩山の同意を得たものの、実質的な話はしなかったようで、安保改定の条約案も見せなかった、と説明している。*CF* 794. 5/8-1255（tel. 400).

(38) “Conservative Merger, 22 August 1955” (positon paper), SHV. また、日本側からアメリカ大使館に日本側代表団の間の人間関係を大変あからさまに説明したものとして、松本滝蔵とパーソンズ参事官の会話記録（八月十日）がおもしろい。“Memorandum of Conversation, 11 August 1955,” Lot 58 D 118, “Shigemitsu Trip,” RG 59, National Archives.

(39) *FRUS: 1955-1957*, Vol. XXIII, pp. 105, 108.

(40) 河野にいたっては会談中、重光とダレスの激論が続くのを心配したのか横から制止しようとしたらしく、後でアメリカ側の関係者から「外交常識では想像もできない話だ」と酷評されたという。『毎日新聞』一九五五年九月六日付（大森実特派員の記事）。

(41) *CF* 794. 5/7-2555 (tel. 201). この電報を見ると、重光私案の作成には外務省条約局が関与しているようである。cf., *CF* 794. 5/8-455 (tel. 300). ただしアリソンの別の電報は、下田条約局長がこの条約案を、今、アメリカ側に示すことには疑問を持っている、との大使館員の印象を伝えている。*CF* 794. 5/8-1255（tel. 400).

(42) 国務省内のメモは、*FRUS: 1955-1957*, Vol. XXIII, pp. 78-80. シーボルドのメモは、*CF* 794. 5/8-2355 (memo. Sebald to the Secretary of State).

(43) 六年以内というのは防衛六カ年計画が実現するのにあわせて、という含みであった。

(44) "U. S. Defense Policy in Japan," State Department, Lot 58 D 637, "International Security," RG 59, National Archives.

(45) この点については、重光との会談の前にダレスを交えて国務省内で行われた打ち合わせ会議におけるフィン（Richard B. Finn）日本担当スタッフの発言を参照。*FRUS: 1955-1957*, Vol. XXIII, p. 86. このことを考え合わせると、共同声明の中の「西太平洋における国際の平和と安全の維持に寄与することができるような諸条件」という言葉は、やや意味深長である。こういう抽象的な表現であれば、重光案が直接関心を持つ西太平洋における日本とアメリカの領土あるいは施政権下にある地域の安全だけに限らず、韓国や台湾、あるいはフィリピンの安全へのアメリカの配慮を意味することもできるからである。

(46) 現在利用可能な資料からは、重光の構想のすべてが明らかなわけではない。たとえば重光は、米軍が全面撤退した後、極東で有事が発生した場合には「有事駐留」を認めるつもりであったかどうか。あるいは、重光は、米軍の全面撤退という要求が沖縄の施政権返還に与える影響をどう考えていたか、などの疑問が浮かぶ。今後の検討課題である。

(47) *CF* 794. 5/7-2555（tel. 201）.

(48) *FRUS: 1955-1957*, Vol. XXIII, pp. 78-79.

(49) Ibid., p. 33.

(50) Ibid., p. 42.

(51) Ibid., pp. 80-81.

(52) 注(42)既出のシーボルド・メモ。

(53) 『続 重光葵手記』七三二頁。なお、岩見隆夫『陛下の御質問——昭和天皇と戦後政治』（毎日新聞社、一九九二年）二一一—二一三頁にあるように、このくだりは『続 重光葵手記』出版直後の一九八八年五月二十六日に参議院決算委員会で取り上げられ、現在の内奏の位置づけについて国会で短い質疑が行われた。

(54) 安川『忘れ得ぬ思い出とこれからの日米外交』四五頁。

(55) 同右、四六頁。

（56） 当該箇所は、次のように記されている。「われわれは、この［防衛力増強六カ年］計画により米国は陸上兵力からはじめて（starting with）その軍事力を徐々に引き揚げることができるであろう、と信じている。もし米国がその意図を発表すればそれは国民心理に健全な影響を生み出すであろう。それは日本国民を眠りから覚まし、日本国民に自国の防衛は自分たち自身の責任であるということを完全に理解させるであろう。それは自衛の軍備に反対するものの議論をくじくであろう。それは国防計画を押し進める政府の仕事を大いに助けるであろう。」"The Defense Problem, 29 August 1955," State Department, Lot 66 D 70, "Japan," RG 59, National Archives.

（57） 細谷・有賀・石井・佐々木編『日米関係資料集』三九九頁。

（58） 岸とアメリカ大使館の接触については、アリソンの回顧録が明らかにしている。Allison, *Ambassador from the Prairie or Allison Wonderland*, pp. 270-73. アリソンは、岸がアメリカ側に説明した保守合同への道筋は大体において実現したと評価している。岸と大使館担当者の接触の記録としては、*CF* 794. 00/12-754（desp. 675）が大変興味深い。

（59） *FRUS: 1955-1957*, Vol. XXIII, p. 103.

（60） Ibid., p. 371. 一九五七年六月十九日の首脳会談（ダレスも出席）での、岸首相の発言記録。

（61） Ibid., pp. 99, 102,

（62） Ibid., p. 387.

（63） Ibid., p. 329.

（64） *CF* 794. 00/2-2455（desp. 1003）.

（65） *FRUS: 1955-1957*, Vol. XXIII, pp. 328, 325-30.

（66） Ibid., pp. 388, 389.

（67） 酒井哲哉「外交官の肖像 重光葵」上・下『外交フォーラム』一〇号（一九八九年七月）・一一号（八月）、下、七九頁。このあたりの戦前・戦中の重光外交についての理解と記述は、同論文に多くを負っている。なお重光の対支新政策、大東亜新政策については波多野澄雄『太平洋戦争とアジア外交』（東京大学出版会、一九九六年）、また戦前と戦後の重光を統一的に理解しようとする試みとして武田知巳「重光葵の「革新」の論理――その形成過程と戦中・戦後の連続性を巡って」『東京都立大学法学会雑誌』三八巻二号（一九九七年十二月）、重光と重光外交の評伝には渡邊行男『重光葵――上海事変から国連加盟まで』（中公新書、一九九六年）、豊田穣『孤高の外相重光葵』（講談社、一九九〇年）などがある。

(68) 安川『忘れ得ぬ思い出とこれからの日米外交』四三頁。

(69) 大森『特派員五年』一二〇―一二一頁を参照。

(70) アリソンはダレスに、次のように報告している。「予定されているワシントン訪問時に自分の提案の線に沿った条約が締結されうるというのが重光外相の希望であることは明白です。重光はこれが達成できれば、勝利の英雄（conquering hero）として帰国でき、自分の政治的将来は確実になると信じています。」*CF* 794. 5/7-2555 (tel. 201).

(71) 安川『忘れ得ぬ思い出とこれからの日米外交』五一頁。

第4章

安保改定の逆説 ◉岸信介と安保改定

⬆新日米安全保障条約に調印する岸首相(中央左)とアイゼンハウアー大統領(中央右)。左端は藤山外相，右端はハーター国務長官(1960年1月19日，ワシントン。写真提供：時事)

一九五七（昭和三十二）年二月、病気のため在職わずか二カ月で辞任した石橋湛山に代わって首相になったのは、戦前、東条内閣で商工大臣を務め、戦後はA級戦犯容疑で巣鴨プリズンに収監された岸信介であった。岸は官僚出身のきわめて有能な政治家で、釈放され公職追放を解除された後、政界に復帰（一九五三年四月、衆議院議員に当選）すると、反吉田の立場をとる三木武吉らとともに保守合同をなしとげ（一九五五年十一月）、また、自民党の初代幹事長になってからは、党とさまざまな圧力団体との間を結ぶ連携体制を築いて保守政治を安定させた。首相になった岸は、国内政治体制を「占領政治体制」から脱却させ、独立国家にふさわしい体制につくり変えることをめざし、外交においては敗戦から立ち直りつつあった日本の国際的地位の向上に強い意欲を持っていた。

一九六〇年の安保改定は、その岸の偉大な業績である。だが、この改定には一つの逆説が存在するようにも思われる。この改定によって安保条約はたしかに相互性が明確になり、対等な主権国家間の条約にふさわしい体裁に改められた。しかしこの改定はまた、岸自身が望んだような安保条約の真の対等化を、かえって難しくしたようにも思われるのである。

新しい安保条約はアメリカの日本防衛義務を明文化し、その義務と日本からアメリカに基地を提供する義務との間の双務関係（相互性）を明確にした。そのため、押しつけられた安保、駐軍協定にしかすぎない安保という批判に対して、新条約の締結によって日本はより対等な立場に立つようになったと論じることが可能になった。しかし日本は、この新しい安保条約においても、旧条約と同じようにアメリカ領土の防衛義務をいっさい負わなかった（負えなかった）。そのため新条約は、独立国家間の形式的な対等性――

現実の力の差はともかく、互いに互いを守り合うことを約束するという意味での対等性——においては依然として不十分な条約のままであった。問題は、それが単に不十分というだけではなく、条約の相互性がより明確になり、細部が互いにとってより満足できるように調整された分、それを再改定してさらに対等性を高めようとする契機が失われたように見えることである。つまり安保条約は、改定によって、相互性の明確化という意味ではより対等な条約に変化したが、そこからさらに対等な相互防衛条約に発展するのがかえって難しくなったかもしれないのである。

本章は、岸首相が一九五八年の夏、安保改定を決断するに至った過程を検証しつつ、安保改定の逆説的な効果について考察するものである。問題の焦点は要するに、岸はなぜ相互防衛条約を結ぶ準備ができる前に、すなわち憲法を改正し、防衛力を十分に増強する前に、安保条約を改定しようと決断したかにある。答えは、あるいは単純なことかもしれない。しかし、安保改定の逆説的な効果について考える鍵はそこにあるし、何よりも、岸の決断がその後の日米関係と日本の政治過程に決定的な影響を及ぼしたことはまちがいない。ここで少しこの問題を検討してみる価値は十分にあると思われる(1)。

一　岸訪米と二段階の安保改定

安保改定の節目

一九五五（昭和三十）年八月の重光＝ダレス会談は、これに同席した岸信介に大きな影響を与えた。岸は後にこの会談について語り、ダレスの言うことはもっともだが、やはり「日米安保条約を対等のものにすべきだという感じをそのとき私はもった」と述べている(2)。しかしその一方で岸は、安保条約の改定を求める国民世論の声はわかるけれども、重光がダレスに一蹴された光景が生々しく焼き付いて、「米国の意向を十分に探った上でなければ、「改定します」とうかつに言えるものではなかった」とも回顧している(3)。つまり重光＝ダレス会談は、岸に安保改定の必要性を意識させるとともに、それには慎重な準備がいることを教えたのである。

一九五七年六月、「日米新時代」をキャッチフレーズにして訪米した岸首相は、十九日から二十一日にかけての会談で、アイゼンハウアー大統領やダレス国務長官に安保条約の再検討を申し入れた。岸は、自分は安保条約の下で日本が従属した地位におかれているという重光のような考えには与しないが、日米両国民の「心からの協力関係」をつくり出すためには安保条約にいくつか見直すべき点がある、と用心深く話を持ち出した。岸がこの訪米においてアメリカ政府に求めたものは、安保条約と国連の関係の明確化、駐留米軍の日本配備についての事前協議、そして条約に期限（五年）を設定すること、の三つであった(4)。前章でも述べたように、それは重光のような相互防衛条約への改定提案ではなかった。岸は、重光＝ダレス会談に同席した経験からも、相互防衛条約には慎重にならざるをえなかった。もしそれを言い出せば、アメリカから海外派兵を求められるからである。しかしそれは、少なくとも当面の間は、政治的に実現不可能な条件であった。

それでは岸は、どのようにして安保条約を「対等」にしようと考えていたのであろうか。岸はこの訪米の段階で、二つのことを考えていたように思われる。一つは、条約をそのままにして補助的な取り決めを結び、まず運用面で条約に実質的な修正を加えることであり(5)、もう一つは将来における条約の改定である。運用面での実質的な修正は、具体的には、安保条約と国連の関係を明確にし、米軍の配備について事前協議の導入を求めることがこれにあたる。

そもそも岸は、政界復帰以来、鳩山や重光と同じように、吉田の手になる「占領政治体制」を是正して、独立国家にふさわしい体制をつくるという政治目標を掲げていた。そのことは岸の頭の中では、「国民の自由意思に基く吾々（われわれ）の憲法」を持って「計画性のある自立経済」を打ち立てるとともに、「無防備中立論」や「他国軍隊の駐屯」を排して「自衛態勢」を確立するという形で具体的なイメージになっていた(6)。つまり岸は、ナショナリストとして少なくとも理念的には、独立自衛そして駐留米軍の全面撤退を望ましいと考えていたようである。

しかし、リアリスト岸は、それが少なくとも短期的には非現実的なことをよく理解していた。冷戦という国際環境が続く中で、日米安保の必要性はもちろんのこと、アメリカの海空軍がその極東戦略上、日本に駐留し続ける必要性を認めていたのである。岸は、できるかぎりの在日米軍の撤退をアメリカに要請したが、全面撤退の要請は地上軍に限った（実際、六月二十一日の共同声明の中で、すべての在日米陸上戦闘部隊が一九五八年中に撤退することが発表された。これは、以前から検討されていたアメリカの極東戦略体制全体の見直しの一環としてなされたものであった）。

また前章でも述べたように、マッカーサー駐日大使は、岸訪米前の五月下旬、岸が世界情勢や極東の共産主義の脅威についての認識を自分たちと同じくし、日本がアメリカの核抑止力に防衛を依存する必要を認め、侵略に即応する「機動打撃力」の概念についても同意していると、ダレスに報告している。この報告の中で大使は、岸内閣が数日前（一九五七年五月二十日）に決定した「国防の基本方針」の中で、外部からの侵略に対してはアメリカとの安全保障体制によって対処すると率直に言明したことも例にあげて、今後の話し合い次第だが、岸とは「うまくやれる（we can do business with him）」と思うと評価した(7)。

もし、冷戦という状況の中で米軍の駐留が当分の間続くとすれば、その日本への配備および基地の使用に関して、できるだけ日本に有利な条件を付けようと岸が——そして岸に助言する外務省が(8)——考えたのは当然のことであった。それによって、いくらかでも対等な主権国家の協力関係にふさわしい体裁を整え、米軍の存在に対する国内の批判を和らげることができるからである。

安保条約と国連の関係の明確化という要求には、アメリカの軍事行動を国連の権威下に置くことで米軍が日本防衛のために存在することを明らかにし、極東条項があるために米軍の恣意的行動によって日本が不当に戦争に巻き込まれる、という安保批判の議論に対抗するねらいがあった(9)。もちろん第1章で見たように、安保条約と国連の結び付きを密接にしたいというのは、安保条約締結当時の外務省の強い希望であり、ようやく前年（一九五六年）十二月に国連加盟を果たした日本が、あらためてこの要求を持ち出したのは不思議ではない。この要求はアメリカの受け入れるところとなり、岸訪米後の九月十四日には、両政府間で「日米安全保障条約と国際連合憲章との関係に関する交換公文」が交わされた(10)。

米軍の配備についての事前協議制の導入も、基地を勝手に使われるという批判に対抗するためのものであった。とくに一九五四年三月の第五福竜丸事件以来、日本国民の核兵器に対するアレルギーは高まり、アメリカに対して日本に核兵器を導入しないという保証を求める強い世論が生まれていた(11)。核兵器持ち込み問題は、日米安保の安定を揺るがす潜在力を持つようになっていたのである。そして、一九五七年の初頭にもこの問題が浮上していた。一月中旬に新聞がアメリカの原子力部隊が日本に配備される可能性を報じ、それが国会で取り上げられたからである。野党の質問に対して岸は、日本にアメリカの核兵器は存在しないし、承諾なしに持ち込まれることもないという「重光＝アリソン合意」があると説明して、そうしたことにはならないと否定した(12)。しかし、すでに見たように（本書第3章注(34)参照）、この「重光＝アリソン合意」はアメリカ政府がはっきり否定する虚構であった。日本政府はこの問題で、より確かな立場を必要としていた。

だが、事前協議についてはアメリカ軍部内に消極論があり、アメリカ側からは「実行可能なときはいつでも」それを行うという逃げ道の付いた実効性のない妥協案が出され、岸はそれを呑まざるをえなかった(13)。ただし、この問題も含めて、安保条約に関して生じる問題について話し合う委員会（日米安全保障委員会）がつくられることになったのは一定の成果であった。共同声明は、次のように記している。

「合衆国によるその軍隊の日本における配備及び使用について実行可能なときはいつでも協議することを含めて、安全保障条約に関して生ずる問題を検討するために政府間の委員会を設置することに意見が一致した。」(14)

岸のもう一つの要請、すなわち条約に期限（五年間、その後は一年前の通告で廃棄できる）を付けるという要請には、将来、条約を改定するという意思を明らかにするねらいがあったと思われる。マッカーサー大使は後に、岸が初めは「二段階の」安保改定を構想していたと証言している。まず最初の段階で日本が不平等と考える義務を取り除き、次の段階で「負うべき義務と責任を果たす」というやり方である(15)。この証言から考えると、岸は、少なくとも期限として持ち出した五年ぐらいの間は、対等な相互防衛条約を結ぶだけの実力をつけるとともに、国内の態勢を整えることに使おうと考えていたのではなかろうか。そして、その準備が整うまでは、条約を運用面で改善することで国内の安保批判に対応しようとしていたように思われる。岸自身はマッカーサーに対して、自らが提案する安保条約の改善は、世論を味方につけ、選挙に勝って、防衛面で適切な役割を果たせるように憲法を改正するために必要なのだと説明していた(16)。

だがダレスは岸に対して、条約に期限を付けるのは条約の修正(修正条項の付加)であり、それには上院の三分の二の承認がいる、しかし、もし期限が切れた後の日米関係について満足に説明できないならばその承認を得ることは難しい、と述べてこれを拒絶した。その代わりにダレスは、共同声明などで安保条約が永久に存続する意図のものではないことを確認することはできると譲歩した(17)。実際、共同声明では、条約が本質的に暫定的なものであり、「そのままの形で永久に存続することを意図したものではない」旨の文言が盛り込まれ、将来における改定が確認されたのである。

岸訪米の意義

岸は回顧録その他で、この訪米によって安保改定の手がかりを得たとして、重光訪米との差を印象づけている。そして結果的に見れば、この一九五七年六月のアイゼンハウアー、ダレスとの会談が安保改定の一つの重要な節目であったことはまちがいない。

しかし、実際の成果によって岸訪米と重光訪米とを比較してみると、その評価には少し留保が必要であろう。まず、繰り返しになるが、岸は重光のような大きな提案をしなかった。つまり岸は、条約に期限を付けることを別にすれば、条約そのものの修正を求めてはいないし、いわんや相互防衛条約を提案したわけでもない。次に、先にあげた共同声明の文言は要するにこの条約が暫定的なものであることの確認であり、それだけではあまり実質的な意味がない。この条約は、もともと前文に「防衛のための暫定措置として」という言葉があることからもわかるように、そのままの形で永続しないことは明白だったからである。もちろん、それをわざわざ確認することにそれだけで政治的な意味があるのは事実である。だが、それを言えば重光＝ダレス会談後の共同声明も、日本が「西太平洋における国際の平和と安全の維持に寄与することができるような諸条件」を実現した場合には、安保条約を「より相互性の強い条約に置き代える」ことをうたい、安保改定に言及していたことを思い起こす必要があるだろう。

もちろんアメリカ政府は、重光に比べてはるかに有能な政治指導者である岸を高く評価しており、そのこともあって、重光訪米時と比べて、安保改定により真剣に取り組む姿勢を見せはじめた(18)。岸は、保守合同をとりまとめ、保守政治を安定させた。それは、吉田政権の末期以来、アメリカ政府が一貫して求めていたことであった。ダレスは、会談前にアイゼンハウアーに対して、岸が戦後最強の首相になるあらゆる兆候があると指摘するとともに、日本との関係を再調整して現行安保に代わりうる相互的な安全保障の取り決めに向かうことを岸に示唆する時が来た、と報告している(19)。

しかし、岸訪米によって実際に安保改定交渉が動き出したわけではなかった。岸は、安保条約の再検討は要求したが改定は要求しなかった。岸の回想では、この会談後、日米安全保障委員会が安保改定を検討したことになっている。しかし実際には、外務省アメリカ局の安全保障課長として安保改定交渉の実務に携わった東郷文彦（後に次官、駐米大使）が言うように、この委員会はもっぱら極東の軍事情勢、米地上軍撤退にともなう諸問題、基地や労務に関する問題について話し合うもので、安保改定は議論されなかったのである[20]。

ダレスは、アメリカが安保改定に前向きの姿勢を示す時期が来たことは認めたが、まだ具体的に個別の条文について交渉を始める時期ではないと判断していた。それを始めるには、改定が「日米の安全保障関係全体を危険にするような包括的な条約改定」にならないように、「最も慎重な研究と準備」が必要だったからである[21]。

訪米後の一九五七年七月十日、岸は内閣を全面改造し、国会議員ではないが古くからの盟友で、自らのスポンサーでもある藤山愛一郎を外相に就けた。岸自身が自由に外交問題に取り組めるように考えた人事であった[22]。しかし、具体的に安保改定の動きが始まるのは翌一九五八年になってからのことである。岸訪米後一年近く、岸と日本政府は、自分たちの方からマッカーサーに安保改定のための議論を迫ることはなかった[23]。九月十一日の藤山＝ダレス会談を経て、日米両政府が一九五八年十月四日に、安保条約を相互条約に改定する交渉を東京で正式に開始することができたのは、日本がその時までに互いに義務を負う相互条約締結に必要な条件を整えたからというよりも[24]、アメリカがその条件を引き下げたからであった。すなわち、アメリカ政府はこの時までに、日本との連携を維持し強化するためには安保条約の改定が早急に必要との結論に達し、それまで相互条約締結の障害となっていた海外派兵義務を条件から外したのである。そしてその決定は、アメリカ政府の自発的な決定であり、日本政府からの明確な要求に基づくものではなかった。

二　アメリカ政府の変化――マッカーサー大使の進言

「岸が首相でいる間に」

講和後の日米関係においてアメリカが最も警戒したのは、日本がアメリカとの連携から離脱して中立主義を志向することであった(25)。現実にはそのような動きが差し迫って存在したというわけではない。しかし、日米関係がいろいろな事件でぎくしゃくするたびに、漠然としてはいるが根強い不安感が対日政策形成者の心にのしかかっていたのは事実である。もし日本で中立主義が強まるならば、それは極東の他の諸国にも広がるであろうし、極東戦略の要としての日本の基地の有効性にも大きく影響するからである。

一九五七（昭和三十二）年の初頭にはアメリカ政府の中で、日米両国の結び付きが着実に弱まっているとの見方がなされるようになっていた。経済状況の好転、ソ連との国交回復（一九五六年十月）、国連加盟（同十二月）などによって、日本のアメリカ依存は減少するように見えたからである。日米関係は「調整期」に入ったように思われた(26)。実際、この年の前半、日本国内ではジラード事件（一九五七年一月三十日、相馬ヶ原訓練場で米軍兵士が薬莢（やっきょう）拾いの農婦を射殺した事件。加害者であるジラード〈William Girard〉三等特技兵の裁判権が日米いずれにあるかが問題になった(27)）など一連の事件に触発された反基地感情が広がり、安保改定を求める声に広い支持が集まった。岸の安保再検討提案もそういう声に押されたものであった。ただし六月の岸＝アイゼンハウアー会談後は、在日米地上軍撤退の発表もあって、日米関係はいくぶん安定したように見えた(28)。

だが、年が明けると、アメリカ政府は対日政策の見直しに取りかかる。きっかけは、ダレスが世界情勢の問題点についてまとめた一九五八年一月十九日付のメモであった。そのメモの中でダレスは、日本に言及して次のように述べた。

「私は、日本と沖縄における現在のわれわれの姿勢をこのまま安全に続けていけるとは思わない。もしわれわれが、単に条約上の権利の上に居座ろうとするだけなら、われわれは、敵対的で、親共産主義とは言わないまでも中立主義的な感情を持つ日本政府に導かれた大衆の感情によって、吹き飛ばされてしまうだろう。」

ダレスは続けて、有能で親米的な岸が首相でいる間に積極的にアメリカの立場を再調整していくべきである、と述べている(29)。

ダレスのこのメモには、スプートニク打ち上げ以後の世界情勢への対応という背景があった。前年十月四日の世界初の人工衛星スプートニク号の打ち上げによって、ソ連と社会主義陣営の国際政治に対する自信は増大した。毛沢東の有名な「東風〔社会主義勢力〕は西風〔帝国主義勢力〕を圧しつつある」という演説(一九五七年十一月十八日)も、その一つの表れと見ることができる。アメリカ政府は国内のショックを和らげるとともに、ソ連がその科学的勝利を外交的に最大限利用しようとすることに対抗して、西側同盟の結束をはからねばならなかった。そこで、たとえばフルシチョフ(Nikita S. Khrushchev)が両陣営の間の頂上会談を呼びかける(十一月六日)と、十二月にはアイゼンハウアーがNATOの首脳会議に出席して、中距離核ミサイル(IRBM)のヨーロッパ導入に原則的な合意をとりつけた。またダレスは、アジア諸国がスプートニクによって受けた強烈な印象を憂慮して、国務省のすべての部局にこの成功がもたらす心理的脅威に対抗する手段を考えるよう命じたという(30)。

沖縄での反米感情の高まり

しかしこの時点で、より直接的に日本に対するダレスの不安をかき立てたのは、沖縄問題の展開であったと思われる。沖縄では一九五六年六月以来、軍用地代の支払い問題をきっかけにして「島ぐるみ」の反基地、反米運動が盛り上がりを見せていた(31)。そして、ちょうどこのダレス・メモの一週間前、一九五八年一月十二日に投票が行われた那覇市長選挙の結果は、その流れを勢いづけ、アメリカ政府に小さからぬショックを与えるものであった。この選挙で当選した民主主義擁護連絡協議会の兼次佐一(かねしさいち)は、前年十一月にアメリカ民政府の意向で追放された瀬長亀次郎前市長の立場を支持する候補であり、対立候補より反米的であると見られていたからである。

ダレス・メモが出される前日、アメリカの国際主義的世論を代弁する『ニューヨーク・タイムズ』は、「[沖縄は]太平洋におけるアメリカの「キプロス」か」という論説記事を掲載した。この記事は、たとえ沖縄の軍事戦略的価値が大きくても、アメリカの沖縄支配は植民地主義と受け取られ、日本との友好関係を毒するという懸念を表明した。そしてこの記事は、もし、沖縄の状況をキプロスのようにしたくない(当時イギリスはキプロスの独立問題で苦しんでいた)ならば、アメリカは日本と新しい安全保障の取り決めを結び、日本国内に十分な報復基地を確保したうえで、沖縄・小笠原の政治的コントロールを解消すべきであると論じている(32)。

この那覇市長選挙に象徴される沖縄での反米感情の高まりをダレスがいかに心配したかは、ダレスと国務省が、対日政策の見直しの柱として、まず沖縄施政権の返還を真剣に検討したことにもうかがわれる。ダレスらの案は、沖縄に散在する米軍基地を飛び地に集めて、その飛び地については永久あるいは半永久的に所有するが、残りの土地については施政権を日本に返還するというものであった。この案には、アイゼンハウアー大統領も好意的な反応を示した。アイゼンハウアーやダレスは、キプロス、アルジェリアにおける英仏両国の失敗を見て、沖縄の住民に寛大かつ理解ある譲歩を早く行うことが将来のトラブル回避のために必要と考えたのである(33)。だが、さらに検討した結果、この案は早期の実現が難しいと判断された。基地があまりに広範囲に散在していて、それらを一つか二つの飛び地に集めることが難しいし、将来、沖縄に中距離核ミサイルを導入する場合、その発射基地をどこに置くかがはっきりしていなかったからである(34)。

もし仮にこの部分的な施政権返還案が障害なく進んでいたとしたら、一九五八年十月に安保条約の改定交渉が始まっていたかどうかは微妙である。岸や藤山と安保問題について瀬踏みの話し合いを行うようにマッカーサー大使に指示した国務省からの電報(一九五八年六月二十三日)は、次のように述べている。

「あなた[マッカーサー]が日米安全保障条約の改定を考慮するよう進言していた時に、われわれは、国務省の内部で、[沖縄の]基地を[集めて]軍事的な飛び地として、そこにアメリカが完全な管轄権を持つことにしたうえで、沖縄の施政権を返還することについて[岸]首相と意見交換する可能性を探っていました。

これら二つの検討は両方とも、日本をアメリカとのより満足のいく相互的安全保障関係に向かわせるために、アメリカはいかなる行動をとるべきかを決めるためのものでした。」(35)

部分的とはいえ沖縄の施政権を返還し、しかも、安保改定も行うというのでは、いかにも日本に譲歩しすぎる印象を与えたであろう。また、この時点で沖縄の施政権が部分的に返還されていれば、核兵器の存在もあって、安保改定問題はさらに複雑になっていたと思われる(36)。

マッカーサーの新条約草案

沖縄施政権の部分的返還案が後退していく中で、対日政策の見直しの軸になったのが安保改定であった(37)。そしてこれを強く進言したのは、右に引用した電報にもあるようにマッカーサー大使であった。一九五八年二月十八日、マッカーサーはダレスに、自分と駐日大使館が起草した安保改定のための新条約草案——現在の安保条約の正式名称と同じ名前が付けられていた——を送った(38)。大使は、日本国内の安保批判、すなわち安保条約は講和条約の代償として押しつけられ、基地使用の一方的権利をアメリカに与えるだけの片務的な条約であるという批判を取り除き、長期的で堅固な日米関係を構築するために安保条約の改定が必要と進言したのである(39)。

大使は日本の重要性について、日本はいわばアジアのドイツであり、ドイツの歩む道が西欧の歩む道に決定的な影響を与えるように、日本の歩む道はまさにアジアの自由主義諸国の将来に決定的な影響を与えると認識していた。しかも日本は、ヨーロッパにおけるルール地域と比較できるようなアジア唯一の大工業地域（great industrial complex）であった。もし、これが万一、共産主義勢力に利用されることになれば、アメリカの立場は絶望的になるであろう。だが日本は、ドイツの場合と比べて、アメリカとの間に宗教的、文化的、文明的な共通基盤を持っていない。また日本は、ドイツの場合のように近隣諸国とのさまざまな関係（NATOや欧州共同市場）の中に織り込まれて、自由主義世界から抜け出しにくいという状況にもなっていない。それに、日本はドイツとは違って、ソ連の野蛮な行動に直に接してもいない。そうしたことからマッカーサー大使は、一九五七年二月の大使就任後間もないころから、日本をアメリカにつなぎとめる仕事はアメリカ政府にとって非常に大きなチャレンジになると警告していた(40)。

日本の重要性に関して大使はまた、日本がアジアにおける米軍の展開と兵站支援に、大変大きな軍事的役割を果たしていることも強調した。たとえば大使は、横須賀、佐世保の二つの大基地とフィリピンの基地を失えば、極東での第七艦隊の活動を支えるのに現在の二倍半の艦船と人員が必要になる、との軍関係者の見方を紹介している(41)。

マッカーサー大使は、このように政治・経済的にも、また軍事戦略的にも重要な日本に親共産主義の道はもちろん、中立主義の道をもとらせないためには、現行の安保条約を改定して、アメリカが日本を他の同盟国と同じように完全かつ平等なパートナーとして扱う必要があると論じた。もしそうしなければ、やがて日本人は、代替なしでも現行安保を廃棄した方が国益に合うと感じるようになるであろう。大使は、日本がスイスとかスウェーデンのような中立主義をとるだけの実力がついたと感じるようになる危険性がある、と警告した(42)。

アメリカ軍部の中には、他の同種の条約よりもはるかに大きな基地使用の権利を与える現行の安保条約にしがみつこうとする傾向があったが、大使はこれを厳しく批判している。大使に言わせれば、そうした「権利」は、日本との全般的に良好な関係を前提にしなければまったくの幻想だったからである(43)。そして、そういう良好な関係の発展を阻害しているのが、まさに日本人が安保条約に対して持つ不平等感であった。

マッカーサー大使は、その不平等感は、単に補助的な取り決めによって条約を事実上修正するだけでは解消しないと見ていた。多くの日本人が不平等とみなす安保条約は、単にそうみなされているというだけでなく、実際に不平等な条約であった。大使はそのことを認めており(44)、補助的な取り決めを結んでも、条約そのものが残れば早晩またそれを改定したいという圧力が高まると心配した。その時になればアメリカは、現在よりも不利な条件で改定に臨まねばならなくなるであろう。親米反共が明らかで、政治的に有能な岸が政権を握っている間に行動を起こした方がよい。そのような判断からマッカーサー大使は、今のうちにアメリカの方から、補助的取り決めではなく、現行条約に代わる新しい相互的な条約を結ぶ提案を行うべきであると進言したのである(45)。

アメリカ政府が条約改定に積極的な姿勢を示せば、それはアメリカ自身の「啓発された自己利益(enlightened self-interest)」になる、というのがマッカーサー大使の確信するところであった(46)。なぜなら、そのことが日本において、アメリカとの連携を望む人々の立場を強化するからである。逆に、条約改定の議論に入ることをためらえば、日本との関係は悪化し、アメリカ離れを説く勢力の力を強めるだけであろう。大使はダレスに、アメリカが条約改定のイニシアティブをとることが「きわめて重要(tremendously important)」であると訴えた(47)。

相互性は基地の提供で

しかし、条約改定にアメリカがイニシアティブをとるとした場合、問題になるのは、それまでのアメリ力の立場、すなわち条約を相互的なものにするにはアメリカの領土が攻撃された場合に日本が来援する、つまり海外派兵の義務を負う必要があるという立場であった。アメリカがそういう立場をとるかぎり、すぐに日本がアメリカと相互条約を結ぶことは不可能であった。日本の国内情勢から見て、海外派兵を可能にするような憲法改正と防衛力の充実には時間がかかりそうだったからである。ちなみにマッカーサーは、一九五八年八月初め、日本の政治情勢を分析して、憲法改正に必要な小選挙区制の導入は最も早くても一九六〇年になり、仮にそれが導入されても途中で解散がなければ次の衆議院総選挙は一九六二年になる、しかし、仮に自民党がその選挙で三分の二の議席を確保した場合でも、実際に海外派兵ができるように憲法を改正できるかどうかは確実ではない、と報告している(48)。

マッカーサー大使は、従来の立場の放棄を進言した。それが大使の進言の最大のポイントである。新条約の草案(一九五八年二月十八日付)をダレスに説明する手紙の中で、マッカーサーは次のように述べた。

「おそらく問題の核心は条約区域の定義になるでしょう。過去において、われわれの中には、条約が本当に相互的(mutual)になるには、日本はアメリカがアメリカ本土あるいは他の太平洋の領土内で攻撃されたら来援することに同意しなければならないと示唆する者もいました。[しかし]現在の日本国内の憲法解釈、そしてこの国の実際の政治的現実を考えると、いかなるものであれそうした条件を出せば、相互安全保障条約の締結は妨げられるでしょう。もしわれわれが日本をパートナーとして持ち、それによって、われわれにとって非常に重要な日本の軍事・兵站基地のいくつかを使い続けることができるならば、かなり限定された領域を除いて、日本がわれわれを助けに来るという約束を得ることは必要不可欠ではありません(*not* essential)。」(49)

大使は、条約の相互性という点で、日本がアメリカに対して負うべき主要な義務はアメリカへの基地の提供であると割り切っていた。そう割り切ってしまえば、日本の海外派兵が絶対必要というわけではないし、したがって憲法改正も防衛力増強も不可欠ではない。条約の共同防衛区域がかなり制限されたものであってもかまわない。それがマッカーサーの基本的な立場であった(50)。

こうしたマッカーサー大使の進言は、必ずしもすぐにワシントンの了解を得たわけではなかった。当時マッカーサーの下で改定交渉に携わったスナイダー(Richard Sneider)書記官は、後に、大使と大使館の安保改定交渉推進の進言は直接的に日本から圧力がかかる前になされ、「現実のというよりは、予想される日米間の危機に基づいて」軍部の口に合わぬ妥協を提案するものであった、とその理由を回顧している(51)。

またダレスも、すぐには条約改定交渉の開始を認めなかった。マッカーサーの進言に対するダレスの反応は、当初(三月二十三日)次のようなものであった。

「最も重要なことは、日本が自らの将来はアメリカと緊密に協力して、ソ連と中共に括抗する力になるところにあるという基本的な前提を受け入れることのように思われる。もし日本にまだその決意ができておらず、またもし日本国内の支配的な勢力が、日本にとって最良のチャンスはアメリカと中国・ソ連ブロックとの間で取引を行うことにあるという理論で動くのなら、今この時点でわれわれに劇的な変化を受け入れる準備があるとは思わない。ただし、われわれが変化するというまさにそのことが、われわれが望むような基本的態度を生むことになるという自信がある場合は別である。」(52)

ダレスは、この点についてのマッカーサーの判断を求めた。マッカーサーは次のように応えている(四月十八日）。

「もしわれわれが、条約改定問題について、ただ単にいつまでも一時しのぎをしたり、動かなかったりしようとすれば、日本との関係はひどく悪化し、また日本国内で対米志向からの脱却を求める分子を勢いづけることになるだけと確信しています。現在のところ、日本の保守政党は、日本人すべてが安保条約の改定をしたいという基本的な願望をふくらませているにもかかわらず、依然としてアメリカとの連携政策に支持を得ています。われわれが、条約改定を実行したいという意志を示せば、アメリカとの長期的な連携がよいことであると信じる人々の立場は強化され、中立主義者や左翼分子は、日本はアメリカから離れる政策をとるべきだという議論を強力に展開することができなくなるでしょう。」(53)

マッカーサーは、安保改定の提案はそれだけで日本の対米協力の強化に役立つ、という判断を示したのである。

「よりよいものができるのであれば」

ダレスと国務省が相互条約への改定に向けた瀬踏みの交渉に動き出すのは、一九五八年五月の第二十八回衆議院議員総選挙の後、日本政府から安保条約の見直しについての非公式な話し合いの打診が行われてからのことである（日本政府の考え方については後で述べる）。六月五日、マッカーサー大使は国務省に、藤山外相から、新内閣組閣後に安全保障の基本的問題について話し合いをしたいという申し出があったことを報告し、これに応じるよう進言した(54)。これに対して国務省は六月二十三日、マッカーサーに、岸や藤山と接触して「自由世界との連携をより強化し、太平洋地域においてより大きな防衛責任を果たすように」日本を促すためにはどうすればよいかを探るように指示した(55)。

保守合同後、最初の総選挙となった五月の総選挙の結果がどのような影響をダレスや国務省の判断に与えたかは、推測するしかない。しかし、選挙の勝利で岸政権の基盤は強化された。自民党は改選前より議席を三つ減らして二八七議席になったものの、保守系無所属の議席が増え、社会党は予想されたほどの伸びを見せなかった。八議席増という結果に社会党は敗北感をいだいた。しかし戦後の社会党の歴史の中では、この選挙の際の一六六議席が衆議院で得た最大の議席数になった。

またこの選挙中に、中ソ両国から岸政権に対してあからさまな圧力がかかった。中国政府は五月二日に起こった長崎国旗事件(56)をとらえて、岸政権は日本国民の利益を無視し対米追随の中国敵視政策をとっていると厳しく非難した。ソ連政府も選挙中の五月十五日、日本政府に対して日本に核兵器が存在するかどうかという問い合わせを行い、もし存在するならば極東の平和と安全を脅かすので看過できないと警告した(57)。しかし、こうした圧力にもかかわらず自民党は勝利した。おそらくそのことはアメリカ政府によい印象を与えたであろう(58)。

マッカーサー大使は国務省に、岸の立場が強まったこの時期が安保改定のための話し合いの好機であるとして行動を促した(59)。そしてこの選挙の後、マッカーサー大使の進言は、ダレス、国務省、国防省・軍部、議会の受け入れるところとなり、アメリカ政府の安保改定の基本路線になっていった。

国務省が安保条約改定の方針を最終的に固めるのは、岸が八月に安保改定を決断した（後述）後のことである。藤山外相の訪米を控えて帰国したマッカーサー大使は、九月八日、ダレス国務長官、ロバートソン国務次官補らに直接、安保改定の必要性について説明した（この日の会談の議事録はアメリカの外交文書集にも載せられている(60)）ダレスとマッカーサーのやりとりを、少しだけ紹介しておこう。

「国務長官は、自分は相互安全保障条約によって、条文の厳密な解釈上、何が得られるかということよりも、日本人と自由世界との心理的連帯に関して何を得ることができるかに興味があると述べた。日本はドイツと比べてこれまで、誇りと国民的気概（national spirit）を取り戻すのが遅かった。自分［ダレス］は長い間、日本人は、国民的気概が再び現れた時に、近隣の共産主義地域に対抗するためにはアメリカとの安全保障関係が欠かせないことを悟るであろうと感じていた。

マッカーサー大使は日本とドイツの違いを指摘した。ドイツは、経済的にも軍事的にも集団的アプローチによって同盟に組み込むことができた。日本は、歴史的に見て西洋からばかりでなくアジアからも孤立している。第二次世界大戦前および大戦中の軍事的冒険により、他のアジア人と疎遠になってしまった近年の経験があり、日本に集団的アプローチをとることはできない（日本が集団的なアプローチによって、自由世界の勢力圏に軍事的に引き込まれることはないであろう）。唯一可能なアプローチは、アメリカとの連携を通じることによってである。

国務長官は同意し、アメリカの立場をとりまとめるため、実際的な調整を始めなければならないであろうと述べた。」(61)

三日後、ダレスは藤山外相との会談で、自分は安保条約の生みの親であり、この条約がその目的をよく果たしてきたことに満足しているけれども、何かよりよいものができるのであれば、変更することにやぶさかではないと、安保改定交渉に応じることを告げた(62)(＊9)。

マッカーサー大使は、アメリカ政府を安保改定に誘導し、日米関係の進展に大きな役割を果たすことになった。大使はもともと前任者アリソンのような日本通ではなく、対西欧外交でキャリアを積んだ外交官であった。名門イエール大学を卒業して国務省に入省（一九三五年）した後は、西欧、中でもフランス勤務が長く、大戦中は連合国派遣軍最高司令部（ＳＨＡＦＦ）の政治アドバイザーを務め、大戦後はＮＡＴＯ創設に貢献した。初めて大使になったのが日本であるが（一九六一年まで駐日大使を務め、後、駐ベルギー、駐オーストリア、駐イラン大使を歴任した）、大使就任前に日本とのかかわりがあるといえば、マッカーサー元帥が自分の叔父にあたることぐらいであった。もちろんそのことは、アメリカ政府による日本重視の政治的シンボリズムの側面を持っていたにちがいない。しかし、そのことは抜きにしても、マッカーサーは実務能力のある優秀な大使であった。日本政府の立場を理解し、それをアメリカ政府に的確に伝えることにおいてアリソンに劣るところはなかったし、しかもマッカーサーはダレスとの意志の疎通がよく、自信を持ってアメリカ政府を説得するという点ではアリソンに優る能力を発揮した。

三　岸の決断

憲法と両立する相互条約に

一九五八（昭和三十三）年七月三十日、藤山外相はマッカーサー大使と会談し、安保条約の見直しについて日本政府の考え方を説明した。アメリカ側の記録によれば藤山は、条約見直しが必要な理由として、ソ連が人工衛星やミサイルの実験成功を背景に、アメリカの抑止力への疑念を生じさせるため大規模な心理攻勢をかけていることをあげた(63)。たしかに、先に述べたように総選挙中にもソ連は、岸政権に対し脅迫に近い揺さぶりをかけていた。また社会党は、ソ連のスプートニク打ち上げ後、大陸間弾道ミサイルの時代に米ソいずれかに与するようなことは危険であると指摘して、安保条約の解消、日米ソ中を含む集団安全保障体制の構築を主張しはじめていた。安保問題は総選挙の主要な論点ではなかったけれども、社会党はそのことを公約に掲げたし、選挙後は核兵器の持ち込み禁止について国民運動を盛り上げようと構えていた。スプートニク打ち上げにより社会党の日米安保に対する批判は、改定ではなく廃棄を求めるものにはっきりと変化したのである(64)。

岸政権は、こうした動きを意識しつつ、安保条約の見直しによって日米関係の基盤を固めようとした。東郷によれば、藤山外相はマッカーサーに対して、日米安保は日本の安全保障の支柱であるが、「戦後幾年か経って日本人も漸く自主性に眼覚め、自衛隊の育成と米軍の撤退が進められている中で条約自体、日本の国民感情にそわない面を持っている」として、安保問題について日米間の基本的な話し合いが必要であると説いた(65)。

ただし、藤山外相と外務省がこのとき念頭においていたのは、安保条約の改定ではなく補助的な取り決めによって条約を事実上修正する、という従来通りの方針であった。東郷は、日本側には憲法上の制約があって、不用意に相互防衛援助型の条約という考え方を持ち出すことは――たとえそれが「腹の中にあっても」――できなかったと述べている。

東郷たちがこの時に考えた補助的な取り決めの詳細は明らかでないが、一つは米軍の日本防衛義務を間接的に明らかにするために「自衛隊と在日米軍の協力の基本原則について両政府間で合意を確認すること」であり、もう一つは「在日米軍の域外使用並びに核兵器の持込みについてはこれを日本政府の事前同意事項とすること」を趣旨とする案であった。言うまでもなく、前者は安保条約には日本防衛義務が明示されておらず片務的であるという批判、後者は極東条項があるため日本は戦争に知らないうちに巻き込まれる、アメリカが基地を自由に使用するため勝手に核兵器を持ち込まれる、という批判に対処するためのものであった。しかし東郷が言うように、これら日本側の提案は、実態から見れば条約改定の提案というよりは安全保障問題についての「日米両国間の調整」というべきものであった(66)。

これに対してマッカーサー大使は、条約の改定を示唆した。東郷の語るところによれば、この七月三十日の会談においてマッカーサー大使は「日本憲法と両立する相互援助型の条約」に言及し、もし日本政府がそれを希望するならば自分はその実現に努力すると述べたという。藤山は、岸(この会談には同席していない)とよく協議したうえで、補助的取り決めでいくのか新条約でいくのか見解を述べると応えた(67)。

実は、ここのところの東郷の回想は、アメリカ側の記録とはニュアンスが異なっている。というのも、アメリカ側の記録では、この会談において藤山の方から、海外派兵を含む相互条約は無理であるけれども、外務省の中には補助的取り決め案とは別に、日本が「日本区域(Japan area)」(日本本土に沖縄・小笠原を含む)以外には派兵しないような相互安全保障条約を結ぶという考え方もある、と説明しているからである。それは、日本政府にとっては憲法問題を回避でき、多くの点で望ましい選択であった。ただし藤山は、この案はこれまでのアメリカの立場から見て、日本政府として公式には選択肢として持ち出せないとも付け加えている。これに対してマッカーサーは、岸と藤山はどちらで行きたいのかと質し、どちらも案として可能であるという態度を示したのである(68)(*10)。

この食い違いはともかく、岸自身が条約改定（相互条約の締結）を決断したのは、この藤山＝マッカーサー会談後のことである。岸は、この会談の後（日時は不明だが八月半ばのことと思われる）に、藤山を交えずにマッカーサーと会い、海外派兵ができないという日本側の憲法上の障害をクリアできるのなら、新しい相互条約を結びたいとの内意を示した(69)。それまで岸は条約改定に慎重であったから、もしマッカーサーの示唆——日本国憲法に矛盾しない相互条約の締結も可能という——がなかったならば、岸がこの時点でそれを求めたとは考えにくい。もちろん示唆したマッカーサーの方には、それに岸がのってくるという自信はあったかもしれない(70)。しかし、岸の方からこの示唆の前に、安保条約見直しは条約の改定によって行いたい、という意思表示をマッカーサーにしたことをうかがわせる記録は見あたらない(71)。これまでに公開されたアメリカ側の記録から見るかぎり、岸が条約を改定して相互条約を結びたいという考えを明らかにしたと、マッカーサーが国務省に最初に報告するのは、八月十八日のことである(72)。

二つの選択肢

岸は、条約改定が望ましいという選択を行った。それは憲法を改正し防衛力を増強した後に安保を改定するという方針からの大きな転換であり、まさしく「米国の意向を十分に探った上で」なければ行いえない転換であった。しかし、この時点で岸は、改定が絶対に必要とまでは考えていなかったのではないだろうか。岸は一九五八年八月二十五日、藤山や外務省の事務方も同席した会談で、マッカーサー大使に安保改定に臨む自らの決意を明らかにした。東郷によれば、岸は次のように言ったという。

「条約を根本的に改訂すると云うことになれば国会において烈しい論議が予想されるが、烈しい論議を経てこそ日米関係を真に安定した基礎の上に置くことが出来るのであって、出来れば現行条約を根本的に改訂することが望ましい。尤も新条約のため著しく時日を要するならば現行条約をそのままとし、補助的取決めによって個々の問題を処理して行くの他なかるべし」(73)(*11)

これを見ると、前段は安保改定の決意表明であるが、後段では予備の策として補助的取り決めによる改善という考えを捨てていないことがわかる。むろん、ある政策の選択において代替策を用意しておくことは、岸のような政治の玄人にとって当然のことである。だが岸は、この時点では安保改定そのものよりも、むしろ核持ち込みと基地使用の問題についての取り決めの緊要性を強く意識していたように思われる。

この日の岸＝マッカーサー会談を記したアメリカ側文書によると、岸はまず、安保条約の見直しには二つの選択肢があって、一つは補助的取り決めを結んで、核持ち込みと基地使用に関する協議ができるようにすることであり、もう一つは相互条約の締結であると説明した。ただし、後者の場合には、それが現行憲法に反せずしたがって日本が海外派兵の義務を負わないこととともに、核持ち込みと基地使用に関する協議の問題も処理できることが必要条件になると説明していた。そのうえで岸は、条約改定の方を選択したのである。

そして先に引用した発言にも見られるように、それに急いで取りかかる必要があると述べた。具体的には、秋から交渉を始め、次の通常国会に新条約を提出し、翌一九五九年春、参議院選挙を控えて国会が休会になるまでに十分な論戦ができるようにしたいと希望しており、もしそういうスケジュールが無理ならば、条約はそのままにしてでも、ともかく核持ち込みと在日米軍の日本防衛以外の目的での出動という二つの問題に関して何らかの取り決めを結ぶ必要がある、と述べている。岸は、少なくともこの二つの点について次の通常国会中にタイムリーな行動をとらなければ、日米の安全保障関係の基盤は脅かされるであろうと警告した(74)。岸がこの時点で絶対に必要と考えていたのは、むしろこの二つの点についての取り決めであり、条約の改定では必ずしもなかったようである。

安保改定の決断と国内政治

ではいったい、一九五八年の夏、岸が安保条約の改定を選択した理由は何であろうか。一つの可能性は、岸がマッカーサー大使の意向——補助的取り決めによる条約の調整よりもその改定の方を望む——を察知して（またははっきり知らされて）、それに従った可能性である。岸と大使の連絡は密であったので、あるいはマッカーサーの意向が岸の選択に影響したかもしれない。しかし、それを示す証拠はないし、また仮にそのような要素があったとしても、改定をするという選択が岸自身の判断によるものであることを疑う必要はないであろう。岸は後年、原彬久教授のインタビューに答え、安保改定を決断した理由として、アメリカの日本防衛義務を明らかにすることと、安保問題を議論することによって日本国民の防衛意識を深めることの二つをあげている(75)。決断の理由として納得できる説明である。

ただしその説明は、岸の外交目標である日米安保の対等化との関連においてよりも、むしろその国内政治プログラムとの関連において見るべきではなかろうか。というのも岸は、総選挙後に、社会党や共産党、そして総評、日教組（勤務評定問題で岸政権と衝突していた）、全学連に対する対決姿勢を色濃く打ち出そうとしていたからである。岸は、安保改定を決断する一カ月ほど前（七月十一日）にマッカーサーに個人的に会って、自らの選挙後の政治プランについて極秘の説明を行っている。その中で岸は、国会に防諜法や警職法（警察官職務執行法）改正といった治安立法案、そして国民年金法や最低賃金法といった社会福祉法案を提出して、野党・左翼勢力と対決する決意を明らかにした(76)。岸は総選挙に勝ち、首相として初の選挙で国民の支持を得たという自信から、いよいよ本格的な対決と論戦の好機が到来したと見たのである。

野党・左翼勢力との本格的論戦となれば、安保問題は当然争点になる。実際、アメリカの外交文書によれば、社会党は次の通常国会において、核兵器の持ち込みと米軍の基地使用に関して日本政府の同意が必要であるとする旨の二つの決議案を出そうとしていたようである(77)。この二つの問題での国民の批判を考えれば、岸内閣としても、それらについて事前協議を行うという取り決めが、どうしても欲しいところであった。しかし、もしそれに加えてマッカーサーの示唆に従い相互条約を結ぶことができるならば、アメリカの日本防衛義務を明らかにすることができ、左翼勢力からの不平等条約批判に対抗して自らの親米路線の正しさを国民に説得する大きな材料となって、なおよい。岸はそのように考えたのではないだろうか。少なくとも岸は、八月二十五日のマッカーサーとの会談では、現行条約が存続するかぎり、まさにその一方的な性格（one-sided nature）が社会主義者に政府の安全保障政策はアメリカに従属しているという攻撃の機会を与え続けるであろう、と述べている(78)。

岸は、できれば新条約を結んでそれを十分国会で論争し、日米安保が国会と国民の支持を得ていることに疑問の余地を残さないようにしたかったようである。藤山や外務省は野党との対決には慎重で、国会での論戦を避けるためにも条約のいわば部分的調整の方を好んだが、岸は逆に、条約の改定によって積極的に安保反対勢力に対する論戦を仕掛けようとしていた(79)。岸の決断は、選挙後に岸がとりはじめていた反社会党・反共産党の明確な対決姿勢と密接に連動していたのである。ちなみに、岸の弟である佐藤栄作蔵相がアメリカ大使館の館員と会って、国内の共産主義勢力と闘うためにアメリカ政府からの秘密資金の援助を要請したのはちょうどこのころ（七月二十五日）のことである(80)。

ところが、重要な対決法案の一つである警職法改正法案が十月八日、安保改定交渉の開始とほぼ同時に国会に提出されると、岸はすぐに、自らへの国民の支持が期待ほどのものでないことに気づかされることになる。むしろ、この法案の導入によって国民の間に、岸は復古・反動主義者であるというイメージが強まり、それがその後の安保改定交渉にも大きな影を落としていった。改定の内容がいかなるものであるかにかかわらず、岸がやるから危険であるといった印象論が無視しがたい力を持つようになった。また、この警職法改正法案の提出から審議未了に至る国会の混乱によって岸の政治指導力は弱まり、自民党内では次期政権のゆくえを意識した派閥闘争が活性化し、それが安保改定交渉を難航させることにもなった。

安保改定の正式な交渉は、十月四日から藤山外相とマッカーサー大使の間で行われた。マッカーサーは、アメリカ側から最初の草案を出すことを主張し、実際に交渉は、アメリカ政府の草案をたたき台にして始まった。そして翌年初頭までには、条約区域の問題など条約の骨格部分についてだいたいの合意をみることになった（条約区域をめぐる交渉の経緯については次章を参照）。しかし、警職法改正問題にともなう国内政局の紛糾のため、その後はいったん中断（一九五八年十二月中旬から一九五九年四月中旬まで）せざるをえなくなり、岸が当初ねらっていた早期妥結は難しくなる。

交渉が中断している間、自民党の一部（とくに河野一郎、池田勇人、三木武夫ら反主流派）からは、国民生活と密接に関連する行政協定を改定すべきである、という声が強くあがるようになった。行政協定の大幅な改定は、当初、交渉の予定になかった。しかし日本政府は、この圧力に押されて大幅改定を求めざるをえなくなる。マッカーサー大使は、行政協定の全面改定に警戒的であったものの、日米双方が満足できるような修正が必要であることは理解しており、交渉に応じた。だが、一九五九年三月末に始まったこの交渉は「予想通り極めてぎこちない」（東郷）ものになり、問題が多岐にわたっていることもあって、結局、年末まで続くことになった。

他方、中断していた条約改定交渉は、一九五九年四月十三日に再開された。そして六月中には、ほぼ調印できる（行政協定も日本側の決断次第では調印できる）段階にまで至った。しかし日本政府は、国会戦術と国会日程を理由にして、調印の先延ばしを申し出た。藤山はマッカーサーに、野党の強い反対が予想されるヴェトナム賠償協定の批准審議を片づけた後に安保条約の調印と批准に取り組みたいと述べて、条約調印は秋の臨時国会終了後から通常国会開催の間、あるいは通常国会が休会する十二月後半から一月後半の間に行い、批准審議はその後、通常国会で行いたいと申し入れた(81)。

調印延期の後、交渉は条約期限や事前協議の問題（事前協議については次章を参照）、あるいは行政協定に関して日本側が蒸し返したいくつかの問題などで、さらに詰めの話し合いが続けられた。たとえば条約期限の問題では、日本政府は、一〇年の条約期限内であっても、情勢の変化に応じて条約の再検討ができる旨の合意議事録を作成することを要請している。これは自民党反主流派、河野一郎の要求に応じたものであった。マッカーサー大使は、党内対策、国会対策が岸にとって重要なことを理解し、この要請に好意的であったが、アメリカ政府はこれを拒絶した(82)。

このような経緯で日米交渉には長い時間がかかり、新安保条約（日本国とアメリカ合衆国の間の相互協力及び安全保障条約）は、ようやく一九六〇年一月十九日にワシントンで調印された。しかしその後、日本国内では、批准審議、衆議院での強行採決をめぐって与野党の対立が激化し、安保反対・岸内閣打倒を唱える巨大なデモとストライキが頻発するようになった。事態の深刻さは、六月十日、来日したアメリカ大統領新聞関係秘書ハガチー（James C. Hagerty）の乗った車（マッカーサー大使も同乗）が羽田空港を出たところでデモ隊に取り囲まれ、ハガチーらは米軍ヘリコプターで脱出するという事件（ハガチー事件）が起こったことにも表れている。さらに六月十五日、国会周辺のデモに参加していた東大生・樺美智子が、国会内に突入しようとしたデモ隊と警官隊が衝突する中で死亡すると、翌日、岸内閣は、治安上の理由から日米修好百周年を記念して予定されていたアイゼンハウアー大統領の訪日の延期を申し込まざるをえないという異常事態に追い込まれた。一週間後、岸は批准書が交換され新条約が発効するのを待って退陣の意思を表明した(83)。

退陣表明の五日前、六月十八日の夜、岸は周囲が騒然とする中、暴漢の襲撃も覚悟のうえで首相官邸にこもり、しばらくの間、佐藤蔵相と二人きりで新安保条約が自然承認される時刻（十九日午前零時）を待っていたという。その情景は、一面でいったん安保改定を決断した後、それをなしとげようとする岸の固い決意を物語るとともに、他面で安保騒動の本質を象徴しているようにも思われる。この騒動はまず何よりも「反岸」の運動であり、岸が代表すると思われた戦前の権威主義的な国家主義に反対する運動であった。そのため岸が退陣すると、安保反対運動の熱は急速に冷めていった(84)。

四　条約改定の帰結

難しくなった再改定

安保騒動という大事件の結果として生まれた新しい安保条約は、基本的には旧安保条約の構造をそのまま受け継ぐものであった。それはたしかに、アメリカの日本防衛義務を明文化し、条約に期限を付け、内乱条項を削除し、日米の経済協力関係をうたい、国連と条約との関係をより明確にし、付属の交換公文で基地使用や核持ち込みに事前協議の制限を加えるというように、さまざまな点で旧条約の不備を是正し、それにまつわる日本側の不平等感を取り除くことに成功した。安保改定の主要なポイントを箇条書きにしてあげてみよう(85)。

(1)　国連憲章との関係の明確化（一条、五条、七条）――条約が国連憲章の目的にそうべきものであること、また国連憲章に定める集団的自衛権に基づく取り決めであることを明らかにした。

(2)　日米の政治的・経済的協力をうたった（二条）――日米間の協力が軍事的なものに限られないことを示す。ＮＡＴＯ条約にも同様の規定がある。

(3)　いわゆるヴァンデンバーグ条項の挿入（三条）――憲法上の規定に従うという留保のもとで、日本に対して自衛力の維持発展を義務づけた。

(4)　協議条項（四条）――条約の実施について随時に協議し、日本または極東の安全に対する脅威が生じた時にも協議を行う。

(5) アメリカの日本防衛義務の明確化（五条）
(6) 日本の施政下においてアメリカを守る日本の義務の明確化（五条）
(7) 事前協議制度（「条約第六条の実施に関する交換公文」）
(8) 条約に期限を設けた（一〇条）――一〇年間が経過した後は、日米いずれかが通告すれば一年で終了。
(9) いわゆる内乱条項を削除――旧条約では、日本政府の要請に基づいて米軍を日本国内の内乱および騒擾の鎮圧に用いることができる、と規定されていた。
(10) 行政協定を改定（地位協定を締結）――在日米軍の諸権利・特権についてNATO方式との平準化をはかった。日米両政府の摩擦の種であった防衛分担金は廃止。

しかし、こうした多くの改善点にもかかわらず、新しい条約も実質的には、日本がアメリカに基地を貸して安全保障を確保するという旧条約の構造（「物と人との協力」）を変えるものではなかった(＊12)。したがって岸が、安保条約の対等化ということに関してこの結果に満足していたとは思われない。むろん安保条約を対等にするといっても、日米両国の現実の力の差を考えれば、それは多分に形式の問題になるであろう。岸は、たとえば東南アジアとの関係を密接にすることで日本が力をつければ、アメリカとの関係はより対等になれる、といったことを期待していた(86)。だが、将来はともかく一九六〇年の時点における日米の力の差には歴然としたものがあった。その意味では、アメリカの日本防衛義務が明文化されて、ともかく条約の形式がより相互的なものに整えられたことは、岸にとって大きな成果であったと言えるであろう。しかし、新条約はその形式の面でも、依然として自主独立の国家同士が互いに相手を守りあうという意味での対等性が不足していた。岸のようなナショナリストが、いつまでもそれでよいと考えたはずはない。

岸は後に、原彬久教授のインタビューに答えて、安保改定をステップにして憲法を改正し、海外派兵を可能にして、「日米対等の意味における真の相互防衛条約」を結ぶ構想をいだいていたと回顧している(87)。対等な日米関係の構築をめざす岸にとって一九六〇年の安保改定は、一つの経過点であって、最終的にあるべき日米安保の姿ではなかったと思われる。おそらく岸は、まずこの安保改定によって日米安全保障関係の双務性（相互性）をはっきりさせ、将来さらに日本が実力を蓄え、憲法改正を含めて態勢が整った時には、より対等な立場でアメリカと反共同盟を組むという構想を持っていたものと思われる。

しかし、それは結果的には実現しなかった。そして実現しなかった少なくとも一つの大きな理由は、安保条約が改定によって相互性を明確にし、いろいろといわば化粧直しされて、より強固な基盤の上に立つことになったからである。そのため、新条約を再改定する契機を見つけることは、旧条約改定の契機を見つけるほどには簡単ではなくなったのである。

もっとも、それは単なる結果論かもしれない。たとえば安保改定後、早い時点で、何らかの理由により米軍が日本から全面撤退することになっていれば、安保条約再改定（場合によっては廃棄）の契機は否応なく訪れたであろう。また、「憲法と両立する相互援助型の条約」の形が、一九五八年の夏の時点で最終的にでき上がったもののような形に決まっていたわけではない。たとえば岸は、新条約の条約区域の中に、沖縄・小笠原を入れることを望んだ（それはさまざまな反対から実現しなかった）。沖縄・小笠原は日本の領土ではあるが、当時はまだアメリカの施政権下にあった(88)。もしこれらの諸島を条約区域に含むことになっていれば、共同防衛の形としては一歩前進であり、そこに相互防衛条約の芽のようなものができたかもしれない。そしてもし安保改定時に沖縄が条約区域に含まれていたならば、その後の沖縄返還の過程は実際のそれとはかなり異なっていたであろうし、あるいはその沖縄返還が安保条約再改定の契機になっていたかもしれない。

アメリカのイニシアティブ

だがそうしたことも含めて、岸が安保改定を決断する時点で、再改定について何らかのはっきりした見通しを持っていたようには見えない。もちろん、本章で利用した資料は限られている。本章の議論は、基本的にはこれまでの歴史研究や公開されたアメリカ側の資料に依ったうえでの議論である。新しい資料が出れば（これまで、安保改定に関する外務省の文書はほとんど公開されていない）、岸が安保条約再改定への道筋をどのように考えていたかについてよくわかるようになり、別の見方ができるかもしれない。したがって今のところは、この問題についての岸の考えは明らかでない、と言うにとどめるのがよいのかもしれない（＊13）。

しかしともかく本章では、次のことを確認したい。岸は対等な相互防衛条約を結ぶ準備ができる前に、すなわち憲法を改正し防衛力を十分に増強する前に、安保改定に踏み切った。それができたのは、マッカーサー大使の強い進言を容れてアメリカ政府が安保改定の条件の引き下げ（海外派兵の義務を日本に負わせない）を行ったからである。さらに言うならば、もしマッカーサーが「日本憲法と両立する相互援助型の条約」が可能であると日本側に示唆することがなかったならば、一九五八年十月に安保「改定」交渉が始まることはなく、五月の総選挙後に岸と日本政府が安保条約に関してアメリカ政府に求めたものは、補助的取り決めによる条約の再調整だったであろう。その意味で、一九六〇年の安保「改定」はアメリカのイニシアティブによるものであった。

マッカーサーは、先に述べたように、海外派兵の義務のない相互条約をアメリカが提案すれば、岸が積極的に反応してくるという感触は持っていたかもしれない(89)。そもそもそうした提案は、大使やアメリカ政府の岸に対する信頼と高い評価を背景にしていた。またマッカーサーの示唆があったにせよ、二つの選択肢から改定を決断したのは岸自身である。それに何より、アメリカ側のイニシアティブが日本国内の安保条約に対する不満に反応したものであったことはまちがいない。したがって、安保改定のイニシアティブをアメリカがとったということは、それがアメリカの一方的な押しつけであったということを意味するものではない。しかし、現在利用できる資料から見るかぎり、岸の決断がマッカーサーの示唆を受けた後の決断であり、岸からそれ以前に積極的に安保「改定」を働きかけたわけではないという事実は残るのである。

本章は、そのことで岸の決断を批判するものではない。岸が安保改定についてアメリカの意向を探ってから決断したのは、日米の力関係からいっても当然のことである。またイニシアティブといえば、岸が政府内で安保改定の強いイニシアティブをとったこともたしかである。それに岸が改定を決断した理由についても、岸の立場に立てばよく理解できる。アメリカの日本防衛義務が明文化できれば、国民に安保条約の必要性を説得することができ国内の安保批判を鎮めることができる。そうなれば、日米関係も安定するし、また岸自身が総選挙後に進めようとしていた左翼勢力との全般的な対決にも役立つからである。

ただ、日米安保の対等化という岸本来の外交目標から考えた場合には、この決断がやや性急なものではなかったかという疑問は残る。岸がこの決断の際に、憲法と両立する相互条約の具体的な形としてどのようなものを思い描き、それを将来どのようにして対等な相互防衛条約に再改定しようと考えたのかが明らかでないからである。

もし岸が安保改定の決断時において、条約の対等化について十分に考えを練り上げていなかったとしたら、それは結局のところ、岸がアメリカ側の意向を知ってから比較的短い時間に方針を転換したことによるのではなかろうか。岸の決断は、対等性の理念に基づく満を持しての不退転の決断といったものではなく、マッカーサーの示唆を受け、目前の国内情勢と自らの政治プログラムを勘案したうえで相互性の明確化を優先した、柔軟な状況対応の決断だったように思われるのである。

憲法改正に重いブレーキ

岸は戦後、政界に復帰した後、その剃刀のような知性と溢れるばかりのエネルギー、戦前の官僚（農商務省、商工省）時代から培った幅広い人脈（それは金脈にもつながる）、驚くほどの度胸と運のよさ、そして時には政党政治家も顔負けの政治術によって、首相の座に昇りつめた(90)。岸には終始、エリート官僚出身で冷たいというイメージがつきまとい、戦前の経歴への反感もあって、最後まで鳩山のような大衆の人気を得ることはなかった。だが政治家としての岸は、単に官僚的に実務を「ソツなく」こなすというだけではなく、憲法を改正し、占領体制の残滓を一掃するという明確な政治目標――「国民の総意に基づき、憲法を改正し、独立国家としての体制を整備する」（岸が一九五二年四月に結成した日本再建連盟の五大政策の一つ）という目標――を持ち、それを実行する意志と能力を持っていた。
だが、安保改定にともなう安保騒動により、一九六〇年七月十五日、岸は自らの政治目標の実現ができないまま政権の座を去らねばならなかった。しかも、ただ実現できなかったというだけでなく、岸が政権を去った後には、憲法改正に不利な政治環境が生まれることになった。安保改定をステップにして日米対等の相互防衛条約を結ぶという岸の考えが挫折した、もう一つの大きな理由はそこにある。
岸自身は、伊藤隆教授によるインタビューにおいて、自分が退陣した後に自民党が憲法改正を実現できなかった理由を次のように述べている。

「憲法改正の機運をくじいた一番の元兇は、池田勇人君ならびに私の弟の栄作が総理大臣の時に、憲法は定着しつつあるとか、私の時代にはやらんと言ったことだね。だから憲法改正論は私で切れてしまった。」(91)

これは事実ではあるが、岸にとって都合のいい、やや一面的な事実になっている。なぜなら、岸退陣後の池田、佐藤内閣が、憲法改正や再軍備、あるいは小選挙区制の導入といった激しい政治的対立を引き起こす問題から離れて、高度経済成長が生み出す余剰の分配によって保守政治の安定をはかる道を歩んだのは、両内閣が、安保騒動のような野党・左翼勢力との全面対決、あるいは自民党内の分裂によって政治の流動化ないし不安定化が再発することを避けたいと考えたからであった。すなわち岸自身の政治姿勢に大きく起因する安保騒動の記憶こそが、反面教師としてその後の「寛容と忍耐」・低姿勢の政治過程を生み出し、憲法改正を難しくしたのである。池田や佐藤は、戦前への復古という岸がつくり出してしまったイメージから、自らと保守政治を切り離すことに尽力した。したがって、憲法改正の挫折の責任を池田や佐藤に帰するのはいささか一方的である。

もっとも、安保騒動によって憲法改正が難しくなったというのも結果論である。岸自身は、安保改定交渉がまさかあのような大事件にまで発展するとは考えていなかったであろう。岸の頭の中には、安保を改定し、日米関係を合理化して世論を味方につけ、党勢を伸ばし、選挙に勝って小選挙区制を導入して憲法改正を断行する、というような単純かつストレートな構想があったのかもしれない。

だが、政治には結果がすべてというところがある。それにもし仮に安保騒動がなかったとしても、安保改定を憲法改正のステップにするという考えには理論的な問題もあった。すなわち、この一九六〇年の安保改定のように、憲法を改正することなく、旧安保にまつわる条約の不備を是正して国内の不満の種を取り除いてしまえば、憲法改正の大きな契機が一つ取り除かれてしまうのではないかという問題である。憲法第九条を変えることなく日米安保を双務的な条約に改めることは、憲法と日米安保の折り合いを改善することを意味する。それは、憲法改正にはマイナスにこそなれ、プラスにはならないはずである。

安保改定は憲法改正のよいステップにはならず、むしろ安保改定以後、憲法改正の動きには重いブレーキがかかった。岸は、憲法をそのままにして相互条約を結ぶことが憲法改正にも役立つと考えたが、結果は逆になった。岸の決断は、この点でも、岸自身の政治プログラムを前進させたようでかえって後退させたように見える。岸は結局のところ、自らの決断がもたらすであろう政治的帰結のすべてを見通すことはできなかった。もちろんそれを求めることは、たとえ岸のようにきわめて有能な人物に対してであっても、無理難題というものではある。

（1）本章は、拙稿「岸首相と安保改定の決断」『阪大法学』第四五巻一号（一九九五年六月）を下敷きにしている。

（2）原彬久『岸信介――権勢の政治家』（岩波新書、一九九五年）一八六―八七頁。

（3）岸信介『岸信介回顧録――保守合同と安保改定』（廣済堂出版、一九八三年）二九八頁。

（4）U. S. Department of State, *Foreign Relations of the United States: 1955-1957*, Vol. XXIII (G. P. O., 1991)（以下、*Foreign Relations of the United States* は *FRUS: 1955-1957*, Vol. XXIII などと略す。刊行年等は巻末の主要参考文献を参照）, pp. 277, 371-72, 383, 387.

（5）これは、この時点での条約改定は難しいという判断から、外務省の中で主流になっていた方針であった。原彬久『日米関係の構図――安保改定を検証する』（NHKブックス、一九九一年）六〇―六一頁。

（6）原『岸信介』一五六―五七頁。

（7）*FRUS: 1955-1957*, Vol. XXIII, p. 328.「国防の基本方針」はその四番目に「外部からの侵略に対しては、将来国際連合が有効にこれを阻止する機能を果し得るに至るまでは、米国との安全保障体制を基調としてこれに対処する」と述べている。また三番目に「国力国情に応じ自衛のため必要な限度において、効率的な防衛力を漸進的に整備する」としている。防衛庁編『防衛白書 平成11年版』（大蔵省印刷局、一九九九年）三六八頁。田中明彦教授は、この国防方針をもって「岸自身の前歴や、それまでの右翼的レトリックにもかかわらず」、日米安保を基軸に漸進的に防衛力を強化する吉田の路線が岸によって確定された、と評している。田中明彦『安全保障――戦後50年の模索』（「20世紀の日本」2、読売新聞社、一九九七年）一五八―五九頁。

（8）安川壮は、岸が重光とは違って事務当局の意見に「率直に耳を傾けた」ことを評価している。安川壮『忘れ得ぬ思い出とこれからの日米外交――パールハーバーから半世紀』（世界の動き社、一九九一年）五五頁、五九頁。

（9）東郷文彦『日米外交三十年――安保・沖縄とその後』（中公文庫、一九八九年。初公刊は世界の動き社、一九八二年）五三―五四頁。

（10）この交換公文で日米両政府は、安全保障条約が国際連合憲章の定める権利義務にいかなる影響も及ぼすものでないことを確認した。また両政府は、国際紛争を平和的手段によって解決し、武力による威嚇または武力の行使を、いかなる国の領土保全又は政治的独立に対するものも、また国際連合の目的と両立しない他のいかなる方法によるものも慎む義務を持つことも確認した。原文は、細谷千博・有賀貞・石井修・佐々木卓也編『日米関係資料集 1945-97』（東京大学出版会、一九九九年）四一二―一三頁。

(11) 核兵器に対する当時の日本の国民世論をアメリカ政府が分析したものとして、国務省情報報告書「核兵器、核戦争への日本のかかわり（一九五七年四月二十二日付）」新原昭治編訳『米政府安保外交秘密文書 資料・解説』（新日本出版社、一九九〇年）三四―六一頁。同書には、日米安保と核持ち込み問題についてのアメリカ政府の興味深い文書がいくつか収録され解説されている。

(12)『毎日新聞』一九五七年一月十七日付夕刊。『朝日新聞』一九五七年二月十一日付夕刊。*FRUS: 1955-1957*, Vol. XXIII, p. 263.

(13) *FRUS: 1955-1957*, Vol. XXIII, pp. 358, 387-88.

(14) 細谷・有賀・石井・佐々木編『日米関係資料集』三九九頁。

(15) "Interview with Douglas MacArthur, II, 16 December 1966," The John Foster Dulles Oral History Collection, Mudd Library, Princeton University.

(16) *FRUS: 1955-1957*, Vol. XXIII, pp. 328, 358.

(17) Ibid., pp. 387-88.

(18) アメリカの岸に対する高い評価については、原『日米関係の構図』九二―九五頁。

(19) *FRUS: 1955-1957*, Vol. XXIII, pp. 346-49.

(20) 岸信介・矢次一夫・伊藤隆『岸信介の回想』（文藝春秋、一九八一年）二三四頁、東郷『日米外交三十年』五〇頁。

(21) *FRUS: 1955-1957*, Vol. XXIII, pp. 346-49.

(22) 北岡伸一「岸信介――野心と挫折」渡邉昭夫編『戦後日本の宰相たち』（中央公論社、一九九五年）一三八頁。

(23) *FRUS: 1958-1960*, Vol. XVIII, p. 6.

(24) たとえば、岸内閣が決定した防衛計画（第一次防衛力整備計画）がとくにアメリカを満足させたわけではなかった。

植村秀樹氏は、安保改定には軍事面での事前の準備が必要なかったと指摘している。植村秀樹「安保改定と日本の防衛政策」『国際政治』一一五号（一九九七年五月）三一—三三頁。

(25) この点については、石井修『冷戦と日米関係——パートナーシップの形成』（ジャパン タイムズ、一九八九年）を参照。

(26) *FRUS: 1955-1957*, Vol. XXIII, p. 257.

(27) ジラード事件については、明田川融『日米行政協定の政治史——日米地位協定研究序説』（法政大学出版局、一九九九年）第四章。

(28) 駐日大使館の情勢報告（一九五八年二月十四日付）。"US-Japanese Security Relations: July-December 1957," State Department, Central Files, 794. 5/2-1458 (desp. 938), RG 59, Natioal Archives（以下、*CF* 794. 5/2-1458などと略す）。ただしこの報告は、一九五八年には、とくに総選挙後に、改定への圧力が徐々に高まるであろうと付け加えている。

なお日米安保に批判的な当時のある書物は、米軍基地にまつわる犯罪について、次のような数字を記録している。一九五三年十月から五六年末までに、検察庁が受理した米軍関係の犯罪件数は二万五〇〇〇件。うちスピード違反、信号無視など道路交通規則違反が約一万件、交通事故は四〇〇〇件。米軍将兵による暴行傷害は二五〇〇件。うち窃盗と器物破壊が各一〇〇〇件、詐欺が八〇〇件、殺人一一件、放火二六件、強盗二七二件、強盗殺人が二一一件、婦女暴行一四三件。林克也・安藤敏夫・木村禧八郎『ミサイルと日本——基地の恐怖』（東洋経済新報社、一九五八年）四〇頁。

(29) ダレスのメモの日本に関する部分は、次の文書に引用されている"Memorandum of Howe to Robertson, 24 January 1958," Lot File 61 D 68, "US Foreign Policy, 1957-58," RG 59, National Archives, cf. *FRUS: 1958-1960*, Vol. XVIII, p. 4.

(30) 当時、国務省で極東問題を担当したマーシャル・グリーン（Marshall Green）の証言。ＮＨＫ取材班『ＮＨＫスペシャル「戦後50年その時日本は」1——国産乗用車・ゼロからの発進／60年安保と岸信介・秘められた改憲構想』（日本放送出版協会、一九九五年）、二五一—五二頁。

(31) 一九五六年六月、アメリカ下院の軍事委員会は、沖縄で無期限に米軍が使用する軍用地の使用料は一括払いにして永代地借権を得るというアメリカ民政府の方針を支持する勧告(プライス勧告)を出した(全文公表は六月二十日)。この勧告に反発して沖縄では、一括払いを阻止するための大規模な運動が起こった。この運動へのアメリカの対応も含めて戦後約二〇年間のアメリカの沖縄統治については、宮里政玄『アメリカの沖縄統治』(岩波書店、一九六六年)を参照。

(32) C. L. Sulzberger, "An American 'Cyprus' in the Pacific?" *The New York Times*, January 18, 1958. なお宮里『アメリカの沖縄統治』一一八頁も参照。

(33) *FRUS: 1958-1960*, Vol. XVIII, pp. 16-17.

(34) Ibid., pp. 21-22, 37. なお、沖縄施政権部分的返還構想のより詳しい経緯については、我部政明『日米関係のなかの沖縄』(三一書房、一九九六年)一一七―三〇頁を参照。

(35) *FRUS: 1958-1960*, Vol. XVIII, p. 36.

(36) 安保改定交渉過程の検討において、沖縄という要因を無視することはできない。たとえば河野康子教授は、条約改定をめぐる交渉では沖縄基地の自由使用をそのまま温存することが交渉成立にとっての鍵になったと指摘している。河野康子『沖縄返還をめぐる政治と外交――日米関係史の文脈』(東京大学出版会、一九九四年)一八五頁。

(37) マーシャル・グリーンは、「スプートニクと沖縄の選挙が、日本占領時代の一九五〇年代の片務的な安保条約に代わって、一九六〇年の本当に双務的な日米安保条約の締結を成功に導いた推進役を果たしたのはまちがいありません」と証言している。NHK取材班『戦後50年その時日本は』1、二五四頁。

(38) 草案は、"Treaty of Mutual Cooperation and Security between Japan and the United States," *CF* 794, 5/2-1858. cf., *FRUS: 1958-1960*, Vol. XVIII, pp. 5-6, 8-10. この草案の存在を最初に広く一般に知らせたのは、NHKのドキュメンタリー番組「こうして安保は改定された――機密外交文書が語る日米交渉」(NHK、一九九〇年六月十七日放送)である。ただし、一九五八年二月にマッカーサーが草案を作ったことは、すでに以前から当時のアメリカ側の当事者によって指摘されていた。Richard Sneider, *US-Japanese Security Relations: A Historical Perspective* (Columbia

University Press, 1982), p. 28. 草案の概略については、原『日米関係の構図』一〇四―一四頁を参照。

(39) *FRUS: 1958–1960*, Vol. XVIII, pp. 24–25, 34, *CF* 611. 94/8–1858 (tel. 357). 安保改定を求めるマッカーサー大使のイニシアティブについては、原『日米関係の構図』第四章も参照。マッカーサーは、大使就任後間もなく、すでに一九五七年六月の岸訪米の前から、安保改定の必要性をダレスに力説していた。マッカーサーの一九五七年五月二十五日付ダレス宛書簡を参照。*FRUS: 1955–1957*, Vol. XXIII, pp. 325–30. ちなみにマッカーサーは、沖縄施政権の部分的返還については時期尚早という見解を持っていた。*FRUS: 1958–1960*, Vol. XVIII, pp. 19–21. 我部『日米関係のなかの沖縄』一二六頁。

(40) *FRUS: 1955–1957*, Vol. XXIII, pp. 325–27, *FRUS: 1958–1960*, Vol. XVIII, p. 24.

(41) *FRUS: 1958–1960*, Vol. XVIII, pp. 26–27.

(42) Ibid., p. 5, *FRUS: 1955–1957*, Vol. XXIII, pp. 325–26.

(43) *FRUS: 1958–1960*, Vol. XVIII, pp. 26, 47, "MacArthur to Dulles, 3 March 1958," *CF* 794. 5/3–858. マッカーサー大使はまた、アメリカ軍部の中には、日本はアメリカと「対等な」軍事力を持てば「対等な」条約上の地位を持てるとする見解があるけれども、日本がアメリカと「対等な」軍事力を持つようなことは、日米の力の不均衡を考えれば決して起こりえないと批判している。*FRUS: 1958–1960*, Vol. XVIII, p. 25.

(44) *FRUS: 1958–1960*, Vol. XVIII, p. 25.

(45) Ibid., pp. 5, 23, 28, 35, 48–49. cf., *FRUS: 1955–1957*, Vol. XXIII, p. 328.

(46) *FRUS: 1958–1960*, Vol. XVIII, p. 28.

(47) Ibid., p. 23.

(48) Ibid., p. 47.

(49) Ibid., p. 8.

(50) このマッカーサーの基本的な立場については、*FRUS: 1955–1957*, Vol. XXIII, pp. 325–30, *FRUS: 1958–1960*, Vol. XVIII, pp. 8–10, 22–29, 34–36, 46–49, 117, *CF* 794. 5/3–858, 794. 5/11–1658 (tel. 1049) 等を参照。

(51) Sneider, *US-Japanese Security Relations*, p. 31.

(52) "Memorandum for Robertson, 23 March 1958," "JFD Chronological, March 1958 (2)," The John Foster Dulles Papers, Eisenhower Library (Abilene, Kansas). cf., *FRUS: 1958-1960*, Vol. XVIII, p. 14.

(53) *FRUS: 1958-1960*, Vol. XVIII, pp. 22-23. cf., pp. 28-29.

(54) Ibid., pp. 34-36. 岸も六月十九日、マッカーサー大使に別の用事で会った際に、日米の安全保障取り決めの再調整について話し合いを持ちたいという日本政府の希望に言及した。*CF* 611. 94/6-1958 (tel. 3354). cf., *FRUS: 1958-1960*, Vol. XVIII, p. 37. マッカーサーは岸に対して、総選挙前にこの問題を持ち出せば問題が選挙戦の情緒的な雰囲気に巻き込まれてしまうので、好ましくないと伝えていた。*FRUS: 1958-1960*, Vol. XVIII, p. 34.

(55) *FRUS: 1958-1960*, Vol. XVIII, p. 37. それは「予備的な話し合い（exploratory talks）」という位置づけであった。*CF* 611. 94/6-558 (memo. Robertson to Dulles).

(56) 一九五八年五月二日、長崎市内のデパートで開かれていた中国品見本市で、一青年が中国（中華人民共和国）の国旗を引きずり降ろす事件が発生した。日本政府は、承認していない中華人民共和国の国旗は国旗とはみなせないとの立場をとり、中国政府を怒らせた。五月十一日、中国の陳毅外交部長は日本との経済・文化交流をすべて断絶すると声明した。

(57) 『朝日新聞』一九五八年五月十六日付。

(58) アメリカ政府は、日本政府が共産勢力に対して毅然とした態度をとることを喜んだ。総選挙前のエピソードを一つあげておこう。一九五七年十二月十日、ソ連のブルガーニン（Nikolai A. Bulganin）首相は、本文中で触れた（一九二頁）ＮＡＴＯの首脳会議（スプートニク打ち上げに対抗する意味があった）の開催に抗議して、ＮＡＴＯが戦争を準備していると非難し、核戦争の危険を指摘したうえで、軍縮と国際緊張の緩和を主張する書簡を米、英、仏、西独の首脳に送った。同日、ソ連政府は、モスクワの大使館を通じて日本政府に対しても、同様の見解を述べた口上書を送った。これに対して日本政府は、翌一九五八年二月二十四日、ＮＡＴＯを支持し、ソ連の軍縮への取り組みが不十分であると指摘する回答をソ連政府に送った。アイゼンハウアー大統領はこの日本の回答を高く評価した。大統領はダレスとの会話（一九五八年三月四日）の中で、自ら日本の回答に言及して、日本政府の勇気をたたえ、ダレスが日本にもっと自尊心を持てるような立場を与えるべき時が来たと述べると、それに賛成して「自分にできることは何でもする」と応えた。三月八日、アイゼンハウアー大統領は、ダレスの進言により、岸首相に対して「日本政府の回答の道義的な力にはとくに印象づけられた」と述べる手紙を送っている。『朝日新聞』一九五七年十二月十二日付、一九五八年二月二十六日付、*CF* 661. 94/3-458 (memo. 4 March 1958), "Telephone Call from the President, 4 March 1958, 4:05 p.m.," Telephone Conversation Series, John Foster Dulles Papers, Mudd Library, Princeton University; "Memorandum for the President, 7 March 1958," "Eisenhower's letter to Kishi, 8 March 1958," "Japan 1957-59(3)," International Series, Ann Whitman File, Eisenhower Library (Abilene, Kansas).

(59) *FRUS*: *1958-1960*, Vol. XVIII, pp. 35-36.

(60) Ibid., pp. 58-63. 一部削除されている部分は、*CF* 794. 5/9-858 で補うことができる。

(61) *FRUS*: *1958-1960*, Vol. XVIII, p. 63. なお、翌日マッカーサーは、国防省・軍部に安保改定の説明をしているが、これも興味深い記録である。Ibid., pp. 64-69. 一部削除されている部分は、*CF* 794. 5/9-958 で補うことができる。

(62) 一九五八年九月十一日の藤山＝ダレス会談の記録を参照。*FRUS*: *1958-1960*, Vol. XVIII, pp. 74-81.

(63) *FRUS*: *1958-1960*, Vol. XVIII, pp. 43-44.

(64) 岸は、回顧録の中でこのことを強調している。『岸信介回顧録』三四四―五一頁。またこの点については、大日向一郎『岸政権・一二四一日』（行政問題研究所、一九八五年）一一〇―一一九頁も参照。

(65) 東郷『日米外交三十年』六二頁。なお、藤山はその回想録の中で、総選挙後自ら岸に対して「安保の改定に着手しよう」と切り出して同意を得た、と書いている。藤山愛一郎『政治 わが道――藤山愛一郎回想録』（朝日新聞社、一九七六年）五八―六一頁。

(66) 東郷『日米外交三十年』五八―六三頁。

(67) 同右、六二―六三頁。

(68) *FRUS*: *1958-1960*, Vol. XVIII, pp. 43-45. 外務省条約局の中には、すでに一九五七年の初頭の段階で、日本本土に加えて沖縄・小笠原を条約区域とする相互防衛条約を結ぶというアイデアがあった。この場合、野党勢力は沖縄・小笠原の防衛が海外派兵にあたるとは主張できないであろうから、憲法問題をクリアできるという期待があった。*CF* 794. 5/3-1257 (tel. 1996), *CF* 794. 5/4-557 (desp. 1060). これは、安保条約締結の際に事務当局の中にあった議論（本書第1章五五頁参照）——沖縄・小笠原の防衛に米軍が日本から出撃することは、狭い範囲ではあるが日本の集団的自衛権の行使であるという議論——に通じるところがあるように思われる。なお、アメリカの外交文書集に載せられた藤山との会談を伝えるマッカーサーの電報は、一部が非公開扱いになっている。前後関係から見て、補助的取り決めによる条約の事実上の修正について日本側が説明した内容に関する部分のように思われる。

(69) 東郷『日米外交三十年』六六頁。*CF* 611. 94/8-1858 (tel. 357).

(70) 六月五日、マッカーサーが国務省に、日本側から近く安保問題について真剣な議論をしたいとの申し入れがあったので、安保改定交渉に真剣に取り組むよう進言した際、マッカーサーは、この問題についてアメリカが条約の部分的な調整ですませようとすればひどい結果になるとして、別の選択肢、すなわち「岸がこの問題を持ち出した時には、新しい条約に向けた建設的なイニシアティブをとる」という選択肢を勧めた。そのうえで、マッカーサーは次のように述べている。「もちろん、この問題を岸と話しあってみるまでは、条約として、また概念として制限されたものであっても、新しい条約ということについて岸の反応がどのようなものになるか、確実なことは言えない。しかし、成功の見込みはかなりあると思うし、いずれにしろ、相互条約の提案をわれわれが出したというまさにそのこと自体が、われわれが条約上の権利にあくまでしがみつくつもりであると確信している日本人に対して、……よい影響を与えるであろう。」*FRUS: 1958-1960*, Vol. XVIII, p. 35.

(71) ただし、マッカーサーが一九五八年九月八日、国務省内でダレスやロバートソンに直接、安保改定について説明した際の記録は、「この春、国務長官の指示でマッカーサー大使が岸にこの問題を持ち出してから、一、二カ月の後に、岸首相自身がそういう条約（相互安全保障条約）を提案してきた」というマッカーサーの説明を記録している。Ibid., p. 59. これをそのまま読めば、遅くとも七月中には、岸がマッカーサーにそういう提案をしたことになる。しかし、それを裏づける記録はまったく見あたらない。もしそういうことがあったとすれば、八月十八日の報告（tel. 357, *CF*

611. 94/8-1858）や二十六日の報告（tel. 444, *CF* 611. 94/8-2658）と同様に、マッカーサーは必ず報告していたと思われる。また、すでに見たように、国務省がダレスの了承を得てマッカーサーに瀬踏みの話し合いをするように指示を出したのは、六月二十三日のことである。この「春」がこの「夏」であればつじつまが合う。ちなみに、七月十一日、マッカーサーに私的に会った（注(76)参照）岸は、日米間の安全保障取り決めの改定についても言及し、その問題をしばらく検討してきたとは述べたが、具体的な提案は何も行わなかった。*CF* 611. 94/7-1358 (tel. 86).

（72）この報告は、大使が、八月一日の報告（七月三十日の藤山＝マッカーサー会談の後、大使が補助的取り決めによる現行条約の調整と相互条約への改定という二つの選択肢それぞれの長短を分析したもの。駐日大使館発電報二三八号、*FRUS: 1958-1960*, Vol. XVIII, pp. 46-49）以後、非公式に外務省、藤山、岸の態度を探ったうえで書いたものである。マッカーサーは、次のように報告している。「岸自身がいまやこの問題［二つの選択肢の問題］について私に話をしました（Kishi himself has now spoken to me about this matter）。……岸は、自分のいまのところの気持ちは、もしわれわれが海外派兵に対する日本国憲法の障害を処理する方法を見つけることができるのであれば、現行の条約を新しい相互条約に取り替える方に傾いている、と言った。」*CF* 611. 94/8-1858 (tel. 357).

（73）東郷『日米外交三十年』六四頁。

（74）*CF* 611. 94/8-2658 (tel. 444).

（75）原『日米関係の構図』一二三―一二四頁。

（76）*CF* 794. 00/7-1258 (tel. 83). アメリカ側の記録によれば、七月十一日の夜、岸は松本滝蔵だけを通訳として連れてマッカーサーとの会談に臨んだ。

（77）*FRUS: 1958-1960*, Vol. XVIII, p. 59. *CF* 794. 00/8-2258 (tel. 407).

（78）*CF* 611. 94/8-2658 (tel. 444).

（79）*CF* 611. 94/8-1858 (tel. 357).

（80）"MacArthur to Parsons, 29 July 1959," *CF* 794. 00/7-2958. この件については新聞各紙が報道し（たとえば『毎日新聞』一九九四年十月十日付）、国会でも取り上げられた。アメリカの歴史家マイケル・シャーラーは、ＣＩＡから自民党への資金供与は一九五八年の総選挙から始まって、少なくとも一〇年間は続いたと指摘している。ＣＩＡはまた、野党の一部にも資金供与を行っていたという。Michael Schaller, *Altered States: The United States and Japan since the Occupation* (Oxford University Press, 1997), pp. 135-36. この資金援助は、国内政治と国際政治の境界が冷戦によってあいまいになっていた時代を象徴するスキャンダルと言えるかもしれない。佐藤は、国内の共産主義勢力はソ連や中国から援助を受けていると見ており、日本政府が、彼らと闘うために、反共という立場で連携するアメリカ政府から資金援助を受けることを、それほど異常とは思わなかったのであろう。もちろん佐藤は、アメリカ大使館員に、もし資金援助を受けることができれば、それを極秘に取り扱うし、アメリカ政府に迷惑はかけないと述べている。

(81) *FRUS: 1958-1960*, Vol. XVIII, pp. 204-06. なお東郷文彦は、この延期が自民党の「党内事情」によるものであるとしている。東郷『日米外交三十年』九五頁。

(82) *FRUS: 1958-1960*, Vol. XVIII, pp. 236-43. 安保条約および行政協定の改定交渉の経緯については、東郷『日米外交三十年』八六―一〇一頁、原『日米関係の構図』第五章を参照。

(83) 安保改定交渉が日本国内の政治力学と絡みあいながら、岸の政治生命はもちろん、その後の日本の政治過程を大きく規定するような大事件に発展していった過程については、原彬久『戦後日本と国際政治――安保改定の政治力学』(中央公論社、一九八八年)、また安保改定の古典的研究である George Packard, III, *Protest in Tokyo: The Security Treaty Crisis of 1960* (Greenwood Press, 1966) を参照。安保騒動を読みやすく記録した当時の書物として、日高六郎編『一九六〇年 五月一九日』(岩波新書、一九六〇年)、最近の書物として、ＮＨＫ取材班『戦後50年その時日本は』1などがある。なお警職法の政策決定過程を研究した論文に、畠山弘文「警職法改正と政治的リーダーシップ」大嶽秀夫編『日本政治の争点――事例研究による政治体制の分析』(三一書房、一九八四年)がある。

(84) 安保騒動が基本的に反岸の運動であったことを、岩永健吉郎東京大学名誉教授は次のように書いている。「安保改訂の是非は民衆に理解が困難であり、判断停止の態度を誘うかとも見えた。しかし、それが疑惑を晴らさないまま「強行」されなければならなかったとき、民衆は本能的に、その阻止の必要を感じとって「岸退陣、国会即時解散」

を要求したのである。」岩永健吉郎『戦後日本の政党と外交』（東京大学出版会、一九八五年）一五三頁。

高坂正堯教授は、安保改定反対運動は、外交案件を機会にして、日本のあり方についての懸念や希望が表明されたものであったとして、四つの要素——「平和主義その他の理想主義」「アメリカに対してものをいいたいというナショナリズム」「マルクス・レーニン主義から来る世界観」「岸内閣が戦前型の強い国家をつくることへの反発」——をあげ、最後のものが当時最も重要な意味を持っていたと論じている。高坂正堯「岸信介と戦後政治」『Voice』一九八七年十一月号（高坂／五百旗頭真・坂元一哉・中西寛・佐古丞編『高坂正堯著作集』第四巻、都市出版、二〇〇〇年に収録）。

ところで岸は後年、「岸がやるから反対する」といった議論に対して冷めたユーモアを見せている。「それと、名前は忘れてしまったが、朝日新聞の論説委員がかつて、自分も憲法改正論者だが、岸が憲法改正を言う限りでは自分は反対だ、と言ったことがあって、私はその時はちょっと憤慨したが、よく考えてみると確かにそいつの言うこともももっともだと思うことがある（笑）。やはり人を変える必要があるんだ。」岸・矢次・伊藤『岸信介の回想』二七七頁。

(85) 朝日新聞安全保障問題調査会編『日米安保条約の焦点』（「朝日市民教室〈日本の安全保障〉」10、朝日新聞社、一九六七年）は、一般向けに書かれたものであるが、安保条約と地位協定の構造と問題点を過不足なく総合的に解説していて参考になる。行政協定の改定については、明田川『日米行政協定の政治史』第五章を参照。なお内乱条項の削除に関して、自民党内には間接侵略の脅威を心配する声があり、日米両政府はそれに対応する合意議事録の作成を検討した。しかし結局、それは見合わせられた。*FRUS: 1958–1960*, Vol. XVIII, pp. 225, 232–235, 238–239, 252–253, 255, 257.

(86) 『岸信介回顧録』三一二頁。岸のこのことに関する構想とその挫折については、樋渡由美「岸外交における東南アジアとアメリカ」『年報近代日本研究11 協調政策の限界——日米関係史・1905〜1960年』（山川出版社、一九八九年）を参照。

(87) 原『日米関係の構図』一二四—一二五頁、一九八—一九九頁、原『戦後日本と国際政治』一八四頁、五九四頁。

(88) 岸は一九五七年の訪米の際、アメリカ政府に、沖縄・小笠原の施政権を一〇年後に返還するように要請している。

(89) 原彬久教授は、マッカーサー大使が一九五八年夏、藤山や外務省の官僚たちに相互条約を暗にもちかけ、その反応を探った背景には、大使と岸との間にできつつある「全面改定＝新条約」という名の「了解」があったという見方をしている。原『日米関係の構図』一二三頁。

(90) 岸の人物評伝としては、吉本重義『岸信介傳』（東洋書館、一九五七年）、高坂正堯『宰相吉田茂』（中公叢書、一九六八年。高坂／五百旗頭真・坂元一哉・中西寛・佐古丞編『高坂正堯著作集』第四巻〈都市出版、二〇〇〇年〉に収録）一〇八―一二八頁、同「岸信介と戦後政治」、原『岸信介』、北岡「岸信介」、塩田潮『岸信介』（講談社、一九九六年）、岩見隆夫『岸信介――昭和の革命家』（学陽書房人物文庫、一九九九年。初公刊は学陽書房、一九七九年）などがある。

(91) 岸・矢次・伊藤『岸信介の回想』一二三頁。自民党は結党時の「一般政策」の中に「独立体制の整備」をあげ、憲法の自主改正、占領諸法制の改廃、自衛体制の整備（安保改定を含む）、国内治安の確保などを政策としてうたっていた。

第5章

新安保条約の意匠 ◉条約区域と事前協議をめぐって

⬆**マッカーサー大使**（右）**と会談する藤山外相**（左）（1959年5月，外務省。写真提供：毎日新聞社）

旧安保条約では、アメリカは駐留米軍を日本防衛のために使用することが「できる」となっているだけで、日本防衛はアメリカの義務ではなかった。そのため日本国内では、安保条約は日本がアメリカに基地を貸すだけの不平等な片務条約であるという強い批判が生まれていた。しかし、その批判に応えてアメリカの日本防衛義務を明確にしようとすれば、たとえ形式的にではあっても、日本の方もアメリカの領土を防衛する約束が必要になる。そのことは、安保条約を改定して相互条約に改める際の最大の問題であった。

前章で見たように、一九六〇（昭和三十五）年の安保改定においては、アメリカ政府が日本の事情と自らの必要を勘案し、アメリカの日本防衛義務に対して日本が果たすべき実質的な義務は基地の提供で足りると割り切ったことで、この問題が解決する。アメリカ政府は「物と人との協力」という相互性を確認し、それを、相互条約締結の条件として受け入れたのである。

残された問題は、その「物と人との協力」を、他の同様の条約（北大西洋条約や米比条約など）との比較、アメリカ議会の目、あるいは日本の憲法と国内世論、さらにはアメリカの戦略上の要請などを考慮に入れて、どのようにして一つの相互条約として表現するかということであった。そしてそれは日米両政府にとって、決して簡単な課題ではなかった。本章では、相互性の模索という点で安保改定の核心部分であった条約区域と事前協議の問題を軸にして、そのことを検証する(1)。

一　条約区域の意味

「西太平洋」から「太平洋」へ

マッカーサー大使が一九五八（昭和三十三）年二月十八日、自らのイニシアティブでダレス国務長官に送った新安保条約の草案は、日米両国が「西太平洋において他方の行政的管理下にある領域又は地域」に対してなされた武力攻撃を、自らの平和と安全に対する危険と見なし「憲法上の手続きに従って」行動することを骨子とするものであった(2)。草案に付けられたコメントからもわかるように、草案のこの部分は、米比条約や重光案（第3章参照）を参考にして起草されていた。

しかし、それはやや意外な感じを与える。なぜなら、安保改定についてのマッカーサー大使の基本的な考え方は、アメリカが日本をアジアの政治的パートナーとして維持し、その軍事基地と施設を利用できるのであれば、新しい相互条約締結の前提条件として日本の海外派兵を求める必要はないとするものだったからである。だが、米比条約も重光案も、アメリカ領土の防衛を約束する相互防衛条約であった。はたしてこの草案のように西太平洋という（重光案と同じ）広い条約区域を設定しておいて、日本は海外派兵の義務を免れうるのであろうか。

この点、実はマッカーサーの草案における「西太平洋」には、重要な限定がつけられていた。すなわち、この草案でいう「西太平洋において他方の行政的管理下にある領域又は地域」とは、日本本土（奄美諸島など日本の施政権下にある島々を含む。しかし歯舞諸島・色丹島・国後島・択捉島は、日本の施政権下にないので含まれない）と、当時アメリカの施政権下にあった沖縄・小笠原に限る旨の規定が挿入されていたのである。アメリカの領土——たとえばグアム——は、そこに含まれていない。大使は、こうした限定付きならば日本の憲法上も問題なかろうと判断したのである。

その大使の判断は、日本側の考え方に影響されていたように思われる。というのも、外務省の条約局には、すでに一九五七年初頭の段階で安保改定の一つのあり方として、日本本土に加えて沖縄・小笠原を日米が共同で防衛する、という形の相互防衛条約を結ぶというアイデアがあり(＊14)、三月にはアメリカ大使館にも伝えられていたからである。その際、そのアイデアの利点として、日本の野党勢力は沖縄・小笠原の防衛が海外派兵にあたるとは主張できないだろうから憲法問題をクリアできる、と説明されていた(3)。マッカーサーは早くも一九五七年五月にダレスに送った手紙の中で、条約区域を「日本区域（Japan area）」（日本本土と沖縄・小笠原を意味する）とする相互防衛条約の可能性を示唆している(4)。マッカーサーが先の重光の私案を自らの草案作成の参考にしているところから見ても、また安保改定交渉において外務省が当初、沖縄・小笠原を条約区域に含むことを望んでいたことから見ても、外務省のアイデアがこの草案に影響を与えていたことは、ほぼまちがいないであろう(5)。

もっともマッカーサー大使は、当面日本がその沖縄・小笠原の防衛に積極的に参加する必要はないし、むしろそれはアメリカにとって好ましくないと考えていた。それによってアメリカが、これらの諸島を基地として自由に使う権利が妨げられることになっては困るからである。とくに、核兵器導入の支障になることは避けなければならなかった(6)。マッカーサー大使にとって大事なことは、ともかく日本が受け入れやすい形で「西太平洋」という条約区域を設定し、日本が日本本土以外の防衛にも責任を持つという形を条約に表すことであった。大使はそれが将来、日本をこの地域における多国間の安全保障システムに組み込むのに役立つと期待した(7)。

だが、このマッカーサー大使の「西太平洋」という条約区域案は、国務省が安保改定の準備に乗り出した後に修正を受けることになる。国務省は、マッカーサーの提案は日本の現下の事情をあまりに考慮に入れすぎているとして、条約区域はより広く「太平洋」における双方の領土、施政権下にある地域（アメリカの領土であるグアムやハワイが含まれる。ただし、アメリカ本土は含まれない）にすべきだとしたのである。これには、その方が上院の承認を得やすいという考慮もあった(8)。

もちろん国務省も、新条約が日本に海外派兵を要求せず、日本の憲法と両立するようなものでなければならないことは了解していた。ただそのことについて国務省は、日本は「憲法上の手続きに従って」行動するのだから、条約区域がどこであれ憲法上できないことはする必要がない、たとえばハワイが攻撃されても日本は海外派兵する必要はなく、憲法の許す範囲で共同防衛のために行動すればよい、と判断した。このような形の処理であれば、当面まず日本の憲法問題をクリアでき、しかも将来において事情が変われば、条約を再改定することなく日本の責任分担を増やすことができる、というのが国務省の考えであった(9)。

一九五八年十月四日に安保改定の正式交渉が始まった際、アメリカ側が出してきた草案は、この考えに沿って、条約区域と共同防衛については次のように規定していた。各締約国は、

「太平洋において他方の行政的管理下にある領域又は地域に対する武力攻撃が、自国の平和と安全を危うくするものであることを認め、自国の憲法上の手続きに従って共通の危険に対処するように行動することを宣言する。」(10)

アメリカ政府は日本政府に対して、これはアメリカがすでに他の国々と結んでいる相互条約（たとえば米韓、米比、ANZUS条約）の形式を踏襲したものであり(11)、議会との関係もあってアメリカが同意できる唯一の形式であると説明した。具体的措置はそれぞれの憲法に従ってとられるものであり、「決して日本が憲法上出来ないようなことを求めているわけではない」と日本側の理解を求めたのである(12)(*15)。

これに対して藤山愛一郎外相は、国会での説明を念頭において、武力攻撃が発生した場合、アメリカが実際のところ日本に期待するのはどのような行動かと、マッカーサー大使の考えを質した（十月二十二日）。マッカーサーは、それは他の条約の場合と同様、各当事国自身の判断に任され、その場の状況にも左右されると答えた。しかし、そういう答えでは野党の質問を乗り切ることが難しいと藤山が訴えたので、マッカーサーは、日本は海外派兵をしなくても、日本の外で条約区域内のアメリカ領土や米軍に対する攻撃が生じた場合には、米軍に施設（基地）を使わせることによって実質的に相互性を保った貢献ができると答えている(13)。

ちなみに、ここでのマッカーサーの返答にはないが、アメリカ政府は、そういう基地使用に加えてもう一つ、日本が日本の中で適当な軍事的行動を起こすことも期待していたようである。それはたとえば、もしアメリカの領土がソ連から攻撃された場合、攻撃に向かう、あるいは攻撃から帰るソ連の航空機を日本の領空において迎え撃つ、といった行動であった(14)。

日本政府は、マッカーサー大使と連絡をとりながらアメリカ政府の提案を綿密に検討した。その中でたとえば、日本側の憲法上の制約を示すためには憲法上の「手続」に従うだけでは足りず、「規定」（九条）に従う必要があることを指摘した。これなどは、マッカーサーにしてみればあまり難しくない問題であった。最終的にそうなったように、条文を「憲法上の規定及び手続に従つて」とすればすむことである(15)。

日本側のジレンマ

しかし日本政府は、一九五八年十一月までには、太平洋を条約区域にすることは国内政治的に見て難しいと判断した。折から警職法改正問題の紛糾によって政権基盤が弱まっていたこともあり、政府は世論と自民党内の動向に一段と慎重にならざるをえなくなっていた(16)。マッカーサー大使は、日本政府に同情しつつ、次のように観察している。結局のところこの条約区域では、日本政府がいくら海外派兵の必要はないと説明しても、国民を納得させることは難しい。日本政府は、アメリカとの間で何か憲法違反の約束、あるいは強引に憲法改正を行う約束を秘密に交わしたのではないかと真意を疑われるであろう。国会は大荒れになり、政権の瓦解あるいは条約批准の失敗、またはその両方になるかもしれない(17)。

むろん、単に真意を疑われることだけが問題ではなかった。安保改定交渉の日本側当事者の一人であった東郷文彦は、この条約区域でまとめることが難しかった理由を二つあげている。一つは、地理的拡大の問題であった。すなわち旧条約では、米軍の駐留目的を日本の防衛（大規模な内乱、騒擾への対応を含む）ならびに極東の平和および安全の維持への寄与としていたのに、もし新条約で条約区域を「太平洋」地域にすると、条約の地理的範囲が日本と極東から太平洋に著しく拡大される印象を与えるので具合が悪かったのである。もう一つは、集団的自衛権の問題である。すでに日本政府は、憲法上、集団的自衛権の行使はできないという解釈をとるようになっていた。しかし、太平洋地域のアメリカ領土に対する武力攻撃を共通の危険と認めて対処する旨の文言は、まさに集団的自衛権の行使を前提としていた。そのため、たとえ

「日本が負うべき義務の具体的内容がどう云うものであれ」、日本側としてはこの文言は「呑み難」かったのである(18)。

この二つの理由のうち、後者にはいささかすっきりとしないところがある。というのも、後者を言いかえれば、たとえ海外派兵の義務があろうとなかろうと、アメリカ(領土)に対する攻撃を共通の危険と認めて対処するという形は集団的自衛権の行使にあたり、政府の憲法解釈に抵触するということになる。しかし最終的に新安保条約は、「日本国の施政の下にある領域における」という言葉で「太平洋」地域よりは空間をはるかに限定しつつも、アメリカ(米軍)に対する武力攻撃を日本が「自国の平和及び安全を危うくするもの」と認めて「共通の危険に対処する」(五条)とはっきり規定している。たしかに場所の制限はあるが、共同防衛という点では同じであり、これもやはり集団的自衛権の行使にあたるのではないか。この点は安保条約の国会審議においても何度も取り上げられ問題にされた。しかし日本政府は、在日米軍に対する攻撃はすなわち日本の領土に対する攻撃であるから、個別的自衛権の範囲内で対応できるとの説明を繰り返した。典型的なものは、次のようなやりとりである。

石橋政嗣委員(社会党)　「[新条約の]前文に「「両国が国連憲章に定める個別的又は集団的自衛の固有の権利を有していることを確認し」」とある。従つて五条の米軍基地に対する攻撃[への対処]は集団的自衛権の発動というふうに解釈しなければつじつまが合わないではないか。」([　]内は引用者。以下同じ)

岸首相　「平和条約にも、日ソ共同宣言にも同様の文句が使われている。日本が主権国とし、独立国として国連憲章五十一条による個別的並びに集団的自衛権を持つてはいるが、憲法九条の規定から海外へ出て締約国の領土を守るという集団的自衛権の行使はできない。第五条の場合、日本の施政下にある領域が武力攻撃を受けるのであるから日本が個別的自衛権でこれを防衛するに必要な武力行動をするのだということは十分説明できると思う。」(19)

こうした政府の説明は、国内向けの方便であったといった感じがぬぐえない。安保改定当時、外務省とともに条約の憲法上の問題点を検討した内閣法制局の高辻正己（後に内閣法制局長官）は、次のように回顧している。

「グアム島と言えども、米国を守るために自衛隊を海外派兵することは憲法上容認されないことで高橋氏［通敏。当時、外務省条約局長］と一致した。しかし〝日本国の施政の下にある〟米軍基地が武力攻撃を受ければ、日本としても〝共通の危険に対処して［するように］行動することを宣言する〟と規定している以上、日本国内では米軍を守るため集団的自衛権を行使することになる。しかしそれを敢て集団的自衛権行使と言わなくても、実際にやることは個別的自衛権行使と同じなので、岸首相、林［修三］法制局長官ら政府側は個別的自衛権行使で押し通したが、米国は、米軍基地を防衛するための日本の行動を日本の集団的自衛権行使と理解している」(20)

要するに、同じ文言が、日本から見れば個別的自衛権の行使になるが、アメリカから見れば集団的自衛権の行使になるというのである。少々姑息なところがあると言わざるをえない(21)。

しかし、それはまさに安保改定に臨む日本側のジレンマが表れたものであった。というのも、もともと外務省は安保条約を結ぶ際に、これが昔ながらの同盟ではなく、国際社会の「憲法」ともいえる国連憲章の定める集団的自衛権に基づく地域的取り決めであることを明確にしようと構想していた（第1章参照）。

それができれば、憲法と安保条約の関係も説明しやすいし、形式的にアメリカと対等な立場に立てるからである。それが十分果たせなかったことは、外務省の当事者にとって悔いの残るところであり、安保改定にあたっては、この点の明確化が強く意識されていた。一九五七年の岸訪米の際に、国連と安保条約の関係を明らかにする交換公文をアメリカに求めたのもその表れである。新条約では、その関係が条文中に明記された。そして前文では、日米両国が集団的自衛権を持つことが確認された（この点は旧条約も同じ）。また、改定交渉の中の細かい修正であるが、第五条に「国際連合憲章第五十一条の規定に従つて」という集団的自衛権がらみの文言が入ったのは、日本側の提案に基づいていたようである(22)。

だが日本政府は、一方でそのように条約が集団的自衛権に基づくことを明らかにしようとしながら、他方で自国はその行使ができないという憲法解釈をとらざるをえなかった。それは交渉の立場を、かなり苦しくするものであった。

集団的自衛権の行使

東郷が後に述べているように、一九五一年の安保条約締結当時には、日本が憲法上集団的自衛権を行使できるかどうかということは議論になっていなかった。外務省の交渉当事者は、たとえ軍事力がなくても日本はアメリカと集団的自衛の関係に入ることができると強く主張し、集団的自衛権の行使を前提とした交渉を行った（第1章参照）。ただし、そこにおける集団的自衛権の行使は、実質的には、日米が共に協力して日本を守ることだけを意味しており、日本は、警察力により国内治安を維持し、施設（基地）提供その他で日本を守る米軍に協力すればよいとするものであった。当時はまだ政府の中で、集団的自衛権とは何であり、それが憲法とどういう関係にあるのかという点の整理がついていなかったように思われる(23)。集団的自衛権は言葉としては新しい概念であったし(24)、そもそも軍備がほとんどなく、自衛権を行使できるかどうかが問題になるような当時の日本の状況では、それもやむをえないことであったかもしれない。

しかし、保安隊や自衛隊ができ、小さいとはいえ軍事力を持ち、またゆるやかにではあってもそれを増強していくということになると、自衛権の限度を明確にしておくことが求められるようになり、集団的自衛権についても整理された解釈が必要になった。一九五四年春の第十九通常国会では、日米相互防衛援助協定（ＭＳＡ協定）および自衛隊を創設し防衛庁を設置するための防衛二法案の審議において、自衛隊の海外出動が許されるのかどうかということが議論になった。政府は、自衛隊がそういう任務を帯びず、そういう性格にもなっていないと海外派兵を否定した。また一九五四年六月二日の参議院本会議では、「自衛隊の海外出動をなさざることに関する決議」が採択されている。こうした海外派兵禁止の議論は、政府の集団的自衛権解釈にも影響を与えたと思われる。現に参議院決議の翌日には、衆議院外務委員会において下田武三外務省条約局長が、政府として初めて集団的自衛権の行使は憲法上認められないと説明した。そして安保改定の国会審議において政府は、他国防衛のために海外で武力を行使するという意味での集団的自衛権の行使は憲法上認められない旨の説明を操り返した(25)。

その後政府は、一九八一年に、集団的自衛権について政府解釈の公理ともなるべき解釈を明らかにしている。それは、集団的自衛権というものを「自国と密接な関係にある外国に対する武力攻撃を、自国が直接攻撃されてもいないにもかかわらず、実力をもって阻止する権利」と定義したうえで、次のように言明するものであった。

「わが国が、国際法上、このような集団的自衛権を有していることは、主権国家である以上、当然であるが、憲法第九条の下において許容されている自衛権の行使は、わが国を防衛するため必要最小限度の範囲にとどまるべきものであると解しており、集団的自衛権を行使することは、その範囲を超えるものであって、憲法上許されないと考えている。」(26)

この解釈には、以後、さまざまな批判がなされている(27)。だが、それはともかく、集団的自衛権の行使はできないという憲法解釈のために、安保改定における日本側の交渉者は条約区域以外の問題でも細かい工夫をしなければならなかった。代表的なのは第三条の問題である。新条約の第三条は、アメリカ上院のヴァンデンバーグ決議（一九四八年）に基づいて、自助および相互援助により、締約国に対する武力攻撃に対抗する能力を維持し発展させることを約束するものであった。日本側にしてみれば、そうした自助および相互援助の能力がないと判定されたことが、旧条約が思うような形にならなかった大きな原因であり、そうした能力を認める条文は本来、歓迎されるべきであった。アメリカ側にしてみれば、そうした条文は北大西洋条約は言うまでもなく他の集団安全保障取り決めにもあるものであり、日本との新条約について上院の批准を得るために必要不可欠であった。

米上院外交委員会の条約審議（一九六〇年六月）において、ハーター（Christian A. Herter）国務長官（ダレスは四月、病気のために辞任、五月に逝去）は、日本が国際連合に加盟して、安全保障理事会の非常任理事国にも選出されたこと、防衛力が伸張したこと、経済的にも回復して一九五七年にはアメリカの輸出における第二位の市場になったことをあげて、日本が一九五七年までにアメリカへの依存度を減らすうえで、多大の進歩をとげたと説明した。またハーター長官は、日本が「アメリカ軍の配備のために、日本領土のかなりの部分を提供したり、日本の施設を提供することによつて、われわれを大いに助けている」とも説明した。こうした説明に対して上院議員からは不満の表明もあったが、激しい不満というほどではなく、彼らはだいたいにおいて日本に「自助及び相互援助」の能力があるというアメリカ政府の前提を受け入れたようである(28)。

しかし日本側は、「単独に及び共同して、自助及び相互援助により、武力攻撃に抵抗するための個別的及び集団的能力を維持し発展させる」というアメリカ側草案の文言を受け入れることができなかった。それは、武力攻撃に抵抗するための「集団的能力（collective capacity）」は日本自身の防衛以外に使いうるので、それを「共同して（jointly）」維持し発展させることは、集団的自衛権の行使を前提とした表現であって、憲法上認められない、という理由からであった。

結局この点は、日米間で「長いやり取りを繰り返した」（東郷）後(＊16)、草案の文言の中の「単独に及び共同して（separately and jointly）」を「個別的に及び相互に協力して（individually and in cooperation with each other）」に、そして「個別的及び集団的能力（their individual and collective capacity）」を「それぞれの能力（their capacities）」に代え、さらに草案に「憲法上の規定に従うことを条件として」という字句を加えて、現在の条文にすることになった(29)。ちなみに、最後の「憲法上の規定に従うことを条件として」という字句について言えば、日本側は、条約の中に「この条約のいかなる規定も締約国にその憲法上の規定に反するいかなる義務を負わせるものとは解されない」という趣旨の文言を、条文として入れるように提案したが、アメリカ側に拒否された(30)。

沖縄・小笠原も除外

さて、ここで話をもとに戻そう。藤山外相はマッカーサー大使に、「太平洋」を条約区域にすることは難しいと伝えた（一九五八年十一月二十六日）。しかもそれとともに、沖縄・小笠原を条約区域に含めることもまた難しいと伝えている(31)。日本側は当初、新条約の中に沖縄・小笠原を含むのは当然のことと考えていたようである(32)。何よりもそれらの諸島は日本の領土であるし、先に述べたように、その防衛に責任を負うことを新しい相互条約の目玉にするような考えもあった。さらに岸首相は国会で、沖縄を条約区域に含めれば「施政権の一部が返還されることになると解釈すべき」と発言している（一九五八年十月二十三日）。安保改定に沖縄の施政権返還問題を絡ませることで、国民の支持を取り付けるねらいもあったと思われる。

だが、沖縄・小笠原を条約区域に含むという案は、野党はおろか自民党の中でも十分な支持を得られなかった。野党の反対は主として、そういう案では、沖縄を扇の要として米韓、米台、米比条約と日米安保条約を結ぶ、一種の「北東アジア条約機構」のようなものができて紛争に巻き込まれる可能性が高くなる、という懸念から出たものであった。また自民党の中には、これらの地域を含むのであればまずその施政権の返還を強く要求せよ、という反対意見があった。さらにそれにとどまらず、沖縄を含めれば沖縄にアメリカが自由に核を持ち込むことができなくなるから反対する、という人々までいたようである(33)。

ただし、最終的に沖縄・小笠原が条約区域の中に含まれなかったのは、日本国内の反対だけによるものではない。アメリカ政府の中にも軍部を中心に、沖縄・小笠原を条約区域に入れるならば、日本政府にそれら地域の施政権返還のための政治的てこを与えてしまうとの懸念があった。そのためアメリカ政府は、もし「太平洋」をあきらめるのならば、沖縄・小笠原も条約区域から除外した方がよいと考えていたのである(34)。

マッカーサー大使は日本側との接触を通じて、条約区域の縮小はやむをえないと見た。そして、アメリカ政府がそれに応じる準備をするよう国務省に進言した(一九五八年十一月三日)。大使は、アメリカにとって条約改定の目的は、日本がアメリカとの安全保障上の連携を維持し、かつ戦時、平時どちらにおいても米軍に対して基地使用を許すということにあるので、それができれば条約区域の問題は譲歩できると主張したのである。大使はこの進言の中で、日本側はアメリカ政府が条約区域の縮小に応じることがわからないかぎり縮小を言い出したがらない、と述べている。そして大使は、そういう日本側の消極的な態度は「非論理的に聞こえるかもしれないが、まさに日本的だ」と評しつつ、アメリカ側からイニシアティブをとる必要を説いた(35)。大使は、自分が一九五八年九月に上院の指導者に説明した際には、条約区域としては、①太平洋(における日米の施政権下の島嶼)、②日本と沖縄・小笠原諸島、③日本本土、のいずれの選択肢についても反対は出なかったと述べて、自らの議論を補強した(36)。

そういうマッカーサー大使の進言を容れてアメリカ政府は、一九五九年の初頭には条約区域の変更を受け入れる。そして、先に述べた理由で沖縄・小笠原を外しつつ、アメリカ側草案の第五条を「日本国の行政的管理(administrative control)下にある領域又は地域に対する武力攻撃」を共通の危険と見なして対処する旨の表現に変更した(37)。これによって交渉は進み、最終的には、そこのところが「日本国の施政(administration)の下にある領域における、いずれか一方〔傍点は引用者〕に対する武力攻撃」と表現された。この「いずれか一方」という文言によって、表現上は相互性の色合いがより強くなった(38)。

「太平洋」から「極東」へ

こうして条約区域は日本本土ということになったが、国務省は太平洋地域への言及を条約の中に残すように主張した。それは、条約区域の縮小によって太平洋における自由世界の防衛に対する日本側の関心が薄れ、アメリカの基地使用を制限するような圧力が出てくることを警戒したからである。一九五八年十月四日に出されたアメリカ側の条約草案（六条）では、アメリカは「この条約の目的を推進するために（In furtherance of the objectives of this Treaty）」日本国内の基地を使用する、となっていた。「太平洋」地域という条約区域の提案と合わせ読むことで、太平洋の安全のために基地を使うことができるようになっていたのである。したがって地理的範囲を表す言葉が「日本本土」だけになるのは問題であった。条約区域の縮小に難色を示す国務省の電報は、次のように述べている。

「われわれが提案する条約条文とそれに付随する諸取り決めにおいて真の相互性は、日本がアメリカに、太平洋地域における自由世界の立場の防衛のため、日本国内にある基地を（事前協議の定式に従って）利用させることとの交換に、アメリカが日本の防衛を約束することにある。何であれそれ以下のものでは、この地域におけるアメリカの軍事的コミットメントに引き合わないだろうし、議会とアメリカ国民に受け入れられないだろう。」(39)

要するに、条約区域の制限に関してアメリカ側が懸念したことは、日本がアメリカの領土を守れるかどうかといったことではなく（そのようなことは実際にはアメリカは期待していない）、日本における米軍基地の価値が減少するのではないか、ということであった。国務省はマッカーサーに対して、条約区域で譲る代わりに、条約草案の前文に新しく「太平洋地域における国際の平和と安全の維持が共通の関心事であることを確認し」という文言を入れる交渉をするように指示した。条約区域外での行動にアメリカが日本の基地を利用するための法的基盤を強化することが、そのねらいであった(40)。

国務省の指示を受けてマッカーサーは、太平洋地域という言葉を前文に入れるよう日本側に働きかけたが、日本側は強く抵抗した。その理由は、この言葉を入れると、たとえ本当はそうでなくても、反対勢力や新聞によって日本の義務が無限定、無制限に増加したと攻撃されかねないからであった。それは世論を混乱させ、まったく割に合わない厄介な問題を日本政府に突き付けるだろう、と藤山外相はマッカーサーに説明している(一九五九年六月九日)(41)。

日本政府は、条約区域以外の地域への関心を示す言葉としては、旧条約でも使われていた「極東」ならば問題ないと判断した。アメリカ側の草案に日本側の提案する修正を入れた条約草案(一九五九年四月二十九日付)(42)は、第五条で条約区域を日本本土とするとともに、前文、第四条(随時協議)、第六条(基地の許与)にそれぞれ「極東における国際の平和及び安全」という言葉を入れ、アメリカがそのために日本の基地を使用できることを明らかにした。アメリカ政府も、日本側が「太平洋」という言葉をどうしても受け入れないので、しぶしぶそれを取り下げた(六月十八日)(43)。そのため最終的には、「極東における国際の平和及び安全」という言葉が使われることでこの問題は決着したのである。

ただし、「太平洋」が「極東」になったからといって、それで在日米軍基地の使用価値が実質的に減少するわけではなかった。というのも、旧条約でもそうであったが、外交当事者の理解では、この「極東」という概念は、米軍使用の地域的限界を示すものではなかったからである。西村熊雄は、旧条約の「極東」について次のように説明している。

「世間一般にこの「極東」を、上記の「防衛地域」〔本章でいう条約区域のこと〕に対して、「使用地域」と呼んでいるようであるが、「使用地域」というといかにも在日合衆国軍隊を使用することができる地域の限界を規定するもののような錯覚にとらわれる。しかし、そうではないので、よく読むと在日合衆国軍隊を使用する目的が極東の平和と安全のためでなければならぬとするものである。目的の地域的限界であって使用の地域的限界ではないことに気づかされるであろう。

実際問題として両者は合致し、極東の平和と安全のため使用される合衆国軍隊は極東地域で行動するであろうけれど、条約上は極東に限定されるのでなく、極東の平和と安全のためならば極東地域の外に出て行動してさしつかえないことになるのである。」(44)

新条約（六条）も、旧条約（一条）と同様に、米軍に「極東における国際の平和及び安全の維持に寄与するため」の基地使用を認めるものであり、そのことは同じであった。

しかし、安保改定の国会審議は「極東」の範囲をめぐって紛糾することになった。やはり一般的には、「極東」が在日米軍の地理的行動範囲を示すと受け取られたし、国会における政府の説明が二転三転して、野党による政府攻撃の格好の題材となったからである。「極東」の範囲は安保改定論争の一大テーマとなり、世間の関心を大いに集めることになった。

マッカーサー大使は議論のゆくえを心配して、岸や藤山に対し、極東の範囲を日本政府が定義しないように働きかけた。大使は、日本政府が極東の範囲を定義しても、アメリカ政府はそれを上院の審議で否定しなければならないであろうと警告した。マッカーサー大使にせきたてられて日本政府は、それまでの答弁の経緯もあるので極東の大体の範囲は示すけれども、それを「排除的でも限定的でもなく、また米軍行動の範囲を制限するものでもない」（アメリカ側文書）ように説明する定式を考案した(45)。一九六〇年二月二十六日、衆議院日米安全保障条約等特別委員会において岸首相は、自民党の愛知揆一委員に答える形で、次のような政府の統一解釈を表明した。

「一般的な用語としてつかわれる「極東」は、別に地理学上正確に画定されたものではない。しかし日米両国が、条約にいうとおり、共通の関心をもつているのは、極東における国際の平和及び安全の維持ということである。この意味で実際問題として両国共通の関心の的となる極東の区域は、この条約に関する限り、在日米軍が日本の施設及び区域を使用して武力攻撃に対する防衛に寄与しうる区域である。かかる区域は大体において、フィリッピン以北並びに日本及びその周辺の地域であつて、韓国及び中華民国の支配下にある地域もこれに含まれている。新条約の基本的な考え方は、右の通りであるが、この区域に対して武力攻撃が行なわれ、あるいは、この区域の安全が周辺地城に起こつた事態のため脅威されるような場合、米国がここに対処するため執ることのある行動の範囲は、その攻撃又は脅威の性質いかんにかかるのであつて、必ずしも前記の区域に局限されるわけではない。」(46)

この解釈により、新条約においてもアメリカは在日米軍を、極東の平和と安全のためであれば、太平洋地域、あるいはそれを超えた地域でも使用できることが確認された。太平洋か極東かという違いは、基本的には日米両国の議会と世論にどう映るかという、いわば見栄えの問題であったと言えよう。

二　事前協議の秘密

アメリカ政府の譲歩

以上のように、新条約では「物と人との協力」を、「日本国の施政の下にある領域」（五条）での共同防衛ならびに「極東における国際の平和及び安全の維持」（六条）のための基地使用という形で表現することになった。しかし、アメリカが「物」すなわち基地の使用に関して事前協議という制限を受け入れたことを、どのように考えるべきであろうか。

安保改定にあたって日本政府は、国内の安保批判を抑えるべく、米軍の基地使用に関して、核兵器の持ち込みと極東有事の際の戦闘作戦行動を事前協議の対象にするよう強く要求した。アメリカ政府は日本政府の立場を理解し、その要求に応じた。新安保条約は「条約第六条の実施に関する交換公文」で、次のように事前協議を定めている。

「合衆国軍隊の日本国への配置における重要な変更、同軍隊の装備における重要な変更並びに日本国から行なわれる戦闘作戦行動（前記の条約第五条の規定に基づいて行なわれるものを除く。）のための基地としての日本国内の施設及び区域の使用は、日本国政府との事前の協議の主題とする。」

この文言によるアメリカ政府の譲歩は、どのようなものであったのだろうか。

まず、「協議」という言葉の意味が問題であった。「協議（consultation）」は必ずしも「同意（consent）」を意味しない(47)。日本政府は、事前協議は国際法上の意味での「拒否権」とは違うと説明した(48)。そうだとすると、仮に事前協議が行われて日本が否と言っても効力がないではないか、という批判が出てこよう(49)。その批判を抑えるために日米両政府は、岸＝アイゼンハウアー共同声明（一九六〇年一月十九日）の中に、アメリカ政府が「日本国政府の意思に反して行動する意図のないことを保証」することを盛り込んだ(50)。これによって、日本政府は事前協議における日本の諾否は意味を持つと説明できることになった。

もちろん、そのような説明は多分に形式的なところがある。岸自身が二〇数年後に、次のようにはっきりと述べている。

「事前協議の拒否権なども似たようなものである。条文の上ではっきりしていないというが、岸・アイゼンハワー共同声明で明瞭な上に、根本は日米の相互信頼なのだから、相手が信頼できないというのなら、条約なんか結ばない方がいいくらいである。それに条文でどうなっていようと、本当に危急存亡の際、事前に協議して熟慮の結果拒否権を発動することに決めてノーと言ったからといって、それが日本の安全に効果があるかどうかは議論するまでもないであろう。」(51)

しかし、仮に拒否権が形式的なものであっても、それで事前協議に意味がないということにはならない。まず日本政府は、この仕組みによって、米軍の基地使用に対して独立国家として一定の発言権を有するという体裁を得ることができた。それは、対等な主権国家同士の協力関係において基地を貸与するという建前からは、どうしても必要な体裁であった。またこの仕組みによって、日本国民に対して、日本政府が知らないうちに核兵器が持ち込まれたり、極東の戦争に巻き込まれたりするような事態にはならないと説明することができるようになった。

それにアメリカ政府にしても、事前協議を行うと約束しておいてそれを行わなかったり、実際に行った事前協議で日本政府の意向を無視したりすることは、日本との政治的な連携に取り返しのつかないひびを入れる恐れがあり、現実的ではなかった。その意味で日本本土の基地使用は、実質的に制限されることになる。たとえば核兵器の導入について見ると、アメリカ政府の対日政策基本文書NSC六〇〇八/一（一九六〇年六月十一日）は、長距離・中距離のミサイルを含む核兵器の日本への導入は事前協議の対象になるが、仮に事前協議を行っても、極度に緊急の場合を除いて、日本政府が導入に同意することはありそうもない（highly unlikely）との判断を示している。そして同文書は、大統領の許可がないかぎり、事前協議で表明された日本政府の希望に反する行動は避けるように、と明確に指示している(52)。つまり、事前協議の約束によって、核兵器を日本本土に導入することは事実上、断念せざるをえないのである。

ただそうは言っても、アメリカが事前協議制度の導入によって自らの戦略的利益を大きく損なうような譲歩をしたとも思えない。たとえば核兵器の問題では、もし日本側の態度が変われば、事前協議を行ったうえで核を導入することが可能になるかもしれなかった。実際マッカーサー大使は、軍部への説明の中で、将来日本が核武装して事情が変わるという可能性を示唆している(53)。またアメリカは、仮に日本本土に核兵器を持ち込めなくても、自ら施政権を握る沖縄へは自由に持ち込むことができる（現にアメリカは、沖縄への中距離核ミサイルの導入を決めていた）。沖縄基地の自由な使用が、事前協議制度導入の前提になっていたのである(54)。それから、いわゆる核搭載艦船の寄港の問題がある。もし核兵器を搭載した米海軍艦船が、事前協議制度があるために日本には来航できないということであれば、アメリカにとっては大きな戦略的損失になっていたであろう。しかし常識的に言って、過去において核兵器を搭載したアメリカ第七艦隊の艦船が日本に寄港していたことはまちがいないと思われる。

公開されていない「討議記録」

ここで一つ、大事なことを確認しておく必要がある。それは、安保改定の際に結ばれた重要な取り決めのすべてが公開されているわけではない、ということである。実は改定交渉が妥結した一九六〇（昭和三十五）年一月六日、マッカーサー大使と藤山外相は、ワシントンでの新安保条約調印（一月十九日）に先立って、東京で秘密裏に三点の文書に署名している。そのうちの二つは、事前協議にかかわる極秘の取り決めであった(55)。

一つは、事前協議の文言の解釈について日米間の了解事項を記した文書「事前協議の定式に関する討議記録（Record of Discussion on Consultation Formula）」である。この文書そのものは現在も公開されていないが、周辺の文書によってこの文書の形成過程を検討してみると、アメリカ側は事前協議の解釈について四つの点を明らかにしておきたかったことがわかる。そして日本側は、その四点すべてを受け入れた(56)。

四点のうちの一つは、事前協議は米軍の日本からの撤退には適用されないということであった。アメリカとしては、どこからであれ米軍の自由な引き揚げを制約されるのは困るのである。これは事前協議を定める「条約第六条の実施に関する交換公文」の文言の中の、「日本国への配置」［傍点は引用者］という表現によって、事前協議は日本からの米軍の撤退には適用されないことが明らかにされた。他の三点も、おそらく「討議記録」の中に盛り込まれたと考えられる。一つは「装備における重要な変更」という文言が核兵器の導入に限定され、通常兵器には適用されないという点であった。たとえば、ミサイルであっても、それが短距離の通常弾頭のものであれば事前協議の対象にならないとの了解である。次に、極東有事の際に「日本国から行なわれる戦闘作戦行動」という文言が日本の基地から直接出撃する攻撃だけを指す、ということもアメリカ政府が確認したかった点であった。すなわち、米軍がいったん日本国外に移動して、そこから攻撃作戦を開始するという場合は、事前協議の対象にはならないという了解である。これら二つの点が了解されていることは、これまでの政府の説明によって一般によく知られている。

しかし、問題はもう一つの点である。アメリカは事前協議に次のような了解を取り付けようとした。

「事前協議は、米軍部隊とその装備の日本への配置に関する、ならびに米軍機の飛来と米海軍艦船の日本領海への進入および日本の港への入港に関する現行の手続き——それはまったく問題なく執行されている——に影響を与えるとは解釈されないものとする。」(57)

この文言によってアメリカ政府がねらっていたのは、アメリカ海軍が事前協議に関して懸念していた問題、すなわち核搭載艦船の寄港問題(58)の解決であったと考えられる。アメリカ海軍は、当時においても、どの艦船が核兵器を搭載しているかを明らかにしない政策をとっていた。もしこの文言が言うように、安保改定後も艦船の寄港に関する「現行の手続き」が変わらないとすれば、そういう政策をそのままとり続けることができる。そうなれば事実上、事前協議は成立しない。アメリカ政府はこの了解によって、核搭載艦船の寄港を事前協議の対象外にすることを求めていたようである。

ただ、この文言は少しあいまいである。核搭載艦船の寄港だけを取り上げて、それは事前協議の対象外にすると端的に述べているわけではない。また、この文言がそのまま最終的な了解の文言になったかどうかも、今のところ確認できない。しかし、交渉の過程でこの文言を示された日本側は、艦船の寄港は事前協議の対象外にしたいというアメリカ側の意向を十分理解していたと思われる(59)。実際、マッカーサー大使は後に、安保改定時にはそのことについての了解が藤山外相との間にあったと証言している(60)。

この問題は、これまでアメリカから核搭載艦船の寄港は事前協議の対象外であったとする有力な証言がいくつか出されてきた(61)。しかし、日本政府は、それも事前協議の対象になると説明している。この食い違いの真相を明らかにするためには、「討議記録」の公開が必要と思われる（「補論」参照）。

朝鮮半島有事の場合

さて、この核搭載艦船の寄港の問題は、これまでよく論じられてきた「秘密」である。しかし、もう一つの事前協議に関する極秘の取り決めの方は、必ずしもそうではない。それは、核持ち込みと並んで事前協議の主要な対象となる、極東有事における米軍の戦闘作戦行動にかかわる秘密である。

まず、次の質疑応答を見ていただきたい。これは、一九六〇年四月二十六日、安保改定審議のための特別委員会（衆議院日米安全保障条約等特別委員会）でのやりとりである。

横路節雄委員（社会党）　「朝鮮動乱、韓国において再びそういう動乱が起きた場合における国連軍の出動については、これは吉田・アチソン交換公文の効力が引き続いて生きているのであるから、従って、私の受けた印象では事前協議の対象にならない、こういうように総理から具体的に答弁があったと思うのですが、その点はどうですか。」

岸首相　「これは今度の交換公文［吉田・アチソン交換公文等に関する交換公文］ではっきり書いてありますように、その場合の米軍の行動につきましても事前協議の対象になるのであります。」(62)

社会党の横路議員の質問の趣旨は、朝鮮戦争の際に国連軍の行動に対する日本の支援を約束した「吉田・アチソン交換公文」の効力持続をこれからも認める以上、もし戦争が再発した時にはそれに対応する国連軍としての米軍の行動は事前協議の対象外になるのではないか、というものであった。これに対して岸首相は、その公文の効力持続をうたった交換公文（「吉田・アチソン交換公文等に関する交換公文」）に基づいて、そうはならないと答えたのである。言うまでもなく岸の説明は、この問題についての日本政府の立場を確認するものであった(63)。

なるほど「吉田・アチソン交換公文等に関する交換公文」の第三項は、次のように規定している。

> 「千九百五十年七月七日の安全保障理事会決議に従つて設置された国際連合統一司令部の下にある合衆国軍隊による施設及び区域の使用並びに同軍隊の日本国における地位は、相互協力及び安全保障条約［新安保条約］に従つて行なわれる取極により規律される。」

これを読めば、岸首相が説明するように、たとえ国連の旗の下であっても米軍が朝鮮半島有事に際して戦闘作戦行動を起こす場合には、日本政府との事前協議が必要なことは明らかなように思われる。

しかし、近年公開されたアメリカの外交文書は、極東有事の中でも日本が備えるべき最も大きなこの朝鮮半島有事の際に、アメリカが日本との事前協議をバイパスできる仕組みがあったことを示している。岸の説明から二カ月も経たないうちに、アメリカの国家安全保障会議で採択された対日政策基本文書NSC六〇〇八／一は、次のように記している。

> 「［安保］条約の諸取り決めにおいて合衆国は、中距離、長距離ミサイルを含む核兵器の導入にあたっては事前協議を行い、また**朝鮮の国連軍への攻撃に即応するものを除いて**［傍点は引用者］、日本防

衛に直接関連しない戦闘作戦行動を［日本の］基地から起こす時には事前協議を行うことを約束している。」（第一五パラグラフ）

同文書はまた第四一パラグラフにおいて、日本が当事者ではない紛争のために日本の基地から戦闘作戦行動を行う場合には日本政府と事前協議を行うが、次の場合は除くと明記している。

「在朝鮮の国連軍への攻撃によって緊急事態が生じた時は、国連統一司令部の下にある在日米軍は、朝鮮休戦に違反してなされた武力攻撃を在朝鮮の国連軍が撃退できるようにするために、そうした武力攻撃への反撃として即座に行う必要のある戦闘作戦行動をとるが、そのために、日本における施設及び区域を利用すること。」(64)

さらに、一九五九年十二月三十一日、国務省が上院外交委員会のフルブライト（J. William Fulbright）委員長に対して安保改定交渉の最終的な進捗状況について報告した時の記録によれば、パーソンズ（J. Graham Parsons）極東担当国務次官補は、日本政府が事前協議に例外を設けたので、朝鮮で共産主義者の侵略が再開された場合、在日米軍は事前協議なしに即座に反撃することができるとフルブライトに説明している。そして同次官補は、「この取り決めの極度の秘密性（the extremely confidential nature of this arrangement）」を強調した(65)。

「吉田・アチソン交換公文」の取り扱い

残念ながら公開された資料からは、この「極度の秘密性」を持った取り決めの具体的な形を知ることはできない。取り決めの名前（「安全保障協議委員会の第一回会合のための議事録」）から、新設の日米安全保障協議委員会の活動に関して何らかの合意ができたのではないかと推測できるだけである。しかしその取り決めができる経緯については、だいたいのところを明らかにすることができる。簡単に言うと、次のとおりである(66)。

先に述べたように安保改定において日米両政府は、一九五一年の「吉田・アチソン交換公文」——その公文の中で日本は、講和条約の後も朝鮮戦争に関連する国連軍の行動を基地やサービスの提供によって支持することを約束した——の効力持続を確認する交換公文（「吉田・アチソン交換公文等に関する交換公文」と呼ばれる）を取り交わした。その際、この新しい交換公文と事前協議の関係、すなわち、朝鮮半島で戦火が再発した場合に米軍が国連軍としてとる行動は事前協議の対象になるかどうかが問題になった。日本政府はそれも対象になるとしたかったし、国民と国会には対象になると説明した。

しかしアメリカ政府は、そのような日本政府の立場を受け入れなかった。軍部の強い反対があったからである。そしてこの軍部の反対のため、一九五九年の五月ごろから吉田・アチソン交換公文の取り扱いは、にわかに安保改定交渉の難題の一つになった。統合参謀本部は、日本政府の立場が在日米軍の軍事的効果を大きく損なわせ、新条約の相互性を減少させると指摘したうえで、アメリカ政府が日本政府から、極東での戦闘再開の際には国連軍の行動を日本が以前と同様の条件で支持するという内密の保証を取り付けるように、強く主張したのである。そして統合参謀本部は、もしそれができないなら、軍事的効果の減少から考えて、在日米軍の撤退を「真剣に考慮する」ことが必要になるとも付け加えた(67)。

マッカーサー大使は統合参謀本部の主張に危惧をいだき、反対した。大使は、一九五九年六月二十一日の電報で、日本に対して、あたかもまだ占領中であるかのように事前協議なしの国連軍の戦闘作戦行動を認めるように要求しても、きっぱりと断られるだけであろう、そればかりでなく、そういう要求は過去二年間に積み上げられてきた日米間の緊密な協力と友好の精神に対してまったくのダメージになるであろうと述べて、ハーター国務長官に、国務省の立場を明確にするよう進言した(68)。

しかしハーター国務長官は、マッケルロイ（Neil McElroy）国防長官と話し合ったうえで、JCSの見解に理解を示した。そしてマッカーサーに対して、例外を求める国連軍の行動は朝鮮有事に限るべきだが、そのことについては「可能な最も強い言葉で」岸に求めるよう指示した(69)。

国務長官の指示に従ってマッカーサー大使は、七月六日、岸と藤山にアメリカ政府の考えを伝えた。以下に会談を報告する大使の電報の一部を引用する。

「もし朝鮮半島で共産主義の侵略が再開されたら、米軍は、アメリカと日本が自由意思で引き受け、また安全保障理事会と総会ですでになされた決議に基づく国連に対する義務に従って、国連支援の行動を行うであろう。それゆえ朝鮮での国連軍に対する攻撃再開は、事前協議の定式で扱われる問題とはまったく別のものになる。私は、アメリカの上院が朝鮮の国連軍支援に関する吉田・アチソン交換公文の継続に深い関心を持っていると述べた。私は、アメリカが、国連に対する義務、また朝鮮においてその軍隊を国連統一司令部におけるわれわれの指揮に委ねている他の同盟国に対する義務を果たすために、約束した行動を実行する能力を持つ必要があると指摘した。したがって極東の米軍は、必要な時には即座に、事前協議を待つことなく反応しうることがどうしても必要になる。事前協議は時間がかかるかもしれないし、われわれの指揮下にある軍隊の壊滅そして朝鮮半島全体の喪失にさえつながり、日本を非常に不安定な立場におくことになるかもしれない。私は、朝鮮における共産主義者の侵略に対する最大の抑止力は、極東のすべての基地と利用しうる地域から、われわれが共産主義者に対してほぼ即座に行動できる能力と、そのようなわれわれの行動能力がそこなわれていないという共産主義者の意識にかかっていると強調した。したがってアメリカは、吉田・アチソン交換公文に関するかぎり、アメリカが国連軍の支援を行うことを許すという日本が結んだ約束を無効にするかもしれない、いかなる理解も黙認できない。」(70)

大使は、朝鮮半島における共産主義者の侵略に対する最大の抑止力が、極東のすべての基地から即座に行動できる能力にかかっていることを強調して、朝鮮半島有事の際に事前協議を行うことは米軍の即応体制にとって足枷になる、と説明したのである。大使は、朝鮮有事の場合に国連軍の形をとる在日米軍の戦闘作戦行動を事前協議の対象外にするよう、強く要求した。

マッカーサーの強い調子の説明を聞いた岸は、問題は対等な主権国家同士の新しい日米関係の核心に触れるものであり、きわめて慎重に検討する必要があるとして即答は避けた。岸は、七月十一日から欧州・中南米歴訪に出発することになっており、それ以前にマッカーサーと接触することを約束したが、党内事情などで多忙のため果たせなかった。そのため、代わりに七月十日、山田久就外務次官が岸の指示を受けて、大使に事情説明を行った。山田は大使に、アメリカ側の提案は非常に重大な問題を生じさせているが、岸と藤山は日米双方に折り合いのつく解決を見つけるため最大限の努力を行うであろう、と語った。大使は、日本側がアメリカ側の基本的原則を受け入れるならば、この問題の処理について岸と日本政府が困らないような方法を見つけるためあらゆる努力をする、と応えた。山田次官は、そのことを岸に伝えると言い、個人的な非公式の感触として、そういう大使の考え方を基礎にすれば交渉をまとめるチャンスはかなりあると述べた(71)。

残念ながら、岸の帰国後に日本政府からどのような回答がなされ、それにアメリカがどう反応したかについて、アメリカの外交文書は沈黙している。具体的にどのような形の決着がついたのか、現在公開されている文書からは知ることができない。しかし一九五九年の十二月までには、アメリカ側の基本的な考えを受け入れつつ、日本政府も困らないような何らかの処理の方法が日米間で編み出されたようである。

国連軍の形をとる米軍

そうした動きは、新聞が報道するところとなった。一九五九年十二月十一日付の『毎日新聞』夕刊は、ワシントンの駐米大使館筋の話として、次のように伝えている。

「同筋によれば、新条約で在日米軍が日本区域外の極東に作戦行動する際、日米間で事前協議するが、朝鮮はこの交換公文で台湾や大陸沿岸区域と区別され、除外例となるとしている。したがって国連軍の形をとる米軍は自由に朝鮮に出動しうることが考えられ、解釈によっては注目される事前協議の問題点となると予想されている。」

翌日の同新聞朝刊では、この「国連軍の形をとる米軍」というところを補足説明している。一九五七年七月の国防省の編成替えによって、日本にあった国連軍司令部はソウルに移り、日本の駐留軍は在日米軍司令官の指揮下におかれた。韓国の米第八軍司令官は国連軍司令官を兼務する。在日米軍と米第八軍は、それぞれハワイの太平洋軍司令官の指揮下にある。この意味で在日米軍と国連軍は別個のものである。しかし、在日米軍の陸軍関係補給機関は米第八軍の後方支援を行うことを主任務としていることからもわかるように、両軍には実質的な関連性がある。在日米軍と国連軍のけじめが明確にできるかどうかは問題である。もし在日米軍が国連軍に変化すれば、事前協議は空文となるのではないか。

この問題は当日、早速、国会で取り上げられ、藤山外相は野党の厳しい追及を受けた。藤山は、在日米軍が国連軍として行動する場合も事前協議の対象とすることでアメリカ側と了解ができている、と答弁した。しかし、外務省の事務方がこの問題はまだアメリカと協議中であると新聞に説明するなど、混乱した印象を与えた(72)。マッカーサーは藤山の答弁を、次のように評している。

「昨日、藤山は参議院での紛糾を鎮めようと努力したが、彼の努力はとくに効果的でも説得的でもなかった。そのことは、(1)彼の議会答弁技術の乏しさ、(2)アメリカとの間で未決着の秘密の議論の性格、(3)いかなる政府も、同意はもちろん事前の協議さえなしに自国以外の第三国が関連する戦闘作戦行動を自国の基地から許すということを公に認めることはできないという事実、のためである。」(73)

『毎日新聞』はさらに特電を続け、アメリカ外交筋と国連関係筋が藤山の国会での説明を否定する態度を示していると伝えた（十二日付夕刊）。それらの見解は、在日米軍であっても国連軍である以上、日米二国間の話し合いだけで国連軍という地位は変更できない、だから当然事前協議の対象にならない、というものであった。また、『ニューヨーク・タイムズ』（十一日付）を引用して同新聞は、朝鮮半島に武力衝突が再発した場合も事前協議が深刻な問題を引き起こすことはないという、ワシントン権威筋の話を紹介している。その理由は、韓国の防衛は国連の問題であり、日本は国連の行動に対して支持を約束しているからというものであった。『毎日新聞』は、十三日付朝刊にはＡＰ電を載せ、条約締結の慣例では調印の際に両国間で覚書を交換するが、その中に「朝鮮で戦闘が発生した場合、米軍を使用するには事前協議を必要としないという特別議定書をつけ加えるかもしれない」という「関係当局の一人」の話を伝えた。マッカーサー大使は国務省への報告で、とくにこの最後の記事が邪魔になる（unhelpful）、とコメントしている(74)。

十二月十五日、自民党の安保小委員会は、混乱収拾のためにこの問題についての統一見解を発表した。それは、在日米軍が国連軍の資格において行動する場合といえども当然事前協議の対象になると明言して、藤山の国会答弁を確認するものであった。しかし、やはり『毎日新聞』（十六日付朝刊）が指摘したように、国連軍の立場は日米二国だけで変更できるのか、そして仮に事前協議の対象になっても拒否を予想しない事前協議になってしまい有名無実ではないか、といった疑問が残った。だが、この統一見解の発表後、問題はあまり大きくならなかった。

あるいは、『朝日新聞』の次の記事が解説するような政府の意向が、広く理解されたからかもしれない。

「国連軍としての行動がこんご起る場合、具体的にはどうなるか。政府の意向は〝国連協力〟の精神、具体的には存続される吉田・アチソン交換公文にもとづいて、この事前協議にのぞむだろう、というものである。国連軍の軍隊を「支持」することを許し、かつ容易にさせるというこの公文にもとづいて、このような事前協議では、それが朝鮮動乱の継続としてのものと認められ、不必要なものでないと認められるかぎり、出動に同意を与えてゆこうというわけだ。これは、実質上〝底抜け〟ではないかとの議論もあろう。しかし朝鮮に対する米国を主力とする国連軍の介入に本来反対する立場をとるならともかく、現在の政府の方針がこの「国連軍」の行動を支持することにあるかぎりこれに同意を与えることはスジ違いとはいえないだろう。」(75)

たしかに、もし朝鮮の休戦が破られて戦争が再発したならば、どのみち日本政府は日本に駐留する国連軍の戦闘作戦行動を支持していたであろう。朝鮮有事の米軍の戦闘作戦行動は、核持ち込み問題とは違って、事前協議をすれば日本政府がおそらく確実にイエスと答える問題であった。しかしアメリカ政府は、時間の余裕の問題もあり、そういう日本政府の意向だけでは安心できなかったようである。

岸首相は、「吉田・アチソン交換公文等に関する交換公文」に依拠して、国連軍の下にある米軍の基地使用も新安保条約に「従つて行なわれる取極（arrangements）により規律される」と説明した。しかし、いまだ新安保条約に関する複数の「取極」のすべてが公開されているわけではなく、アメリカの外交文書は、朝鮮半島有事の際に国連軍として緊急に行動する在日米軍は日本との事前協議なしでも戦闘作戦行動をとりうる、という趣旨の何らかの「取極」があったことを示しているのである（「補論」参照）。

以上のように事前協議の問題を見てくると、アメリカ政府は、この制度の導入によってある程度は基地使用の制約を受け入れたが、アジア戦略の要としての日本の基地の軍事的価値の維持には抜かりがなかったと言えるであろう。

三　評価——条約改定の限界

西村熊雄は、安保改定の性格を次のような比喩で説明している。

「鰹節を進呈するとき、裸でおとどけするのは礼を失する。安保条約は、いわば、裸の鰹節の進呈である。日本人は裸の鰹節をとどけられて眉をひそめた格好であった。新条約は桐箱におさめ、奉書で包み、水引をかけ、のしまでつけた鰹節と思えばよろしい。桐箱は「国際連合憲章」(第一条、第七条)であり、奉書は「日米世界観の共通」(第二条)であり、水引は「協議条項」(第四条)であり、のしは「十年後さらによりよきものに代えうる期待」(第十条)である。裸の鰹節と桐箱におさめられた鰹節では、とどけられる者にとり、大きな相違がある。心ある日本人は新しい条約を快く受けいれてくれるにちがいない。」(76)

西村が言うように一九六〇(昭和三十五)年の安保改定は、旧条約をさまざまな点で、いわば「化粧直し」して、この条約に対する日本人の不満を取り除く試みであった。実際、新安保条約は、「裸の」旧安保条約とは違い、次第に日本国民の間に定着し、受け入れられていった。だが、「桐箱におさめ」られた贈り物の中身(「鰹節」)に変わりはない。改定された安保条約も、旧条約と同様、アメリカへの基地提供とアメリカからの安全保障を交換する「物と人との協力」をその本質としていた。

本章では安保改定の「化粧直し」の内容を、条約区域と事前協議の二つの問題に限って検討した。そこから確認できることは、この「化粧直し」のよく言えば巧妙さ、悪く言えば不透明さである。まず条約区域の問題は、たとえ実質的には「物と人との協力」であっても、アメリカが他の同盟国と結んでいる安全保障条約との関係でどうしても欠かせない共同防衛の体裁を、日本の憲法上の制約といかに折り合わせるか、という問題であった。結局これについては、アメリカが主張したような「太平洋」を条約区域にしておいて日本は憲法の許す範囲で行動するという形ではなくて、「日本国の施政の下にある領域」での共同防衛という体裁がとられた。その解決の巧妙さは、その共同防衛の行動がアメリカには集団的自衛権の行使と見えるかもしれないが、日本国内では個別的自衛権の行使に見えるようにすることができるところにあった。

この共同防衛の体裁によって「物と人との協力」は、旧条約のように駐軍協定の色合いが強いものではなくなった。旧条約締結の際に外務省は、アメリカの対日講和七原則（一九五〇年十一月二十四日公表）の中に、「日本国区域における国際の平和と安全の維持のために、日本国の施設と合衆国の、および、おそらくはその他の軍隊との間に継続的協力的責任が存在することを考慮する」という項目があることに危機感をいだいた。外務省の講和準備文書は、次のようにこの項目を批判している。一国の安全保障の前提は、国民の間に自国の平和と安全を保持しようとする愛国心が存在することにある。「施設と他国の軍隊との間の協力」では、安全保障は完全なものにならない。なぜなら、「平等のパートナーとして国と国との間に安全保障のための協力関係が成立することによつて初めて」国民の間に国家を防衛しようという熱意が生まれるからである(77)。

外務省は、実際の講和交渉において、平和条約の中に安全保障の取り決めが盛り込まれることをそれほど問題なく回避することができた。しかし、安保条約を集団的自衛に基づく「平等のパートナー」の関係として設定することは、ついにできなかった。旧安保条約では、まさに「施設と他国軍隊との間の協力」という性格があからさまになってしまったのである。

これに対して新条約は、「日本国の施政の下にある領域」に限られるとはいえ、日米が互いに守り合う約束を含み、「平等のパートナー」の協力関係として表現されることになった。単なる駐軍協定ではない、同盟条約の形式を得たと言ってよいであろう。

もっとも、互いに守り合うといっても、それは相互に相手の領土（や施政権下にある地域）を守り合うということではなかった。アメリカは日本の領土を守るが、日本が守るのは「日本国の施政の下にある領域」におけるアメリカ、要するに在日米軍とその基地だけであった。したがって、この条約は、互いに義務を負う相互条約ではあっても、北大西洋条約や米比条約のような相互防衛条約の形式を完備してはいない条約であった。しかも、日本が在日米軍基地を守るという形で、かろうじて相互防衛の装いをまとったことは、新条約によって生まれた日米同盟が、何よりも基地によって結びついた同盟であることを明らかにしたと言えるかもしれない。

事前協議の問題は、対等な主権国家同士が結ぶ条約という建前と、「物と人との協力」における「物」の価値を実質的に減少させないという要請の間の、調整の問題であった。アメリカは、沖縄の基地の自由使用を前提としつつ事前協議を受け入れた。しかし、アメリカの外交文書から見るかぎり、その柱であった核兵器の持ち込み問題と、極東有事の際の戦闘作戦行動についての事前協議については、それぞれ秘密の取り決めが結ばれていた。巧妙と言うより、不透明な工夫がなされたようである（「補論」参照）。

アメリカ政府は事前協議の受け入れに熱心ではなかった。本章で取り上げた秘密の取り決めはさておくとしても、たとえば、極東の平和と安全のための米軍の出動について事前協議をするのは、日本から直接に戦闘作戦行動を行う場合に限るとするなど、事前協議をなるべく限定的なものにしようとした。それが事前協議制度を不完全なものにしたことはまちがいない。

ただ、事前協議について考える時、それを行うことにアメリカ側が気乗り薄だった、ということだけを問題にすべきではないであろう。というのも、実際にアメリカから事前協議を申し込まれた場合、はたして日本がうまく対応できるのかという問題もあったからである。この点に関しては、安保改定のさなかに外務省OBの西春彦（外務次官、駐豪大使、駐英大使を歴任）が行った安保改定批判が興味深い。西は「日本の外交を憂える」(78)において、次のように述べている。

「日本防衛以外の目的をもって在日米軍が日本区域外に出動するさいには、新条約によって、日本政府との事前の協議を要するということになる由である。そうなれば米軍の自由行動の範囲はこれまでにくらべてより限定されるかもしれないが、その範囲内での米軍の行動については、協議乃至合意という積極的行為を通じて日本も関与することになるわけであるから、外国にたいしては米国と共同の責任を負うことになる。」

そもそも同盟とは、国家が共通の目的のために同一の行動をとることを約束するものである。そしてその行動の結果には共通の責任が生じる。しかし、アメリカに対して事前協議を要求する日本には、そうした責任を負う準備があるのだろうか。この問いは、実は現在に至っても、事前協議に関する一つの、しかしきわめて根本的な問いであり、きちんと答えられてはいないように思われる。

安保改定における安保条約の「化粧直し」には、条約区域と事前協議に限って見ても、このようにすっきりしないところや不透明なところがあった。それは結局のところ「物と人との協力」という安保条約の非対称な相互性を、普通の相互性のように見せるということの難しさから生じたものである。東郷文彦が、改定された安保条約は「相互防衛と日本憲法を両立させるぎりぎりのところで出来上がっている」と述べているのは(79)、まさにそのことを意味しているのであろう(*17)。

(1) 本章は、拙稿「安保改定における相互性の模索——条約区域と事前協議をめぐって」『国際政治』一一五号（一九九七年五月）および拙稿「日米安保事前協議制の成立をめぐる疑問——朝鮮半島有事の場合」『阪大法学』第四六巻四号（一九九六年十月）を下敷きにしている。

(2) "Treaty of Mutual Cooperation and Security between Japan and the United States," State Department, Central Files, 794. 5/2-1858, RG 59, National Archives（以下、*CF* 794. 5/2-1858 などと略す）。なお、第4章注(38)を参照。

(3) *CF* 794. 5/3-1257 (tel. 1996), *CF* 794. 5/5-457 (desp. 1060). なお、第4章注(68)を参照。

(4) U. S. Department of State, *Foreign Relations of the United States: 1955-1957*, Vol. XXIII (G. P. O., 1991)（以下、*Foreign Relations of the United States* は *FRUS: 1955-1957*, Vol. XXIII などと略す。刊行年等は巻末の主要参考文献を参照）, p. 329.

(5) 第4章の注(38)でもふれたNHKのドキュメンタリー番組「こうして安保は改定された——機密外交文書が語る日米交渉」（NHK、一九九〇年六月十七日放送）の中で、マッカーサーの草案を見せられた当時の外務省関係者（井川克一氏、安保改定当時は条約課長）は、この草案がアメリカ側だけの考えで生まれたものではないのではないかと、外務省の考え方が影響していることを示唆している。

(6) 核兵器持ち込みに対する事前協議がこの地域に適用されないことを、明確にしておく必要があった。*CF* 611. 94/6-2058 (tel. 3380), *CF* 794. 5/10-1358 (tel. 792). それはもちろん、アメリカの軍部が警戒することであった。

(7) *CF* 611. 94/6-2058 (tel. 3380).

(8) *FRUS: 1958-1960*, Vol. XVIII, pp. 36-38, *CF* 611. 94/7-3158 (deptel. 206).

(9) *FRUS: 1958-1960*, Vol. XVIII, p. 37.

(10) Ibid., p. 87. cf., pp. 84-91.

(11) ただし、北大西洋条約では「締約国は、ヨーロッパ又は北アメリカにおける一又は二以上の締約国に対する武力攻撃を全締約国に対する攻撃とみなす〔傍点は引用者〕ことに同意」して行動するとされており（五条）、安全保障上の結び付きがより強く表現されている。条文は、たとえば山本草二編集代表『国際条約集 1999』（有斐閣、一九九九年）。

(12) 東郷文彦『日米外交三十年――安保・沖縄とその後』（中公文庫、一九八九年。初公刊は世界の動き社、一九八二年）七七―七八頁。東郷は原彬久教授のインタビューに対して、アメリカの立場は要するに「日本は軍隊を海外に派遣しなければいいのであって、海外派兵以外で太平洋地域の防衛に寄与できる」というものであったと回顧している。原彬久『日米関係の構図――安保改定を検証する』（ＮＨＫブックス、一九九一年）一四三頁。

(13) *CF* 794. 5/10-2358 (tel. 882). 原『日米関係の構図』一五三―五九頁は、この会談も含めて条約区域をめぐる日米間のやりとりを簡潔にまとめている。

(14) *CF* 794. 5/11-2858 (deptel. 802).

(15) *CF* 794. 5/10-2958 (tel. 911).

(16) *FRUS: 1958-1960*, Vol. XVIII, p. 100.

(17) Ibid., p. 117.

(18) 東郷『日米外交三十年』七八頁。

(19) 一九六〇年四月二十日の衆議院日米安全保障条約等特別委員会での質疑応答。この委員会におけるさまざまな質問と政府答弁の概要は、安保条約関係文書と共に、衆議院外務委員会調査室『衆議院日米安全保障条約等特別委員会 審議要綱』（大蔵省印刷局、一九六一年）に収められている。この石橋と岸のやりとりは、四四―四五頁。なお、斎藤眞・永井陽之助・山本満編『戦後資料 日米関係』（日本評論社、一九七〇年）などにも質疑応答の内容が収められている。

(20) 中村明『戦後政治にゆれた憲法九条――内閣法制局の自信と強さ』（中央経済社、一九九六年）一八四―八五頁。

(21) 在日米軍基地に対する攻撃への対処も個別的自衛権の範囲という政府の説明に対する国際法学者からの批判は、たとえば田畑茂二郎「新安保条約と自衛権」『国際法外交雑誌』五九巻一＝二号（一九六〇年七月）。肯定的な見解は、たとえば大平善梧「集団的自衛権の法理」安全保障研究会編『安全保障体制の研究』上（時事通信社、一九六〇年）。日本政府の集団的自衛権解釈の歴史については、阪口規純「集団的自衛権に関する政府解釈の形成と展開」上・下

『外交時報』第一三三〇号（一九九六年七＝八月）・一三三一号（九月）。

（22）安保改定交渉中の一九五九年四月二十九日、マッカーサー大使は国務省に、アメリカ側の草案（一九五八年十月四日）に日本側が提案する修正を取り込んだ新しい条約草案を送っている。*FRUS: 1958-1960*, Vol. XVIII, pp. 131-34. 第五条の変更とそれに対するマッカーサーのコメントは、ibid., pp. 133, 137.

（23）この点については、阪口「集団的自衛権に関する政府解釈の形成と展開」上、七三―七七頁を参照。

（24）国際法上の自衛権の歴史的発展については、田岡良一『国際法上の自衛権〔補訂版〕』（勁草書房、一九八一年）。

（25）阪口「集団的自衛権に関する政府解釈の形成と展開」上、七九―八〇頁、八二―八四頁。

（26）一九八一年五月二十九日の、稲葉誠一衆議院議員の質問主意書に対する答弁書。田中明彦『安全保障――戦後50年の模索』（『20世紀の日本』2、読売新聞社、一九九七年）一七八頁。

（27）田中明彦教授は、この政府解釈が、戦前のような海外派兵を禁じる点では望ましかったかもしれないが、日本国民の間に集団的自衛権について「ややゆがんだ解釈」を与えることになったと指摘している。なぜなら、集団的自衛権とは本来「侵略に対処するためには、個別的に対応するよりは、共同的、集団的に対応する方が望ましい」とする発想から生まれたものであったにもかかわらず、この解釈の結果、集団的自衛権とはあたかも他国を防衛すると称して昔のように海外派兵をする権利であるかのような、とらえ方がなされるようになったからである。田中『安全保障』一八〇―八一頁。

（28）神川彦松編『アメリカ上院における新安保条約の審議――議事録全訳』（日本国際問題研究所、一九六〇年）三―五〇頁（四―五頁）、三二頁。

（29）東郷『日米外交三十年』七五―七七頁。アメリカ側草案の文言については、*FRUS: 1958-1960*, Vol. XVIII, p. 86を参照。マッカーサーは、日本側がなぜ「共同して（jointly）」と「集団的（collective）」という言葉を受け入れないかをアメリカ政府に説明している。それによると、「共同して」という言葉は日本の努力が何かに組み込まれたもの（integrated effort）であるような意味合いを持ち、主権の侵害と受け取られ、また条約区域外での攻撃に対抗する能力を発展させるように義務づけるものと受け取られるからであった。「集団的」という言葉は多国間的

（multilateral）という意味にとられ、東南アジア条約機構（ＳＥＡＴＯ）参加への第一歩と解釈されるからであった。Ibid., pp. 135-36.

（30） 一九五九年四月二十九日の草案（注(22)参照）の中に、第八条として盛り込まれていた。マッカーサーは、この新しい条文は日本政府にとって国内の政治的理由から必要なものであり、問題はなかろうとコメントしている。しかし、国務省はこれに強く異議を唱えた。一つには、アメリカの他の集団安全保障の取り決めには同様の条文がなく、議会で徹底した質問を受けるであろうことが問題であった。また、他の同盟国が同様の扱いを求めることも問題であった。それにアメリカの憲法システムでは、行政府が憲法解釈の権限を強く主張できるかどうかという問題もあった。さらにこの条文があると、将来、憲法解釈との整合性を根拠にして、条約上のさまざまな義務——たとえば第六条の規定（基地貸与）から生じる義務——に免除を求めることができるようになるかもしれないことも問題であった。Ibid., pp. 133, 138, 166, 181, 192, 193-94.

（31） Ibid., pp. 100-04.

（32） 東郷『日米外交三十年』七九頁。

（33） 藤山はそういう考えを持つ人々として、芦田均、野村吉三郎、保科善四郎という名前をあげている。*FRUS: 1958-1960*, Vol. XVIII, pp. 101-02.

（34） "Knight to Robertson, 24 December 1958," *CF* 794. 5/12-2458, *FRUS: 1958-1960*, Vol. XVIII, pp. 104-05, 119-20.

（35） *CF* 794. 5/11-358 (tel. 948). cf., *FRUS: 1958-1960*, Vol. XVIII, pp. 116-19.

（36） *CF* 794. 5/11-1658 (tel. 1049).

（37） *FRUS: 1958-1960*, Vol. XVIII, p. 120. なお日米両政府は、沖縄・小笠原を条約区域から除外した代わりに、日本国が「これらの諸島に対する潜在的主権を有しているので、これらの諸島民の安全に対し日本国の政府及び国民の有する強い関心を強調」し、日米両国が「もしこれらの諸島に対し武力攻撃が発生し、又は武力攻撃の脅威がある場合」には、「相互協力及び安全保障条約［新安保条約］第四条の規定に基づいて緊密に協議を行う」旨の「南方地域に関する合意議事録」（相互協力及び安全保障条約についての合意された議事録）に署名した。

(38)「いずれか一方」という文言は、一九五九年四月二十九日の草案（注(22)参照）の中に見られる。日本側の提案によるものと思われる。Ibid., pp. 120, 133, 137.

(39) *CF* 794. 5/11-358 (deptel. 706).

(40) *FRUS: 1958-1960*, Vol. XVIII, pp. 119-20.

(41) Ibid., pp. 191, 198.

(42) Ibid., pp. 131-34.

(43) Ibid., p. 200. cf., pp. 196-97.

(44) 西村熊雄『サンフランシスコ平和条約・日米安保条約』（中公文庫、一九九九年。『安全保障条約論』時事新書、一九五九年など四作を収録）六五―六六頁。

(45) *CF* 611. 947/2-1260 (tel. 2621, 2622, 2623), *CF* 611. 947/2-1560 (tel. 2637). cf. *FRUS: 1958-1960*, Vol. XVIII, p. 231.

(46)『衆議院日米安全保障条約等特別委員会 審議要綱』五八―五九頁。極東の範囲に北朝鮮が含まれていないことは、この説明の要点をよく表していると思われる。北朝鮮が入っていないということは、有事の際に在日米軍が北朝鮮に出撃できないということではなくて、在日米軍は、北朝鮮の平和と安全の目的のためにあるものではない、ということを示している。なお、フィリピン以北というのはフィリピンも含む (inclusive) という意味である。

(47) マッカーサー大使は、国防省・軍部に対して、自分が考えている日本との事前協議は、イギリスとの間でのように、「協議 (joint cousultation) と合意 (agreement)」を必要とするものではなく、「協議 (joint cousultation)」だけになると説明している（一九五八年九月九日）。*CF* 794. 5/9-958 (memo. 9 September 1958).

(48) 岸は一九六〇年二月二十六日、衆議院の安保改定審議において愛知揆一の質問に答えて次のように答弁している。「いわゆる拒否権という言葉は、法律上、今おあげになりましたような［愛知は、アメリカ大統領が連邦議会を通過した法律に対して持つ拒否権と、国連安全保障理事会における常任理事国の拒否権を例にあげた］、従来用いられている慣用上特殊の場合を意味しておると思うのであります。私は、国会における質疑応答の上におきまして、拒否権という意味のことを避けて申しております。いわゆる拒否権があるかないかというような質問に対しましては、従来、国際法上慣用されておる拒否権というようなことは、この1対1の両当事者の間の話し合いにおいてはあり得ないことだ。しかしながら、この場合においてノーと言い得ることは当然である。イエスと言う場合もあるだろうし、ノーと拒否する場合もある。そうして、そのノーと言った場合に、……アメリカが、そのノーという日本の意思表示に反して、それを無視した行動ができるかというと、それはできないという意味において、これを拒否する権利だという意味において言われるならば、それは常識的には拒否権があると申してよろしい……日本がノーと言った場合において、それを無視してアメリカが勝手な行動はできないということは、この条約の交渉の全過程を通じて両当事者の間に了解されておったことでございます。」斎藤・永井・山本編『戦後資料 日米関係』一五五頁。

(49) 社会党の帆足計議員は衆議院外務委員会の審議(一九五九年十一月十九日)において、事前協議で日本が拒否しても米軍が出動しない保証はないとし、次のように「乙女の祈り」という言葉を用いて政府を批判した。「外務大臣の御答弁は、……そもそも米国が無責任に軍事行動をとると考える前提に誤りがあると思う。米国がその名のもとに勝手な行動をとると考えることは間違いでありますと、ことごとくアメリカを絶対的に模範的な国のようにという前提のもとに、アメリカ人が人に迷惑のかかるようなことをするはずがない、こういうような御答弁でございます。私はこの答弁を聞きまして、今日の歴史の進化の現段階においては、社会においても個人と社会の調整がまだ十分できていない。社会においてすらそれができていないときに、国と国との関係において運命共同体になるような高い道義は、まだ遺憾ながら人類に実現されていない段階であると思います。従いましてこの重要な安保条約の中で一番国民が心配しておる基地の貸与、事前協議の問題を審議するにあたりまして、すべての新聞も本日指摘しておりますように、ただ漫然とアメリカはそういうことをするはずがない、われわれはそれを信頼してよろしい、そうすることが望ましいというような表現を繰り返しておりますことは、まるで乙女の祈りを聞くような思いであります。われわれは今ここで音楽会を開催しようとしているのではなくて、国の国防について厳粛な問題を論議しているのでありますから、そのような漫然たる御答弁で満足することはできません。」『第三十三回国会衆議院外務委員会議録第十一号 昭和三十四年十一月十九日』(大蔵省印刷局、一九五九年)。

(50) 共同声明は、細谷千博・有賀貞・石井修・佐々木卓也編『日米関係資料集 1945-97』(東京大学出版会、一九九九年）四九八―五〇二頁。

(51) 岸信介『岸信介回顧録――保守合同と安保改定』（廣済堂出版、一九八三年）五三二頁。

(52) NSC 6008/1, "Statement of U. S. Policy Toward Japan," State Department, Lot File 63 D 351, "NSC 6008," National Archives. 細谷・有賀・石井・佐々木編『日米関係資料集』五〇七―一八頁。

(53) *CF* 794. 5/9-958 (memo. 9 September 1958). cf., *FRUS: 1958-1960*, Vol. XVIII, pp. 64-69. 外交文書集では、マッカーサーが日本の将来の核武装について言及した部分は削除されている。*FRUS: 1958-1960*, Vol. XVIII, p. 65.

(54) 東郷『日米外交三十年』一二六頁。

(55) *CF* 611. 947/1-660 (tel. 2147). cf., *CF* 611. 947/1-360 (tel. 2109), *CF* 611. 947/1-960 (tel. 2206). 他の一点は、地位協定の三条（合衆国の権利）と一八条（請求権、民事裁判権）の運用に関する何らかの申し合わせと思われる。

(56) *FRUS: 1958-1960*, Vol. XVIII, pp. 107, 127.

(57) 一九五九年五月十日付の大使館発国務省宛電報二三五八号には、ここに引用した文言も含めて「討議記録」の草案が記されている。この草案は、国務省の修正を受けた後のものであり、最終的なものに近いように思われる。外交文書集では非公開扱いになっており（Ibid., p. 169. cf., pp. 167-68）、資料的価値もあると思われるので、一部原文を紹介する。*CF* 794. 5/5-1059 (tel. 2358). なお、国務省セントラルファイルに収められているこの電報のコピーには、794. 5/5-1058 という誤った整理番号がスタンプされている。

I would appreciate confirmation that it is the understanding of the GOJ* that the "consultation" referred to in the paragraph quoted above** will be governed by the following:

(1) Consultation will not be interpreted as affecting present procedures, which are working quite satisfactorily, regarding the deployment of US forces and their equipment into Japan, and [including]*** those for the entry of US military aircraft and the entry into Japanese waters and ports by US naval vessels.

(2) Consultation on "major changes in disposition" will be confined to introduction of nuclear weapons into Japan

and will not for example, apply to the introduction of conventional weapons, such as missiles without nuclear warheads.
(3) Consultation on military operations other than those undertaken under provisions of Article V will cover only the direct launching of military combat operations to areas outside Japan undertaken from bases in Japan.

＊ GOJは、日本政府（Government of Japan）。
＊＊ ここで引用した文章の前に、事前協議の定式の草案が記されている。
＊＊＊ 文書にはincludingに手書きで［ ］がついて、その上に手書きでandと書き込まれている。

（58） アメリカ海軍の事前協議に対する懸念については、たとえば、一九五八年九月九日、マッカーサー大使が国防省・軍部に直接、安保改定を説明した際の議事録を参照。*CF* 794. 5/9-958 (memo. 9 September 1958). cf., *FRUS: 1958-1960*, Vol. XVIII, pp. 64-69. バーク（Arleigh Burk）提督（作戦部長）はマッカーサーに、事前協議に関して核兵器搭載艦船についてはどうなるかと質問した。マッカーサーは、日本の新聞はこの問題に気づいているが、日本政府はこの問題を決して持ち出さないだろう、今われわれがそれを求めれば日本政府ははっきりノーというだろうから、そうしない方がよい、事は正しい方向に向かっており、待つのが一番である、という返答をしている。なおこの部分は、外交文書集では削除されている。

（59） *CF* 794. 5/10-1358 (tel. 793).

（60）『毎日新聞』一九九〇年六月十七日付、原『日米関係の構図』一五一―五二頁。原教授もこの文言と同様の文言に注目している。

（61） 有名なのは、一九七四年九月十日のラロック（Gene LaRocque）退役海軍少将の米議会証言（一九七四年十月七日付の『朝日新聞』や『毎日新聞』など各紙）や、一九八一年五月九日のライシャワー（Edwin Reischauer）元駐日大使の発言（『毎日新聞』一九八一年五月十八日付）である。より最近のものとしては、たとえば『朝日新聞』一九九六年四月十七日付の「沖縄――返還交渉と安保 7」という記事の中で、ハルペリン（Morton Halperin）前大統領特別補佐官（ハルペリンは、かつて国防次官補代理として沖縄返還交渉に携わった）が次のように証言している。「すべてを白日の下にさらすのは早すぎると思うが、核の『持ち込み』に通過は入らないという明快な理解が日米両政府間にあったことだけは言っておきたい。日本政府がそれを記した文書をなくしたことは明らかだ」

(62) 民科法律部会編『法律時報臨時増刊　安保条約――その批判的検討』（日本評論社、一九六九年）四八四頁。『衆議院日米安全保障条約等特別委員会　審議要綱』二六頁。

(63) 藤山外相も同じ委員会の中で、社会党石橋政嗣委員の質問に対して「アメリカは、在日米軍が国連軍として使用される場合にも事前協議の対象になるということを確認している」と答えている（一九六〇年五月六日）。『衆議院日米安全保障条約等特別委員会　審議要綱』八五頁。

(64) NSC 6008/1, "Statement of U. S. Policy Toward Japan," State Department, Lot File 63 D 341, "NSC 6008," National Archives. ＮＳＣ六〇〇八／一の全文は、細谷・有賀・石井・佐々木編『日米関係資料集』五〇七―一八頁。外交文書集に載せられたものは、この二つのパラグラフの大部分が削除されている。*FRUS: 1958-1960*, Vol. XVIII, pp. 335-49.

(65) *CF* 611. 947/1-1160 (memo. 11 January 1960).

(66) より詳しくは、拙稿「日米安保事前協議制の成立をめぐる疑問」を参照。

(67) *CF* 794. 5/6-1958 (deptel. 2014). 国連軍としての米軍の行動が安保改定によって影響を受けないようにすることは、アメリカの軍部が安保改定を受け入れる前提条件であったように思われる。一九五八年九月九日、マッカーサー大使が国防省・軍部に直接、安保改定を説明した際、レムニッツアー（Lyman Lemnitzer）将軍（陸軍参謀副長）は、安保条約を改定しても、朝鮮半島での国連軍の行動において日本を利用できるのかと尋ねている。マッカーサーは、吉田・アチソン交換公文を読み上げたうえで、安保改定によってもこの公文は残るので、そうできると答えた。しばらく別の質疑が続いた後、レムニッツアーが、国連の問題を明確にしておくことが必要であると述べると、マッカーサーは、岸と交渉する時にはそうすると約束した。レムニッツアーは、それで自分に関するかぎり「一つの大きな問題（a big problem）」が取り除かれたと述べている。*FRUS: 1958-1960*, Vol. XVIII, pp. 65, 69. 安保改定の正式交渉を開始するにあたって、アメリカ政府はマッカーサー大使に、吉田＝アチソン交換公文の効力が新安保条約によっても影響されないことを岸首相に対して明確にしておくように指示した（一九五八年九月二十九日）。*FRUS: 1958-1960*, Vol. XVIII, p. 89.

(68) *CF* 794. 5/6-2159 (tel. 2751). cf., *FRUS: 1958-1960*, Vol. XVIII, pp. 188-90.

(69) *CF* 794. 5/6-2459 (deptel. 2059).

(70) *CF* 794. 5/7-659 (tel. 43).

(71) *CF* 794. 5/7-1059 (tel. 95).

(72) 『毎日新聞』一九五九年十二月十二日付夕刊、十三日付朝刊、『朝日新聞』一九五九年十二月十二日付夕刊。

(73) *FRUS: 1958-1960*, Vol. XVIII, p. 244.

(74) Ibid., pp. 244-45. 外交文書集では、このコメントに続く七行が非公開扱いになっている。

(75) 「もめる〝国連軍〟出動」『朝日新聞』一九五九年十二月十三日付。

(76) 西村『サンフランシスコ平和条約・日米安保条約』一四三―四四頁。

(77) 「対日講和7原則に対する所見」（一九五一年一月五日）外務省条約局法規課『平和条約の締結に関する調書Ⅲ――第1次日米交渉のための準備作業』（一九六六年十二月。青山学院大学国際政治経済学部所蔵「堂場肇文書」）七三頁、三〇〇―〇一頁、「１５９１年1月26日受領した対日講和7原則および議題表」同『調書』Ⅳ、一一一頁。西村『サンフランシスコ平和条約・日米安保条約』三〇―三二頁。対日講和七原則については、細谷・有賀・石井・佐々木編『日米関係資料集』八二―八三頁も参照。

(78) 西春彦「日本の外交を憂える」『中央公論』一九六〇年二月号、九八頁。

(79) 東郷『日米外交三十年』九九頁。

おわりに

安保条約の「物と人との協力」関係は、一九六〇年の条約改定によって再確認され、「化粧直し」されて、より固い基盤を得ることになった。そして安保改定後は、その固定化が進む。一つの要因は日本の国内事情にあった。岸退陣後、自民党政府は安保騒動を教訓にして、憲法改正、軍備増強、治安強化といった国内世論の分裂につながる問題をなるべく避けつつ、高度経済成長をおしすすめ、それが生み出す富の分配によって保守政治の安定をはかろうとした。他方、アメリカ政府も、ベトナム戦争への介入を深める一方で、そうした難しい政治問題で日本政府に圧力をかけることには慎重になった。要するに、安全保障の問題ではことを荒立てない、というのが大勢になっていったのである。

また安保改定後の国際環境も、「物と人との協力」の固定化を進める要因であった。一九六〇年代になると、核の恐怖の均衡の中で、世界的な相互依存が深まるという状況がますますはっきりする。そうした中で、日本のような国家の同盟に対する貢献は、アメリカの抑止力を支え、経済力をつけて自由社会の繁栄を助ける、という方向がふさわしいように思われた。それは具体的には、アメリカに冷戦遂行上きわめて大きな価値を持つ基地を貸与し、経済復興を果たした後は、東アジアを中心に発展途上国に経済援助をする、というやり方でなされうるものであった。

たしかに一九七〇年代以後になると、沖縄返還、デタントの出現と崩壊、新冷戦の到来、日本の経済大国化などで日米関係は変化し、安全保障協力のあり方も変化せざるをえなくなった。安保条約は、いわゆる「思いやり予算」に見られるように、在日米軍に対するホスト・ネーション・サポート（接受国支援）を増やして「物と人との協力」をさらに強化するだけではなく、「日米防衛協力のための指針」（ガイドライン）や「シーレーン防衛」など、自衛隊と米軍の協力という要素、西村熊雄の言葉をもじれば「人と人との協力」という要素を取り入れるという方向でも強化された。しかし、冷戦中に「物と人との協力」という安保条約の基本形が変化したわけではないし、冷戦後においても、新しいガイドラインなどで「人と人との協力」の要素を増やす努力がなされているとはいえ、その形は大きく変わってはいない。

本書は、講和独立とその後の約十年間に、「物と人との協力」という日米安保の基本構造が誕生し、確立する外交過程を分析したものである。「物と人との協力」は、冷戦という国際環境の中で、日米それぞれの事情、利害、情勢認識と政策判断の結果として生まれ、固まったものであった。それは一方が他方に押しつけたものでもなければ、どちらか一方だけの利益になるというものでもなかった。また、どちらか一方だけの責任でこの形が定着したわけでもない。

ただ、あらためて振り返ってみて、この時期、日本政府が安保改定に対して準備不足だったことは明らかである。それは、安保条約を集団的自衛権に基づかせたいと望み、条約改定によってそれを実現させながら、集団的自衛権の行使ができないという前提で新条約を説明せざるをえなかったことにも表れている。やや情けない感じもするが、もっと情けないのは、今でもそうせざるをえないことであろう（＊18）。

本書は、筆者のこれまでの研究を基礎にしている。これまでに発表した論文（主要参考文献参照）を再構成し、新たに書き加え、また大幅に書き直して一冊の本にまとめた。もちろん、まだ十分に論じえていない点も少なくない。日米両国の国内政治が外交政策に与えた影響については必要最小限にしか触れていないし、当時アメリカの施政権下にあった沖縄の問題についても深く掘り下げてはいない。

しかしそうした不十分な点があるにもかかわらず、本書を世に問うことにしたい。筆者は、二十一世紀の日米安保を考える際の議論の核心は、「物と人との協力」を、新しい国際環境の中で、日米双方の国内事情と国益を勘案しつつ、いかに「人と人との協力」に近づけていくかという問題にあると考える。この問題の前提を整理するうえで、本書が何らかの役に立てば幸いである。

最後になったが、本書の出版にあたってお世話になった多くの方々に、心からお礼を申し上げたい。そしてそれらの方々のお許しを得て、本書を筆者の学生時代からの恩師であり、二〇年間にわたって指導を受けた故・高坂正堯教授（一九三四―一九九六年）に捧げたいと思う。筆者にとって高坂先生に接した時間は、知的にもまた精神的にも、至福の時間であった。先生の言葉は、きらきら光る手鞠が、重厚な学識の台の上を軽快に飛び跳ねるようであり、こちらの思考をたえず刺激し、時にはしびれさせた。先生はまた、人間の弱さをあるがままに受け止める強靭な精神力を持っておられ、それが、学生を含めて他人に対する奥の深い優しさにつながっていたと思う。いつも元気で、明るく、機嫌よく、人の悪口を言わず、自慢したり威張ったりすることは決してなく、忙しくてもめったに授業を休まず、多くの仕事をなされながらも、趣味と遊びの時間を大切にし、学生との会話を楽しみ、しばしばはしゃぎながら、スポーツに興じられる先生であった。筆者は、他の多くの人がそうであったように、人間としての先生のファンでもあった。

もし先生が生きておられるならば、本書にどのような感想を持たれるであろうか。時間がかかり過ぎたこと、さまざまな教えを十分に活かしていないことなど、ご不満な点も多いと思う。しかし、それらを指摘される前にまず、「ご苦労でした、また頑張ってください」という意味のことを、笑顔とあの独特の京都弁で言ってくださるような気がする。

二〇〇〇（平成十二）年四月 陽春

坂元 一哉

本書を
高坂正堯先生の思い出に捧げる

◉主要参考文献

◆一次史料

外務省条約局法規課『平和条約の締結に関する調書Ⅲ──第1次日米交渉のための準備作業』（一九六六年十二月）
外務省条約局法規課『平和条約の締結に関する調書Ⅳ──1951年1～2月の第1次交渉』（一九六七年十月）
外務省条約局法規課『平和条約の締結に関する調書Ⅴ──昭和26年2月～4月』（一九六八年九月）
外務省条約局法規課『平和条約の締結に関する調書Ⅵ──昭和26年5月～8月』（一九六九年九月）
（以上、青山学院大学国際政治経済学部所蔵「堂場肇文書」。現在では『日本外交文書・平和条約の締結に関する調書』〈全五冊〉〈二〇〇二年、六一書房〉として公刊されている。）
外務省外交文書 A' 1.5.2.1-1「本邦特派使節及び親善使節団 米州諸国訪問関係 池田特使関係」
外務省外交文書 B' 4.0.0.1.「対日平和条約関係 準備研関係 第3巻」
（以上、外務省外交史料館）
大蔵省「鈴木源吾文書」（竹前栄治氏所蔵）
衆議院外務委員会調査室『衆議院日米安全保障条約等特別委員会 審議要綱』（大蔵省印刷局、一九六一年）
大嶽秀夫編・解説『戦後日本防衛問題資料集 第一巻──非軍事化から再軍備へ』（三一書房、一九九一年）
大嶽秀夫編・解説『戦後日本防衛問題資料集 第二巻──講和と再軍備の本格化』（三一書房、一九九二年）
大嶽秀夫編・解説『戦後日本防衛問題資料集 第三巻──自衛隊の創設』（三一書房、一九九三年）
斎藤眞・永井陽之助・山本満編『戦後資料 日米関係』（日本評論社、一九七〇年）
細谷千博・有賀貞・石井修・佐々木卓也編『日米関係資料集 1945–97』（東京大学出版会、一九九九年）

神川彦松編『アメリカ上院における新安保条約の審議——議事録全訳』（日本国際問題研究所、一九六〇年）
新原昭治編訳『米政府安保外交秘密文書 資料・解説』（新日本出版社、一九九〇年）
U. S. Department of State, *Foreign Relations of the United States: 1946*, Vol. VI (G. P. O., 1969)
U. S. Department of State, *Foreign Relations of the United States: 1947*, Vol. VI (G. P. O., 1972)
U. S. Department of State, *Foreign Relations of the United States: 1948*, Vol. VI (G. P. O., 1974)
U. S. Department of State, *Foreign Relations of the United States: 1949*, Vol. VII (G. P. O., 1976)
U. S. Department of State, *Foreign Relations of the United States: 1950*, Vol. VI (G. P. O., 1976)
U. S. Department of State, *Foreign Relations of the United States: 1951*, Vol. VI (G. P. O., 1977)
U. S. Department of State, *Foreign Relations of the United States: 1952-54*, Vol. XIV (G. P. O., 1985)
U. S. Department of State, *Foreign Relations of the United States: 1955-57*, Vol. XXIII (G. P. O., 1991)
U. S. Department of State, *Foreign Relations of the United States: 1958-60*, Vol. XVIII (G. P. O., 1994)
U. S. Department of State, Diplomatic Records: Central Files, RG 59, National Archives
U. S. Department of State, Diplomatic Records: Lot Files, RG 59, National Archives
（アメリカ側の一次史料としてはこの他に、プリンストン大学マッド（Mudd）図書館およびカンザス州アビリーンにあるアイゼンハウアー大統領図書館所蔵の文書も利用した）

◆書　籍

赤木完爾『ヴェトナム戦争の起源——アイゼンハワー政権と第一次インドシナ戦争』（慶應通信、一九九一年）
明田川融『日米行政協定の政治史——日米地位協定研究序説』（法政大学出版局、一九九九年）
朝日新聞安全保障問題調査会編『日本の防衛と経済』（「朝日市民教室〈日本の安全保障〉」9、朝日新聞社、一九六七年）

朝日新聞安全保障問題調査会編『日米安保条約の焦点』(「朝日市民教室〈日本の安全保障〉」10、朝日新聞社、一九六七年)
芦田均/進藤榮一・下河辺元春編纂『芦田均日記』第六巻・第七巻(岩波書店、一九八六年)
五百旗頭真『占領期――首相たちの新日本』(「20世紀の日本」3、読売新聞社、一九九七年。後に講談社学術文庫、二〇〇七年)
五百旗頭真編『戦後日本外交史』(有斐閣アルマ、一九九九年)
五十嵐武士『戦後日米関係の形成――講和・安保と冷戦後の視点に立って』(講談社学術文庫、一九九五年。初公刊は『対日講和と冷戦――戦後日米関係の形成』東京大学出版会、一九八六年)
石井修『冷戦と日米関係――パートナーシップの形成』(ジャパン タイムズ、一九八九年)
石川真澄『戦後政治史』(岩波新書、一九九五年)
伊藤隆・渡邊行男編『続 重光葵手記』(中央公論社、一九八八年)
猪木武徳『経済成長の果実 1955-1972』(「日本の近代」7、中央公論新社、二〇〇〇年。後に中公文庫、二〇一三年)
猪木正道『評伝吉田茂』1―4(ちくま学芸文庫、一九九五年。初公刊は読売新聞社、一九八一年)
岩永健吉郎『戦後日本の政党と外交』(東京大学出版会、一九八五年)
岩見隆夫『陛下の御質問――昭和天皇と戦後政治』(毎日新聞社、一九九二年。後に文春文庫、二〇〇五年)
岩見隆夫『岸信介――昭和の革命家』(学陽書房人物文庫、一九九九年。初公刊は学陽書房、一九七九年)
植村秀樹『再軍備と五五年体制』(木鐸社、一九九五年)
内野達郎『戦後日本経済史』(講談社、一九七八年)
NHK取材班『NHKスペシャル「戦後50年その時日本は」1――国産乗用車・ゼロからの発進/60年安保と岸信介・秘められた改憲構想』(日本放送出版協会、一九九五年)
大嶽秀夫『再軍備とナショナリズム――保守、リベラル、社会民主主義者の防衛観』(中公新書、一九八八年)

大日向一郎『岸政権・一二四一日』（行政問題研究所、一九八五年）
大森実『特派員五年――日米外交の舞台裏』（毎日新聞社、一九五九年）
勝本清一郎・西田長寿・江口朴郎・八杉竜一・山本二郎他編『近代日本総合年表〔第三版〕』（岩波書店、一九九一年）
我部政明『日米関係のなかの沖縄』（三一書房、一九九六年）
菅英輝『米ソ冷戦とアメリカのアジア政策』（ミネルヴァ書房、一九九二年）
岸信介・矢次一夫・伊藤隆『岸信介の回想』（文藝春秋、一九八一年。後に文春学藝ライブラリー、二〇一四年）
岸信介『岸信介回顧録――保守合同と安保改定』（廣済堂出版、一九八三年）
北岡伸一『政党政治の再生――戦後政治の形成と崩壊』（中公叢書、一九九五年）
北岡伸一『自民党――政権党の38年』（「20世紀の日本」1、読売新聞社、一九九五年。後に中公文庫、二〇〇八年）
ケナン、ジョージ・F／清水俊雄（上）・奥畑稔（下）訳『ジョージ・F・ケナン回顧録――対ソ外交に生きて』上・下（読売新聞社、一九七三年。後に中公文庫、二〇一六年）
高坂正堯『宰相吉田茂』（中公叢書、一九六八年。高坂／五百旗頭真・坂元一哉・中西寛・佐古丞編『高坂正堯著作集』第四巻、都市出版、二〇〇〇年に収録。後に中公クラシックス、二〇〇六年）
高坂正堯・佐古丞・安部文司編『戦後日米関係年表』（ＰＨＰ研究所、一九九五年）
河野一郎『今だから話そう』（春陽堂書店、一九五八年）
河野康子『沖縄返還をめぐる政治と外交――日米関係史の文脈』（東京大学出版会、一九九四年）
後藤基夫・内田健三・石川真澄『戦後保守政治の軌跡』上・下（岩波同時代ライブラリー、一九九四年。初公刊は岩波書店、一九八二年）
コワルスキー、フランク／勝山金次郎訳『日本再軍備――米軍事顧問団幕僚長の記録』（中公文庫、一九九九年。初公刊はサイマル出版会、一九六九年）
佐々木卓也『封じ込めの形成と変容――ケナン、アチソン、ニッツェとトルーマン政権の冷戦戦略』（三嶺書房、一九

九三年）
塩田潮『岸信介』（講談社、一九九六年）
下田武三／永野信利構成・編『戦後日本外交の証言――日本はこうして再生した』上・下（行政問題研究所、一九八四年・八五年）
添谷芳秀『日本外交と中国――1945～1972』（慶應通信、一九九五年）
袖井林二郎・竹前栄治編『戦後日本の原点――占領史の現在』上・下（悠思社、一九九二年）
田岡良一『国際法上の自衛権〔補訂版〕』（勁草書房、一九八一年。後に勁草書房〈新装版〉、二〇一四年）
田中明彦『安全保障――戦後50年の模索』（「20世紀の日本」2、読売新聞社、一九九七年）
田中孝彦『日ソ国交回復の史的研究――戦後日ソ関係の起点：1945-1956』（有斐閣、一九九三年）
ダワー、ジョン／大窪愿二訳『吉田茂とその時代』上・下（中公文庫、一九九一年。初公刊はティビーエス・ブリタニカ、一九八一年）
東郷文彦『日米外交三十年――安保・沖縄とその後』（中公文庫、一九八九年。初公刊は世界の動き社、一九八二年）
豊下楢彦『安保条約の成立――吉田外交と天皇外交』（岩波新書、一九九六年）
豊下楢彦編『安保条約の論理――その生成と展開』（柏書房、一九九九年）
豊田穣『孤高の外相重光葵』（講談社、一九九〇年）
永井陽之助『冷戦の起源――戦後アジアの国際環境』（中央公論社、一九七八年。後に中公クラシックス、二〇一三年）
中村明『戦後政治にゆれた憲法九条――内閣法制局の自信と強さ』（中央経済社、一九九六年）
中村隆英『昭和史Ⅱ――1945-89』（東洋経済新報社、一九九三年。後に東洋経済新報社〈文庫〉、二〇一二年）
西村熊雄『サンフランシスコ平和条約』（鹿島平和研究所編「日本外交史」27、鹿島研究所出版会、一九七一年）
西村熊雄『サンフランシスコ平和条約・日米安保条約』（中公文庫、一九九九年。『安全保障条約論』〈時事新書、一九五九年〉、「サンフランシスコ平和条約について」など四作を収録）

秦郁彦『史録　日本再軍備』（文藝春秋、一九七六年）
波多野澄雄『太平洋戦争とアジア外交』（東京大学出版会、一九九六年）
鳩山一郎『鳩山一郎回顧録』（文藝春秋新社、一九五七年）
原彬久『戦後日本と国際政治――安保改定の政治力学』（中央公論社、一九八八年）
原彬久『日米関係の構図――安保改定を検証する』（ＮＨＫブックス、一九九一年）
原彬久『岸信介――権勢の政治家』（岩波新書、一九九五年）
日高六郎編『一九六〇年　五月一九日』（岩波新書、一九六〇年）
樋渡由美『戦後政治と日米関係』（東京大学出版会、一九九〇年）
フィン、リチャード・Ｂ／内田健三監修『マッカーサーと吉田茂』上・下（同文書院インターナショナル、一九九三年）
藤山愛一郎『政治　わが道――藤山愛一郎回想録』（朝日新聞社、一九七六年）
細谷千博『サンフランシスコ講和への道』（中央公論社、一九八四年）
松岡完『ダレス外交とインドシナ』（同文舘、一九八八年）
三浦陽一『吉田茂とサンフランシスコ講和』上・下（大月書店、一九九六年）
宮崎吉政『実録　政界二十五年』（読売新聞社、一九七〇年）
宮里政玄『アメリカの沖縄統治』（岩波書店、一九六六年）
宮澤喜一『東京―ワシントンの密談』（中公文庫、一九九九年。初公刊は実業之日本社、一九五六年）
民科法律部会編『法律時報臨時増刊　安保条約――その批判的検討』（日本評論社、一九六九年）
村川一郎編『ダレスと吉田――プリンストン大学所蔵ダレス文書を中心として』（国書刊行会、一九九一年）
室山義正『日米安保体制』上・下（有斐閣、一九九二年）
安川壮『忘れ得ぬ思い出とこれからの日米外交――パールハーバーから半世紀』（世界の動き社、一九九一年）
吉田茂『回想十年』１―４（中公文庫、一九九八年。初公刊は新潮社、一九五七年・五八年）

吉田茂『世界と日本』（中公文庫、一九九二年。初公刊は番町書房、一九六三年）
吉田茂『吉田茂書翰』（中央公論社、一九九四年）
吉田茂記念事業財団編『人間 吉田茂』（中央公論社、一九九一年）
ヨシツ、マイケル・M／宮里政玄・草野厚訳『日本が独立した日』（講談社、一九八四年）
吉本重義『岸信介傳』（東洋書館、一九五七年）
読売新聞戦後史班編『「再軍備」の軌跡』（読売新聞社、一九八一年。後に中公文庫、二〇一五年）
李鍾元『東アジア冷戦と韓米日関係』（東京大学出版会、一九九六年）
渡辺昭夫編『戦後日本の対外政策――国際関係の変容と日本の役割』（有斐閣選書、一九八五年）
渡邉昭夫編『戦後日本の宰相たち』（中央公論社、一九九五年。後に中公文庫、二〇〇一年）
渡辺昭夫・宮里政玄編『サンフランシスコ講和』（東京大学出版会、一九八六年）
渡邊行男『重光葵――上海事変から国連加盟まで』（中公新書、一九九六年）
Allison, John M., *Ambassador from the Prairie or Allison Wonderland* (Hughton Mifflin, 1973)
Ambrose, Stephen E., *Eisenhower: The President* (Simon and Schuster, 1984)
Buckley, Roger, *US-Japan Alliance Diplomacy, 1945-1990* (Cambridge University Press, 1992)
Dunn, Frederick S., *Peacemaking and the Settlement with Japan* (Princeton University Press, 1963)
Gaddis, John L., *The United States and the Origins of the Cold War, 1941-1947* (Columbia University Press, 1972)
Gaddis, John L., *Strategies of Containment: A Critical Appraisal of Postwar American National Security Policy* (Oxford University Press, 1982)
Immerman, Richard H. ed., *John Foster Dulles and the Diplomacy of the Cold War* (Princeton University Press, 1990)
Kinnard, Douglas, *President Eisenhower and Strategy Management: A Study in Defense Politics* (The University Press of Kentucky, 1977)

Melanson, Richard A., and David Mayers eds., *Reevaluating Eisenhower: American Foreign Policy in the 1950s* (University of Illinois Press, 1987)

Miscamble, Wilson D., *George F. Kennan and the Making of American Foreign Policy, 1947-1950* (Princeton University Press, 1992)

Pach, Chester J., Jr., and Elmo Richardson, *The Presidency of Dwight D. Eisenhower* (The University Press of Kansas, 1991)

Packard, George, III, *Protest in Tokyo: The Security Treaty Crisis of 1960* (Greenwood Press, 1966)

Prussen, Ronald W., *John Foster Dulles: The Road to Power* (The Free Press, 1982)

Schaller, Michael, *Altered States: The United States and Japan since the Occupation* (Oxford University Press, 1997)

Sneider, Richard, *US-Japanese Security Relations: A Historical Perspective* (Columbia University Press, 1982)

Weinstein, Martin E., *Japan's Postwar Defense Policy, 1947-1968* (Columbia University Press, 1971)

◆論　文

有賀貞「日米安全保障条約の改定」細谷千博・有賀貞編『国際環境の変容と日米関係』（東京大学出版会、一九八七年）

石井修「冷戦の「五五年体制」」『国際政治』一〇〇号（一九九二年八月）

井口治夫「ジョン・フォスター・ダレスの外交思想――戦前・戦後の連続性」『同志社アメリカ研究』三四号（一九九八年三月）

池田慎太郎「ジョン・アリソンと日本再軍備　一九五二～一九五三年」『外交時報』第一三四三号（一九九七年十一＝十二月）

池田慎太郎「中立主義と吉田の末期外交」豊下『安保条約の論理』

植村秀樹「安保改定と日本の防衛政策」『国際政治』一一五号（一九九七年五月）

エルドリッヂ、ロバート・D「ジョージ・F・ケナン、PPSと沖縄――米国の沖縄政策決定過程、一九四七―一九四九年」『国際政治』一二〇号（一九九九年二月）

大平善梧「集団的自衛権の法理」安全保障研究会編『安全保障体制の研究』上（時事通信社、一九六〇年）

北岡伸一「岸信介――野心と挫折」渡邉編『戦後日本の宰相たち』

楠綾子「占領下日本の安全保障構想――外務省における吉田ドクトリンの形成過程：1945-1949」神戸大学大学院法学研究会『六甲台論集』法学政治学篇第四五巻三号（一九九九年三月）

高坂正堯「岸信介と戦後政治」『Voice』一九八七年十一月号（高坂／五百旗頭真・坂元一哉・中西寛・佐古丞編『高坂正堯著作集』第四巻、都市出版、二〇〇〇年に収録）

酒井哲哉「外交官の肖像 重光葵」上・下『外交フォーラム』一〇号（一九八九年七月）・一一号（八月）

阪口規純「集団的自衛権に関する政府解釈の形成と展開」上・下『外交時報』第一三三〇号（一九九六年七＝八月）・一三三一号（九月）

坂元一哉「アイゼンハウアーの外交戦略と日本 一九五三―一九五四年」(1)(2)、京都大学法学会『法学論叢』第一二二巻三号（一九八七年十二月）・第一二三巻三号（一九八八年六月）

坂元一哉「米国国家安全保障会議政策文書NSC5516／1について」三重大学社会科学学会『法経論叢』第七巻二号（一九九〇年三月）

坂元一哉「池田＝ロバートソン会談再考」三重大学社会科学学会『法経論叢』第九巻一号（一九九一年十二月）

坂元一哉「重光訪米と安保改定構想の挫折」三重大学社会科学学会『法経論叢』第一〇巻二号（一九九二年十二月）

坂元一哉「日ソ国交回復交渉とアメリカ――ダレスはなぜ介入したか」『国際政治』一〇五号（一九九四年一月）

坂元一哉「核兵器と日米関係――ビキニ事件の外交処理」『年報近代日本研究16 戦後外交の形成』（山川出版社、一九九四年）

坂元一哉「岸首相と安保改定の決断」『阪大法学』第四五巻一号（一九九五年六月）

坂元一哉「サンフランシスコ体制の確立――日米安保条約の改定」中村政則・天川晃・尹健次・五十嵐武士編『戦後改革とその遺産』(『戦後日本 占領と戦後改革』第6巻、岩波書店、一九九五年)
坂元一哉「日米安保事前協議制の成立をめぐる疑問――朝鮮半島有事の場合」『阪大法学』第四六巻四号(一九九六年十月)
坂元一哉「安保改定における相互性の模索――条約区域と事前協議をめぐって」『国際政治』一一五号(一九九七年五月)
坂元一哉「日米安保における相互性の形――ガイドライン見直しによせて」『外交フォーラム』一一三号(一九九七年十二月)
島田洋一「日米韓関係と日本の同盟政策 一九四五―五一年」(1)(2)、京都大学法学会『法学論叢』第一一三巻二号(一九八三年五月)・五号(八月)
高松基之「外交官の肖像 ジョン・F・ダレス」上・下『外交フォーラム』二号(一九八八年十一月)・三号(十二月)
武田知巳「重光葵の「革新」の論理――その形成過程と戦中・戦後の連続性を巡って」『東京都立大学法学会雑誌』三八巻二号(一九九七年十二月)
田畑茂二郎「新安保条約と自衛権」『国際法外交雑誌』五九巻一=二号(一九六〇年七月)
ディキンソン、フレドリック・R「日米安保体制の変容――MSA協定における再軍備に関する了解」(1)(2)、京都大学法学会『法学論叢』第一二一巻四号(一九八七年七月)・第一二二巻三号(十二月)
中西寛「戦後アジア・太平洋の安全保障枠組みの模索と日本 一九四九―五一年」『年報近代日本研究16 戦後外交の形成』(山川出版社、一九九四年)
中西寛「吉田・ダレス会談再考――未完の安全保障対話」京都大学法学会『法学論叢』第一四〇巻一=二号(一九九六年十一月)
中西寛「講和に向けた吉田茂の安全保障構想」伊藤之雄・川田稔編『環太平洋の国際秩序の模索と日本――第一次世界

大戦後から五五年体制成立』（山川出版社、一九九九年）
西春彦「日本の外交を憂える」『中央公論』一九六〇年二月号
畠山弘文「警職法改正と政治的リーダーシップ」大嶽秀夫編『日本政治の争点――事例研究による政治体制の分析』（三一書房、一九八四年）
波多野澄雄「「再軍備」をめぐる政治力学――防衛力「漸増」への道程」『年報近代日本研究11 協調政策の限界――日米関係史・１９０５〜１９６０年』（山川出版社、一九八九年）
波多野澄雄「吉田茂と「再軍備」」吉田茂記念事業財団編『人間 吉田茂』
樋渡由美「岸外交における東南アジアとアメリカ」『年報近代日本研究11 協調政策の限界』
細谷雄一「イギリス外交と日米同盟の起源、一九四八―五〇年――戦後アジア太平洋の安全保障枠組みの形成過程」『国際政治』一一七号（一九九八年三月）
安原洋子「経済援助をめぐるＭＳＡ交渉――その虚像と実像」『アメリカ研究』二二号（一九八八年）
吉次公介「池田・ロバートソン会談と独立後の吉田外交」『年報日本現代史』第四号（現代史料出版、一九九八年）
吉次公介「ＭＳＡ交渉と再軍備問題」豊下『安保条約の論理』
Eldridge, Robert D., and Ayako Kusunoki, "To Base or Not to Base?: Yoshida Shigeru, the 1950 Ikeda Mission, and Post-Treaty Japanese Security Conceptions," *Kobe University Law Review*, No. 33 (1999)

◆**定期刊行物**

『朝日新聞』
『毎日新聞』
『読売新聞』
The New York Times

〔補　註〕

（＊1）〔一三頁〕　二〇一五年七月十九日付『産経新聞』は、鈴木九萬が残した日記（英文、親族が保管）の記述（一九四八年七月二十一日付）を紹介している。それによればアイケルバーガー中将は、前年九月に受けとった「芦田書簡」について、「自分は日本の将来の安全保障を扱ったその文書を大いに活用した」「大勢の著名人が読んだ。例えば極東委員会委員長の（フランク・）マッコイ少将だ」と鈴木に語っていたという。アメリカの政策形成に具体的にどのような影響を与えたかは不明である。

（＊2）〔四〇頁〕　吉田が会談の様子を後で井口貞夫外務次官と西村条約局長に語ったところによれば、吉田はダレスに「ふたつの世界が対立抗争しておる世界において米国は日本を広い意味で米国圏内にインコーポレートして考えてもらいたい」と伝えたという。「1951年1月29日午後の総理ダレス第1次会談メモ」、外務省『日本外交文書集・平和条約の締結に関する調書　第二冊（Ⅳ・Ⅴ）』一四四頁（メモは一四三―四四頁）。吉田は講和後の日本が自由世界の一員として生きる決意を伝えたのだろうが、米国外交文書集に載せられているアメリカ側の記録（*Foreign Relations of the United States: 1951*, Vol. VI, pp. 827-30）の中にそういう発言は見当たらない。

（＊3）〔四八頁〕　外務省のあるメモ（「安全保障についての問題点」一九五一年一月二十四日付）は、太平洋協定の問題点を次のようにとらえていた。「太平洋同盟といった集団保障体制をつくり、そのなかで「日本が侵略行為にでる場合には他の加盟国は協力して日本に当る」こととしようとの考案がだされている。民主陣営の共産陣営にたいする安全保障取極のうちに盟邦の盟邦にたいする侵略の可能性を予見するのは日本の安全のための駐屯軍が日本の侵略にたいする監視軍に一変しうることを意味するもので承服しがたい」『調書』Ⅲ、八〇頁。『調書』については＊

4を参照。

（＊4）〔六九頁〕　本書で利用した『調書』は、本書初版出版二年後の二〇〇二年に、外務省から『日本外交文書・平和条約の締結に関する調書』（全五冊）（二〇〇二年、六一書房）として公刊されている。

（＊5）〔一四五頁〕　重光訪米時の外務省文書は、本書当該部分の重光外務大臣とダレス米国務長官のやりとりを次のように記録している。

「重光　日本の自衛力は既に組織されている。日本が既に自衛力を有することに応じて現在の機構を改めるべきであると考える。

ダレス　自衛力が完備し憲法が改正されれば始めて新事態ということができる。現憲法下において相互防衛条約が可能であるか。

重　光　しかり、日本は自らを守ることが出来る。

ダレス　日本は米国を守ることが出来るか。たとえばグワムが攻撃された場合はどうか。

重　光　その様な場合は協議をすればよい。

ダレス　自分は日本の憲法は日本自体を守るためにのみ防衛力を保持出来るというのがその最も広い解釈だと考えていた。

重　光　しかり。自衛が目的でなければならないが兵力の使用につき協議出来る。

ダレス　憲法がこれを許さなければ意味がないと思うが如何。

重　光　自衛である限り協議が出来るとの我々の解釈である。

ダレス　それは全く新しい話である。日本が協議に依つて海外出兵出来ると云う事は知らなかつた。

重　光　米国の場合協議を要するか。

ダレス　要しない。

重　光　日本は海外出兵についても自衛である限り協議することは出来る。日本がこれを承認するか否かは別である貴方においては同意されないが日本は既に防衛力を有し又これを更に増強することについて協議する容易がある。我々は日本の立場について考慮が払われることを期待する。貴方と対等の立場になる事について考慮されたい。現条約は対等でなく米国に依存している。われわれの希望は平等の立場で米国とパートナーとなる事である。貴長官は未だ時期でないと云われるが昨日の会談で述べているとおり自衛力の完遂に邁進する決意である。防衛問題に関する共同委員会の提案をも受諾する用意がある。

ダレス　我々は共通の考え方を共同コミュニケにおいて何とか表現出来ると思う。

重　光　我々は平等を欲する。」

出典：「外務大臣国務長官会談メモ（第二回）」一九五五年八月三十日（「日米安保条約改正に係る経緯⑧」0611-2010-0791-08, H22-003, 外務省外交史料館所蔵）

なおこの日本側記録には、この日の会談の冒頭、重光が旧安保条約を、西太平洋を条約区域とする「新たな防衛条約」に代えることを提案すべく読み上げた英語のメモが添付されている。本書で利用した米国務省文書と内容は同一である。

（＊6）〔二四九頁〕　条約案は現在では公開されている。＊7を参照。

（＊7）〔二五七頁〕　外務省の記録によれば重光の条約案（試案）第四条は、次のように「相互防衛の発動条項」を規定している。

「各締約国は、西太平洋区域においていずれか一方の締約国の領域又はその施政権下にある地域に対して行われる武力攻撃が自国の平和及び安全を危くするものと認め、かつ、自国の憲法上の手続に従つて共通の危険に対処するため行動することを宣言する」

この試案においては、米軍撤退が第五条（米駐留軍の撤退）に規定されている。

「一　千九百五十一年九月八日の日本国とアメリカ合衆国との間の安全保障条約に基き日本国内に配備されたアメリカ合衆国の軍隊は、この条約の効力発生とともに、撤退を開始するものとする。

二　アメリカ合衆国の陸軍及び海軍の一切の地上部隊は、日本国の防衛六箇年計画の完遂年度の終了後おそくも九十日以内に、日本国よりの撤退を完了するものとする。

アメリカ合衆国の空軍部隊及び海軍の海上部隊の日本国よりの撤退期限は、両締約国政府間におつて協議決定するものとする。（ただし右の期限は、いかなる場合にも、前項による地上部隊の撤退完了後六年以内でなければならない。）」

出典：「日本国とアメリカ合衆国との間の相互防衛条約（試案）」昭和三〇年七月二十七日（「日米安保条約改正に係る経緯⑧」0611-2010-0791-08, H22-003, 外務省外交史料館所蔵）

（＊8）〔二五九頁〕　外務省の記録によれば、重光試案が求める米軍の全面撤退には、米軍の常時駐留を有事駐留に変える含みがあったようである。試案を説明するために用意された想定問答集には次のようにある。

「問　米軍撤退後は、もはや日本の基地はいかなる場合にも使用できなくなるのか。

答　相互防衛であるから、エマージェンシーの場合には米軍に来援してもらうことになり、その場合はもちろんわが国内の基地を使用してもらわなければならない。しかし平常から基地使用権を設定して置く旨の規定を設けるよりは、両国の協議によつて、エマージェンシーの場合における基地使用方法についての実際上のアレインヂメントをなすこととするほうがよいと考える。」

出典：「日米相互防衛に関する擬問擬答」一九五五年八月二十三日（「日米安保条約改正に係る経緯⑧」

0611-2010-0791-08, H22-003, 外務省外交史料館所蔵)

重光が、米軍の日本本土からの全面撤退と沖縄施政権返還の関係をどうとらえていたかは依然として不明である(本書一七七頁の注46を参照)。

(＊9)〔二〇二頁〕 外務省の記録は、この時のダレス国務長官の発言を次のように記している。〔 〕内は引用者、以下同じ。)なおこの記録も含めて、以下(＊10、＊11、＊15、＊16)に引用する日米会談の記録はすべて、会談の通訳を務めた東郷文彦アメリカ局安全保障課長(当時)が作成したものである。

「ダレス長官 (暫時熟考の後)自分は安保条約の交渉当事者であった。交渉当事者として、安保条約が与えられた条件の下に於て与えられた目的の為役に立ったと云う点に満足を覚えるものであるが、条約の FATHER として、NOT SO DEVOTED AS TO BE UNWILLING TO CHANGE IT である。勿論改めるからにはよりよいものが出来るとしての話である。安保条約は勿論恒久的のものとして考えられているものでなく、条約自身暫定的なものであると言っている。米国も外務大臣が言われた様に事態は変わったと云う見解に同意する用意はある。条約の前文は日本は自衛の為め漸進的に責任を負う云々と言っているが、条約の予想する其の方向に変って来ている。

米国は日本の今迄の防衛勢力を ADEQUATE とは思っていないが、然し日本にも財政的の制約があることは了解している。然し、日本がマキシマム迄やったとしても、現下の世界情勢の下に於ては、米国を含む如何なる国も友邦との相互依存の関係なしに独力で安全を確保することは出来ない。米国は軍縮が成立することを望み、現在も望んでいるが、其の見透しは極めてむつかしく、自由諸国の共同防衛は是非とも必要である。大臣は、国際情勢の話も出るであろうと言われたが、現在 MOST DISTURBING BASIC FACT は、ソ連が軍備を縮小し核兵器をなくする様な如何なる努力に対しても STUBBORN UNWILLINGNESS を示していることである。ソ連は SINGLE ITEM OF DISCONTINUING TEST に於て宣伝に努めているが、核兵器の生産や軍備制限には決して乗って来ない。米国及び其の与国は、核分裂物質の平和利用及兵器用としても製造禁止に努力しているが、ソ連は耳を傾けない。ソ連は核兵器攻撃を以て威嚇して其の意思を外に押付けようとしているが、スエズの際に然り、シリア革命の際に然り、レバノンに於て然り、又最近の大統領宛フルシチョフ書簡も核兵器攻撃に依り米海軍を撃滅するとの威嚇を含んでいる。現在の台湾の危機も、ソ連が中共に対し、米国はソ連の核攻撃の前にFRIGHTENすべく、ソ連は何時でも中共に核援助の手を差伸べると言ったからでもあると思われる。

ソ連の斯る力の威嚇に対しては、自由諸国は団結して対抗する以外に道はない。如何なる国も自らの運命の支配者である為めには与国との安全保障取極に依存せざるを得ない。自由諸国は抑制力として共通の目的に充てられるべき力のプールを持たなければならない。米国は日米間のDEPENDABLE RELATIONSを必要と考える。而して同時に日本がGENUINE INDEPENDENCEを欲し、MASTER OF ITS OWN DESTINYたらんと欲するならば固より之を尊重するものである。

以上の観点より、米国としては、日本政府が米国とMUTUAL SECURITY RELATIONSHIPSを維持することを欲して居られることにHAPPYであり、貴大臣の問題が斯る関係を必要とするや否やに非ずして、之を如何にしてEVOLVEすべきやに在ることは誠にHAPPYである。大臣は三つの方法の内の第一の方法〔新条約の締結〕が最も望ましいとのご意見を述べられたが、米国は原則的に其の可能性を探究する用意がある(US IS QUITE PREPARED TO EXPLORE THAT POSSIBILITY)。尤も若し此の方法が困難であると云う場合には他の方法をとると云うことはリザーヴして置く次第である。」

ダレスはこの会談の数週前に始まった台湾海峡危機（第二次）もソ連による力の威嚇の一環として挙げ、そうした力の威嚇に対抗する自由世界諸国の団結の必要を説いた。そのうえで日本がアメリカと信頼にたる相互安全保障関係の発展を望んでいることを歓迎し、新安保条約の可能性を探る用意があるとした。

出典：「九月十一日藤山大臣・ダレス国務長官会談録」（一九五八年九月十一日）。この文書は外務省の「いわ

ゆる『密約』問題調査」の際に「その他関連文書」（一―一五）として公開されている。この文書も含めてこの補註の中で引用する「その他関連文書」は、すべて外務省ウェブサイトにおける以下のURLで入手できる。

https://www.mofa.go.jp/mofaj/gaiko/mitsuyaku/pdfs/k_1960kaku1.pdf

（＊10）〔二〇五頁〕　安全保障問題に関する藤山外務大臣の冒頭プレゼンテーションを受けて藤山とマッカーサー大使の間で次のようなやりとりがなされている。

「大使　貴大臣のプリゼンティションを多とする。本日は訓令なしで私見と述べさせて戴く（ママ）。お話に依れば、日本は長期的に考へて米国との間に何等かの形の安全保障取極を必要とするると考へておられると了解するが左様であろうか。即ち第二次世界大戦後世界の勢力関係に大きな変動があり、日本はソ連中共という二つの巨大な力が存する実情の下に於て独力で其の安全を保障することは出来ず、従つて米国との間に何等かの形の安全保障取極をやつて行くと云う長期的方針であると解して差支ないと思うが如何であろうか。

大臣　其の点に就ては何等の変化もない。今後例へば大幅な世界的軍縮と云う様なことが実現して世界情勢が一変すると云うことにでもなれば別であるが、尠くとも現在の如くソ連中共という巨大な軍事力が存している限り其の点は変らない。

大使　米国の内部にも、日本の安全は日本だけの利益に非ず、米国を含む自由諸国全体の利益であるとする考がある。今後国連が平和維持の為めの効果的な体制を作るとか或は軍縮の実現とか大きな変動があれば兎も角、自由諸国としては信頼性があり相互に受け容れ得る安全保障体制を維持して行かなければならぬと考へる。そこで日米間の現在の関係を按ずるに、安保条約が one sided であると云う難点があり、之が議会乃至輿論に物議を醸しているのであると思う。此の点の解決の為めに自分は出来る限りの協力を行う決心であるが、其の為、先づお確めする意味で、全くパーソナル・ベイシスで伺い度い点がある。即ち、日本側は、安全保障に関する日米関係を durable ならしめる為めに相互援助の取極を最善として之を欲しておられるや否やの問題である。日本側は相互援助方式を希望されても支障があつて出来ないと云うことであるのか或は相互援助方式は之を欲せず現存条約の枠内で side arrangement に依り生起する問題を其の都度処理して行くことを希望しておられるのであろうか。若し相互援助を希望しても支障があつて出来ないと云うことであるならば其の支障は何であるかと云うことを探求しなければならないと思う。要するに方法は二つで、一つは問題を全部曝け出して長期的に耐え得る体制樹立を試みるか、或は不安定な状態を続けつつ生起する問題に追われて弥縫策を続けるかと云うことである。貴大臣のプリゼンティションには両方の考へ方が入つている様に解されるが、基本的には何れをお考であろうか。尚蛇足的に申せば、米国が第三国と結んでいる相互援助条約では、憲法上の手続に基き相互に援助すること、条約の期限等の規定を含んでいるが、日本側も斯様な条約を希望されているか、と云うことである。

大臣　安保条約を改訂し、相互に対等の義務を規定した条約を結ぶと云う問題に就ては、日本に於ける憲法上の制約からして完全に対等な条約を作ることは出来ないと云うことは事実である。従つて完全に対等な条約に改訂するということは考へていない。然し現存の条約は其の規定にしても又其の運営にしても米側の一方的意思によると云う点が多く、旁々安保条約は日本に自衛力のない時代に作られたものであると云う事情も手伝つて、所謂一方的な条約であると云うことに受取られていることに問題がある。即ち安保条約が米側の一方的な意思のみで運営されると云うことが不味いのであつて其の運営に日本側の意思が加わり日米双方の意思が対等のレヴェルで話合われた上条約が運営されて行くと云うことになれば或程度実質的な改訂ともなり、又斯様な基本的了解が成立すれば可成 durable な解決ともなり、そう度々個々に生起する問題に追われると云うこともなくなると思う。

大使　貴大臣の言われる憲法上の制限とは海外派兵の問題を意味されるのであろうか。

大臣　憲法上の制約から、日本の自衛隊は米本国に派遣する訳に行かず、朝鮮に出すことも出来ない。自衛隊の存在そのものすら憲法を最広義に解釈してのみ可能である。

大使　お互に考えていることをはつきりするために申述べるが、思うに条約地域を日本区域と限定した条約とし、日本の海外派兵の問題が生起しない様な相互援助条約が若し出来るとした場合、それでも日本の憲法上の障碍があるであろうか。又憲法上以外に何等かの支障があるであろうか。

大臣　自衛隊は日本国外に出て行くことは不可能である。今のお話は自衛隊は海外に出て行かず、米軍は日本地域で自衛隊と共同作戦すると云うことになるのであるか。

大使　今のは勿論一つの例として申した迄である。何れにせよ相互援助方式の障碍は海外派兵であつて、之は憲法改正する迄は出来ないと云う御趣旨と了解する。憲法解釈と云う問題は勿論当該国自身の問題であり、政治的其の他種々の climate にも依ることであつて米国として何とも申上げる考へはない。自分が承り度いのは全くパーソナル・ベイシスの話であるが、日本憲法の範囲内で相互援助方式が可能であるとした場合、日本は之を適当と認められるか、或は之が可能であつても尚現行条約は其の儘とし或はその字句いぢりを試みて個々の問題を其の都度処置して行くことを適当と認められるか、其の間の general feeling of preference である。

大臣　完全に対等な相互援助条約であるなら当然自衛隊が米本国迄派遣されることも含まなければならず、それは憲法改正を待たずしては不可能である。如何様な取極を作つても右の意味では完全に相互的なものは出来ない。日本側の目的は現行条約の一方的性格を除去しようと云うことであつて、其のためには、条約の改正と、条約は其の儘として side arrangement による方法とあり得るが、条約の改正による場合は政治的になかなかの困難が予想され、side arrangement に依る方法が適当と認められる。

大使　為念重ねて伺うが、日本の憲法の制約下に於て相互援助方式が可能であるとしても左様であるか。

大臣　然り。

大使　よく分つた。」

日本は安保条約の一方的な性格を取り除きアメリカとの長期的な安全保障協力関係を築くために、日本の憲法と両立する相互援助条約への改定を望むのか、それとも補助的な取り決めによる方法を選ぶのか。こう尋ねるマッカーサー大使に藤山外務大臣は後者の方が適当だと答えている。質問の仕方から見てもそうだが、大使が望む答えは前者だったと思われる。藤山の答えに満足できなかったのか、このやりとりの後、一往復、話が続いた後にマッカーサーは、同席している自分の部下（スナイダー書記官）が、自分の話が「意を尽くしていない」のではというのでと断りつつ、

「重ねてもう一度申させて戴くが日本が条約上海外派兵しなくともよいという形で相互防衛援助条約が可能であるとした場合日本側は新条約を考慮されるお気持はあるであろうか」

と再度、質問した。これに対し藤山は、そういう新条約は望ましいが政治的によく考える必要がある。「非常に重要であり且政治的判断を要する所であるから」、岸首相と相談し場合によっては首相を交えて大使と話をしたい、と答えた。

出典：「七月三十日藤山大臣在京米大使会談録抜粋」（一九五八年七月三十日）、「その他関連文書」（一―九）

この会談の冒頭、藤山が日本側の考え方を説明するために行ったプレゼンテーションは、事務方が準備した文書を読み上げる形でなされた。この文書には次の一節が含まれる。

「次に現存の安保条約体制について調整が望ましいと思われる問題を考へて見度い。此の問題は、当面の問題より一歩進めれば当然相互援助方式の新条約の問題となるが、之につてい（ママ）は、米国が相互援助の形として日本側が(1)憲法の範囲内の防衛協力、(2)基地供与、(3)後方協力の三を約束することに依つて充分と認められるや否やの点が考へられる所であるが、之は日本側に於ても政治的影響が極めて大であることに鑑み慎重研究を要する所である。」

出典：「安全保障に関する当面の諸問題について（大臣説明案）」（一九五八年七月二十六日）、「その他関連文書」（一―八）

本書（二〇五頁）で指摘したように、この会談のアメリカ側記録よれば、会談ではまず藤山の方から外務省の中には海外派兵をともなわない相互安全保障条約を結ぶという考え方もある、と説明している。それはこの部分を指

すのだろう。実際、外務省の中には補助的取り決めによる安保条約の調整という案の他に、相互安全保障の考えに基づく新条約案（「安全保障条約（A案）」）が検討されていた。この案は第一条に、

「日本国に対し武力攻撃が行われ同時に又は引き続きアメリカ合衆国に対し武力攻撃が行われることにより極東の平和が破壊されたときは、両国政府は必要ないつさいの援助を相互に与えるものとする。」

そして第二条に、

「極東における平和の破壊の急迫した脅威が生じた場合、両国政府は直ちに協議しなければならない」

と規定し、第四条に、

「1　第一条の目的を即時かつ効果的に達成するため、アメリカ合衆国政府は、日本国政府の要請に基きその軍隊を日本国領域内に配備することを受諾する。

2　日本国内に配備されるアメリカ合衆国軍隊の兵力及びその主要な装備並びにその軍隊の使用に供されることがある日本国内の施設及び区域は両国政府の合意によつて決定されるものとする。

3　日本国内に配備されるアメリカ合衆国の軍隊の地位は、別の協定において定められるものとする」

と規定するものだった。

相互援助、極東有事への関心、アメリカへの基地貸与（ただし米軍の配備や装備に関する日米合意の必要）など、安保改定で誕生した新安保条約の骨子と大きくずれていない相互条約案になっている。もっとも新安保条約第二条の政治経済条項や第三条のいわゆるヴァンデンバーグ条項などは含まれていない。

出典：「安全保障条約（A案）」（一九五八年七月八日）、「その他関連文書」（一―六）

なお本書の二〇四頁に関連することだが、藤山が読み上げた「安全保障に関する当面の諸問題について（大臣説明案）」には、外務省が考える補助的取り決めによる調整案の説明も含まれている。

（＊11）〔二〇七頁〕　外務省の記録は、一九五八年八月二十五日の夕方、外務大臣公邸で開かれた会談における、岸首相

（総理）、藤山外務大臣、マッカーサー大使のやりとりを以下のように伝えている。

「総理　……大使には九月一日出発［一時帰国のため］と承つているが。

大使　一日出発の予定であるが、其れ迄に貴総理及外務大臣とお話しおきたき二、三あり、その一は日米間の安全保障関係調整に関し、如何に進めるべきやの問題なり。最近［七月三十日］藤山大臣とお話して来た結果、本件に二つの方法があり得るとの結論に達したが、何れを適当とするやに関する総理御自身のお考へを承るならば甚だ helpful である。藤山大臣の御訪米［藤山は訪米して九月十一日にダレスと会談。（＊9）を参照］は素より短期間の事にて、交渉という訳には行かざるも、今後の進め方の基礎を定め得べしと考へる。即ち、二つの方法とは、一つは現存の one-sided の条約を其の儘として、補助的取極めで個々の問題を処理して行く事である。他は one-sided の条約を根本的に改訂し、日本憲法に抵触せず日本が海外派兵義務を負う事なくして mutual な新条約を作る事である。外務大臣とのお話では此の点につき最終的結論には達しなかつたし、又自分は何れの案にせよ其の可能性を今から確定的に申し上げる事は出来ないが、総理のお考へを承りたいと思つている。

総理　（外務大臣に向い）外務省の話は何所迄行つているか。

外務大臣　（総理に向い）この問題は総理の御判断なしには決められない事であるといつて保留してある。総理を交へてお話する際に採り上げようとも云つてある。今総理にお話戴ければ其の趣旨で今後進める。新条約で行くとなれば対国会関係等で重荷を負う事になろうが、其所を踏越へればさつぱりするであろう、他の方法は交換公文［補助的取り決め］であり、それで行ければ重荷は負はぬが、さつぱりはしないという事である。何れにせよ総理のお考へが必要であるというところ迄話してある。

総理　自分はこう思う。出来れば現行条約を根本的に改訂する事が望ましい。根本的に改訂する事になれば米国の議会も問題があろうが、日本の国会でも大いに論議される事になろう。しかし自分は論議される事が良いと思う。安保条約が出来た頃と今日は事情が変つている。今後の日米関係については此れを新しい理解と協力の関係におくというのが自分の内閣の基本方針であり、その見地からも一度論議を経た方が良い。論議は烈しいものであろうが、此れを経た上は相当期間に亘つて日米関係を安定した基礎におく事が出来る。これが新条約を可とする第一点である。保守党内閣に対し、社会党は防衛問題について、小出しに反対して来るが、民心に対して新条約体制によつて覚悟を決めさせる事が出来る。斯くする事が日米関係の基礎を固める所以であると思う。他方条約を根本的に改める事が、米国側に困難があつたりして、非常に時間を要するという事であるならば、交換公文による了解とか安全保障委員会を通ずる措置とかによらざるを得ない事になろう。自分は新条約をやる事が日米関係のためにも良いと思うし、やりたいと思うが、しかし時間がかかるなら中間的に二、三の点を処理して行かなければならないと思う。

大使　只今の二、三の点とは外務大臣の云はれた如く在日米軍使用の問題及核兵器持込み問題と考へてよろしいか。

総理　その通りである。」

（以下略）

出典：「八月二十五日総理、外務大臣、在京米大使会談録」（一九五八年八月二十五日）、「その他関連文書」（一―一二）

（＊12）〔二一四頁〕　実質は「物と人との協力」の継続になったが、後から振り返れば、安保改定によって安保条約が相互条約の形式を得たことの意義はやはり大きい。日米両政府がその後、安全保障協力関係の相互性を発展させ「平等のパートナー」（本書二六八頁）としての同盟関係を築いていく、その努力の基盤になったのは間違いないからである。

およそ同盟というものは、「互いのため」に、すなわち互いの安全や利益のために、「互いに協力」するものでなければならない。安保改定はこの二つの意味で安保条約に相互性の形式を与えた。

「互いのために」という面では、まず新条約の前文に、日米両国が「極東における国際の平和及び安全の維持に共通の関心を有する」ことをうたっている。これは日本の安全のために条約を結ぶという旧安保条約のかたちを改め、日米が「極東の平和と安全の維持」という共通の目的のために条約を結ぶというかたちにして、条約が「互いのため」の条約であることを明確にするものだった。同時に、新条約第五条では、アメリカが日本に対する武力攻撃を「自国の平和及び安全を危うくする」ものと認めている。日本の安全はアメリカの安全でもあるから、日本を守ることが日米「互いのため」になる、というわけである。さらに新条約第六条は米軍による基地使用が「日本国の安全」並びに「極東における国際の平和及び安全の維持」に寄与するためにあるとして、基地の貸借が「互いのため」の協力であることを明示している。

「互いに協力する」という面では、本書で詳しく述べたように「物と人との協力」を相互協力とみなす形式が整えられた。新条約の第五条と第六条でそれぞれ、アメリカの日本防衛義務、そして日本の基地提供義務を明らかにしたのである。それに加えて第五条には「日本国の施政の下にある領域」という極めて限られた範囲内ではあるけれども、そこにおける日米「いずれか一方」に対する攻撃を「共通の危険」として自衛隊と米軍がそれに対処する、というかたちの相互防衛義務が盛り込まれた。「物（基地）と人（米軍）との協力」を、もじっていえば「人（自衛隊）と人（米軍）との協力」である。

安保改定後の日米両政府は、「互いのために」「互いに協力する」という二つの意味での相互性の実質を高める努力を行っていくことになる。日米同盟の歴史はこの意味での相互性の発展の歴史といってよい。

（＊13）〔二一六頁〕　本書初版出版後、この「補註」でもいくつか紹介しているように、安保条約の改定に関する外務省のさまざまな記録が、外務省への情報公開申請、外務省が二〇〇九年から一〇年にかけて行った「いわゆる「密約」問題に関する調査」の際の文書公開（「報告対象文書」、「その他関連文書」）、あるいは定期的な文書公開などで入手可能になっている。だが管見の限り、それらの中にこの問題に関する岸の考えについて、新しい見方を可能にするような文書は見当たらない。

（＊14）〔二三六頁〕　たとえば外務省文書「日米協力関係を強化発展せしめるためにとるべき政策」（一九五七年三月）に添付された「日米安全保障条約改定案」は、第一条に、

「日本国に対する武力攻撃の阻止に寄与するために必要なアメリカ合衆国の陸軍、空軍及び海軍を日本国内及びその附近に配備する権利を、日本国は、許与し、アメリカ合衆国は、これを受諾する」

と規定し、第四条に、

「各締約国は、日本国に対する外部からの武力攻撃を自国の平和及び安全を危くするものと認め、自国の憲法上の手続に従つて共通の危険に対処するように行動することを宣言する。〔以下略〕」

と規定している。

米軍の基地使用は日本の防衛のためだけにあり、共同対処する武力攻撃は日本国（当時はアメリカの施政権下にあった、沖縄、小笠原を含むものと思われる）に対する武力攻撃に限られている。

外務省はこの改定案は「相互防衛方式」ではなく、日本についてだけ「共同防衛方式」をとる案だと説明している。日本と日本に駐留する米軍を日米が共同で守るという意味である。「日米安全保障条約の改訂案の説明」は次のようにいう。

「軍隊を配備する権利が一方的に米国に与えられているのであるから、防衛についての義務が一方的になるのは当然のことである。日本の防衛は、日本に駐屯する米軍の自衛にほかならない。したがつて防衛さるべき区域を日本以外まで拡げることによつて、無理に「双務的」にする理由はない。」

現行安保条約は、この条約案のように「日本国に対する武力攻撃」への共同対処といわず、「日本国の施政の下にある領域におけるいずれか一方に対する武力攻撃」への共同対処を義務とすることで相互防衛の形式をとっている。

出典：「岸総理第1次訪米関係一件　岸・マッカーサー予備会談（於東京）第1巻」16⑶会談資料①。この文書は外交史料館のウェブサイトで入手できる。

https://www.mofa.go.jp/mofaj/annai/honsho/shiryo/shozo/pdfs/2018/04_21.pdf

（＊15）〔二三八頁〕 マッカーサー大使はこの一九五八年十月四日の会談の冒頭、岸総理（首相）や藤山外務大臣に対して次のように述べた。

「総理、外務大臣共御多忙の事情はよく承知しているので、本日はお差支なくば先づ自分より米国側の一般的見解並びに一つの提案乃至可能性と謂ふべきものをプリゼントさせて戴き度し。安全保障調整に関しお話する時機の来たことは誠に欣ばしい。これは米國が此の問題を重要視している證左であり、又日米新時代に実を与へようと云ふことに他ならず、総理並びに日本政府への tribute である。本件に関しては率直に申して米國内にも相当の反対もあった。即ち今回の話合は、米國とすれば現行条約で保有する廣汎且継続的な権利を自ら制約し、条約の明文に於て新な義務を負はんとするものであり、之に対しては反対する向も尠らず存した。然し大統領及米国政府は、総理及外務大臣を信頼し、総理の御考の基礎の上に日米安全保障関係、延いて日米関係全般を鞏固な持続性ある関係にする為め、新に相互性ある条約を考へやうとするに至った。其の為めには日本側のみならず米國側にも幾つかの困難な問題が存することは事実である。自分の方としては、所謂外交的な駆引きと云ふものは一切止めて、始めからカードを全部曝け出して行く積りである。従来共総理及外務大臣との間で総て率直にお話合をして来たが、右のような態度で本当に率直にお話を進めて行き度い。」

こう述べた後、マッカーサーは条約案を日本側に提示し説明を行った。この中で第五条草案の第一項、すなわち相互防衛の規定である、"Each Party recognizes that an armed attack in the Pacific directed against the territories or areas under the administrative control of the other Party would be dangerous to its own peace and safety and declares that it would act to meet the common danger in accordance with its constitutional processes."（各締約国は、太平洋において他方の行政的管轄下にある領域又は地域に対する武力攻撃が、自国の平和と安全を危うくするものであることを認め、自国の憲法上の手続きに従って共通の危険に対処するように行動す

ることを宣言する）については、これは、

「米比條約第四条の形をとっている。此の表現によれば、日本にとっては本州、四国、九州、北海道及び奄美大島が條約地域となり、米国にとっては琉球、小笠原、太平洋地域の米領諸島が條約地域となる。更に将来琉球、小笠原の施政権が返還された場合や千島が復帰しても条約を改める必要なく、又平和条約第三条に基づく米国の権利にも抵触しない表現になっている。「自身の平和と安全に危険である」と云ふ表現はモンロー主義由来の表現で最も強い表現である。他の相互援助条約に於ても同じ表現である。「憲法上の手続きに従って」としてあるから。海外派兵が憲法上支障があれば当然排除される。完全にミューチュアルにすれば日本側に支障が生ずるが、此の表現で憲法上の問題は解決されると思ふ。此の点では出来る丈日本側の事情を容れた案であって、米議会領袖も了解している」

と説明している。

大使はまた、事前協議の制度については次のように述べた。

「総理及び外務大臣の従来のお話、並びに藤山大臣のダレス長官に対するお話の中に他に二つの問題があった。即ち核兵器持込み問題及び在日米軍の日本地域外使用の二である。藤山大臣は、日本が侵略を受けた場合日本は米軍に日本の基地を使用させることは当然である、日本外の米軍に攻撃があった場合、日本は補給協力は行ふが、日本基地を作戦的に使用する場合は協議して貰ひ度い、海外派兵は困るが補給の協力の為め基地の使用を認めて協力する、と云ふ話をされた。（之はオフ・ザ・レコードで申上げるが、実はワシントンでは此の二つの問題の方が余計に骨が折れた次第であった。）此の二つの問題の為め、双方の要請を充たすものとしてフォーミュラを作成した」

大使はこう述べて、事前協議に関する交換公文の草案となる「フォーミュラ」についても説明した（その案文は「補論」の注26を参照、本書三四八頁）。

「第一クローズ［"The deployment of United States forces and their equipment into bases in Japan" という

部分を指すと思われる」は核兵器に関するものである。米国では通常兵器と核兵器と並列して一体を成すものであるので核兵器のみを抽出して取り扱ふことは出来ないので核兵器と云ふ字は使っていない。尚之は核兵器のみに関する了解であって、核兵器以外に関する了解は従前通りとする了解で本案は出来ている。第二クローズ［"and the operational use of these bases in an emergency" という部分を指すと思われる］は非常事態に於ける基地の作戦的使用に関するものである。此の了解は補給協力に関しては何等の障害を意味するものでないと云ふ了解で出来ている。共産圏のアジア友邦国に対する侵略は日本自身の安全に関するものであると云ふことは藤山大臣もダレス長官にお話になった所であり、米國は此の補給協力を非常に重要視している。」

補給のための基地使用は事前協議の対象ではない、という大使の説明は、核兵器を搭載した米艦船の一時寄港は事前協議の対象になるのかならないのかという、いわゆる「密約」問題を解く鍵でもあった。そのことについては「補論」を参照。

出典：「十月四日　総理、外務大臣、在京米大使会談録」（一九五八年十月四日）、「その他関連文書」（一─一八）

（＊16）〔二四五頁〕　安保改定交渉における日米の「長いやり取り」の中でも、最も興味深いものの一つは一九五八年の十一月二十六日に行われた、藤山外務大臣とマッカーサー大使の会談である。藤山大臣はこの日、十月四日にアメリカ側から出された安保改定案への日本側対案を、「全くの私案」と断りながら、マッカーサー大使に示している。その「私案」はアメリカ案から第二条（政治経済協力に関する条項）、第三条（「ヴァンデンバーグ条項」）を削除するとともに、日米両国が共通の危険に対処するという色合いに欠けるものだった。大使はこの藤山の「私案」を次のように厳しく批判した。

「大統領及国務長官は、新條約が其のコンセプトに於て米國が他の同盟国と結んでいる安全保障条約と対比し得るものであると云ふ限度でその交渉を自分に許したのである。蓋し其のコンセプトに於て全く異った条約が出来ては他の同盟国から文句が出ることは避けられず、斯様なものでは米議会は決して受容れない。條約地域を日本領土に限る点、自分は個人的には日本の考へ方を理解し得ると思はれ、米國側にとって非常な難点はあるが、之を自分はレコメンドすることを考へる気持ちである。條約地域は日本領土のみとし他の諸点は、minor modification を施してもその限度ならば自分は之をワシントンにレコメンドする気持ちである。然し只今の草案は勿論未だ一見した丈であるが米國の他の安全保障條約と根本的に相違している様である。若し此の草案を日本側の案としてワシントンに送るならば、今回の交渉はそれで終了である。野球の試合が終ったと同じである。之をワシントンに送った場合ワシントンの関係者が何と叫ぶか太平洋を結ぶ電話がなくともよく聞える様な気がする。米國側としてはどうしても逸脱し得ない基本線がある。何故此の草案が受け容れられないか、其の理由を申し上げる。

先づ第一に基本的コンセプトの問題であるが、米國は単なる軍事同盟は持続性も信頼性もないから之は採らざる所である。條約を結ぶ根拠は、単なる軍事同盟でなく、其処に共通の利益、目的の相互性、community of interest と云うものがなければならないと考へる。若し斯様な関係を示す規定がない場合は上院でも何処でも必ず何故に削られたかと云ふ質問に遭遇する。されば米側としては出来る限り通常の型に沿ったものが望ましい。この点は最も重要な点と云ふ訳ではないが、先刻のお話でもご研究中とのことでもあり、重ねて研究して戴き渡い。

次に米案第三条、即ち持続的且効果的な自助及び相互援助の規定であるが、此の條項なしでは上院は通らない。自助の努力をしない者、米國のみに何かやらせやうと云ふ國に対しては米國も何も出来ないのであって、勿論ヴァンデンバーグ決議に関する問題である。日本側の問題が「集団的」と云ふ点にあるならば其の事情は理解し得ざる所ではないと思はれ、此の点ならば何とかミートし得ると思ふ。然し本條を全部削ったのでは問題にならず徒に関係者を怒らせる計りである。」

マッカーサー大使はこう述べた後、日本側私案の第四条にも苦言を呈した。第四条は日本国に対する武力攻撃が発生した場合、アメリカが日本防衛のために必要な共同措置をとるという趣旨の文言である。

その第一項は次の通り、

"If an armed attack occurs against Japan, the United States of America shall take such joint measures with Japan as are necessary for the defense of the latter."

大使は次のように述べた。

「第四条の條約地域の問題に就て個人的な感じを申上げる。之を日本領土のみに限定することは、自分は現地にいるから日本側の事情を理解出来ると思はれ、sympathetically disposed である。然し乍ら草案の表現は何とも受諾し難い。先づ此の表現には「共通の危険」なる観念がまったく含まれて居らず、日本が攻撃されたら米国は willy nilly に存じ防衛すると云ふコミットメントを与へよと云ふことである。何とか適当な表現が考へ得る筈である。「共通の危険に対処する為め行動する」と云ふ［アメリカ案（十月四日）の］字句は、米國も日本防衛の為最善を盡すと云ふ最も強い表現であって、何故それが具合が悪いのか自分にも分らない。條約地域を日本のみに限った場合も猶右の表現は具合が悪いのであらうか。此の儘では駄目である。此の表現を其儘報告したら打毀しである。條約地域を日本だけに迄狭めた上に更にコンセプト迄変へると云ふ理由が分らない。」

マッカーサーはさらに続けて藤山「私案」の第三条も問題視する。第三条は日本が日米の合意に従ってアメリカにいくつかの基地の使用を許すという趣旨の条文である。条文は次の通り。

"Japan grants to the United States of America, subject to such conditions as may be agreed upon, the use of certain facilities and areas in Japan by the United States land, air, and sea forces."

マッカーサー大使は以下のように述べた。

「草案第三條は基地使用が「別に合意される所に従ひ」[subject to such conditions as may be agreed upon]となっているが、米軍が最少限必要な基地の使用が出来ると云ふことがはっきりしていなければ困る。蓋し米国の日本防衛義務に見合う日本側の防衛義務と云ふものがなく、基本的には相互性の基礎は基地供与である。又日本防衛の義務は日本の基地を使用し得るに非れば果し得ない。然るに草案の表現では基地を使用出来ることがはっきりしていないと思ふ。施設区域の使用に付て（ママ）はっきりした合意があることが必要であることは日本側でも御異存のない所と思ふ。勿論米軍が新に施設提供を求める場合は協議が必要なことは言ふ迄もない。又現に施設の返還が進んでいるのも誠に結構なことである。然し最少限必要な施設の使用が challenge されるのでは米側として交渉をやる意味がない。」

マッカーサーはこの他にも行政協定や事前協議などの問題でコメントした後、「私案」の取り扱いについて、ワシントンに詳細に報告するのがよいか、それともこの「私案」はなかったことにして、条約地域の問題など一般的な検討を行ったとだけ報告するのがよいか、と藤山に尋ねた。藤山は即座に、「第二の方法が適当であると思ふ」と答えている。

後年マッカーサーは、雑誌インタビューの中で、安保改定の話合いが始まってから何カ月も経った後、日本側から唐突に「日本側にとってまったく一方的に有利な」「アメリカに対してすべての責任を負わせながら日本は応分の行動はなにもとらないという、相互性に完全に欠けた」条約案が出てきたことが強く記憶に残っている、と話している。この「私案」のことと思われる。

「米國は単なる軍事同盟は持続性も信頼性もないから之は採らざる所である。條約を結ぶ根拠は、単なる軍事同盟でなく、其処に共通の利益、目的の相互性、community of interest と云うものがなければならない」と考えるマッカーサーにとって、藤山が出してきた「私案」は、まったく受け入れ難いものだった。

マッカーサーが後から知ったところによれば、実はこの「私案」は日本政府内に、ともかく「私案」のような条約案を提案するだけでもしてみてはどうかと主張する数名の閣僚がおり、岸や藤山は無理なことを承知で、やむをえず提案してみたらしい。（ダグラス・マッカーサーII「いま明かす六〇年安保条約改定の真相」『中央公論』一九八一年十一月号、聞き手は古森義久氏）

実際のところ、この「私案」を記した文書の欄外には「十一月二十一日午後三時―六時　大臣公邸に於て　日本の国内的には最も都合のいい案或は日本として最も強い案と云うことで本案を検討せり。（大臣、次官、両局長、両次長、両課長出席）」という書き込みが見られる。

出典：「私案」（"DRAFT TREATY OF MUTURAL COOPERATION FOR SECURIYY"）とこの日の会談録（「十一月二十六日藤山大臣在京米大使会談録」一九五八年十一月二十六日）は、「その他関連文書」（一―三一）および「その他関連文書」（一―三二）

（＊17）〔二七〇頁〕　あらためて言うまでもないが、「相互防衛と日本の憲法を両立させる」安保改定が容易でなかったのは、当時の日本の国内事情によるところが大きい。東郷は安保改定交渉が正式に始まる前に、問題となる国内事情を次のように整理している。

「現状の由つて来る所以を考察するに、左の如き国内事情が考へられる。

1　一九三〇年代以来の国防国家的思想と政策に対する反動と政府の権威に対する不信。

2　占領を担当した米国に対する漠然とした反撥。

3　東西勢力の接触点に位置することから来る危険感と自衛能力に対する絶望感。

4　厭戦思想と無防備中立に対する憧憬。

5　憲法問題と国内政争。

日本政府の防衛努力は、右の如き底流の上に、内には経済的困難と戦い乍ら、又外からの冷戦の挑戦に拮抗しつつ、安保条約を支柱として続けられて来たのである。」

出典：「日米間の安全保障問題に関する件」（一九五八年七月二十一日）、「その他関連文書」（一―七）

（＊18）〔二八二頁〕　日本政府は二〇一四年七月一日、「国の存立を全うし、国民を守るための切れ目のない安全保障法制の整備について」を閣議決定し、限定的な集団的自衛権の行使容認に踏み切った。https://www.cas.go.

jp/jp/gaiyou/jimu/pdf/anpohosei.pdf
　ただし自衛隊の「海外派兵」（武力行使の目的をもって武装した部隊を他国の領土、領海、領空に派遣すること）が許されないという従来の政府の憲法解釈に変更はない。

［補　論］

「事前協議の秘密」について

はじめに

本書初版の出版から十年が経った二〇一〇年（平成二十二）三月、外務省は安保改定交渉と沖縄返還交渉の際に日米両政府が結んだとされる四つの「密約」に関する調査（「いわゆる「密約」問題に関する調査」、以下「密約調査」）の結果を公表した。その調査結果と関連する多数の外交文書は、すべて外務省のウェブサイトで入手することができる(1)。

前年二〇〇九年の九月から始まったこの調査には、筆者も有識者委員会（十一月に設置）の一員として参加した。委員会は外務省の内部調査チームによる調査報告を検証する報告書の作成を任務とし、筆者はその報告書（「いわゆる「密約」問題に関する有識者委員会報告書」、以下「有識者報告書」）の第二章を執筆した(2)。第二章は、核兵器を搭載したアメリカ艦船の日本への一時寄港と事前協議に関する「密約」を扱い、続く第三章は、朝鮮半島有事における日本からの米軍出動と事前協議に関する「密約」を扱っている。

「密約調査」の結果とその後に解禁されたアメリカ国務省のいくつかの文書により、本書の第五章第二節で論じた「事前協議の秘密」の基本的なところは、ほぼ解明できるようになった。安保改定の際に日米両政府間でなされ、その後、半世紀にわたって極秘とされた、事前協議制度導入に関する二つの問題の外交処理は、おおよそ次のようなものだったと思われる。

一　核搭載艦船の一時寄港

まず、核兵器を搭載した米艦船の一時寄港が事前協議の対象になるかどうかの問題は、それについて議論せず、日米両政府間に明確な合意がないままにしておくという処理がなされた。明確な合意はないが、事前協議に関する交換公文、すなわち「日本国とアメリカ合衆国との間の相互協力及び安全保障条約第六条の実施に関する交換公文」はアメリカ政府がこの問題で困らないような文章になっている。この交換公文の中核となる文章を確認しておこう（英文は注を参照）(3)。

「合衆国軍隊の日本国への配置における重要な変更、同軍隊の装備における重要な変更並びに日本国から行なわれる戦闘作戦行動（前記の条約第五条の規定に基づいて行なわれるものを除く。）のための基地としての日本国内の施設及び区域の使用は、日本国政府との事前の協議の主題とする。」

一見して分かるように、この文章の中にはアメリカの艦船はもちろん、核兵器という文言もない。それでも日本政府は安保改定後、「密約調査」に至るまで、核兵器を積んだ米艦船の一時寄港は事前協議の対象になる、と説明し続けた。

政府の説明は次のようなものだった。一九五八年から一九六〇年にかけて東京で行われた安保改定交渉の際に日米両政府間には、この文章の意味に関する「藤山・マッカーサー口頭了解」なるものができている。その中で「装備における重要な変更」という文言は「核弾頭及び中・長距離ミサイルの持込み並びにそれらの基地の建設」を意味することが了解されている。核兵器を搭載した米海軍艦船の日本への一時寄港もその「持込み」にあたるから、事前協議は当然必要になる(4)。

この政府の説明は、米軍が当時から現在に至るまでとっている、核兵器の所在については肯定もしなければ否定もしないという政策（ＮＣＮＤ）(5)とは矛盾する説明だった。米海軍の艦船が日本の港に入る際、もし事前協議をすれば、その艦船には核兵器が存在することが明らかになり、しなければ不在が明らかになるからである。この基本的な問題をクリアしたいと思えば、核搭載艦船の一時寄港に関する事前協議は何か特別なやり方で行うという、非公表の取り決めが必要だったはずである。

だが「密約調査」は、そういう取り決めが存在しないことを明らかにした。それとともに、政府の説明でいう、藤山愛一郎外務大臣とダグラス・マッカーサー駐日アメリカ大使との間の「口頭了解」が、それまで非公表だった安保改定時の極秘文書、「討議の記録（Record of Discussion）」（英文）の内容に基づくものであることを明らかにした。この文書を読むと、たしかに「核弾頭及び中・長距離ミサイルの持込み並びにそれらの基地の建設」が事前協議の対象になると了解されていたことが分かる。文書の該当部分を引用しておこう（和訳は引用者、原文は注を参照）(6)。

「「装備における重要な変更」は核兵器及び中・長距離ミサイルの日本国内への持込み並びにそれらの兵器のための基地建設を意味すると理解される。たとえば核コンポーネントのない短距離ミサイルなど、非核兵器の持込みは意味しない。」

この点は政府の説明通りだったが、核搭載艦船の一時寄港と事前協議の関係を考える際に「討議の記録」の記述が問題になったのはこの部分（「二項A」）ではない。政府が「藤山・マッカーサー口頭了解」に反映させていなかった以下の部分（「二項C」）の解釈である（和訳は引用者、原文は注を参照）(7)。

「事前協議は合衆国軍隊とその装備の日本国への配置、合衆国軍用機の飛来、並びに合衆国海軍艦船の日本国の領海への進入や港湾への入港に関する現行の手続きに影響を与えるとは解されない。ただし合衆国軍隊の配置における重要な変更の場合を除く。」

この部分はアメリカの外交文書公開によって「討議の記録」の存在とその内容が間接的ながら世に知られるようになって以来、これこそ核搭載艦船の寄港を事前協議の対象外とする日米間の「密約」を示す記述ではないかと疑われてきた。というのも、事前協議が米艦船の日本領海への進入や港湾への入港に関する「現行の手続き（present procedures）」に影響されない、という了解があったとすれば、米艦船は安保改定後も旧安保条約下と同様の手続きに従って日本の港に入ることができる。旧安保条約下で米海軍の艦船は、核兵器搭載の有無を明らかにせず、行政協定に基づく手続きだけで入港することができたであろうから、もしそれが変わらないとなれば、安保条約が改定された後も事前協議なしで入港できることになる。日本政府が「討議の記録」のこの部分を、「藤山・マッカーサー口頭了解」に関する説明からはずしていたことも、これこそ「密約」に違いないとの解釈に信憑性を与えた。

本書も、「討議の記録」の草案の内容を記したと思われるアメリカ外交文書の記述を取り上げ、アメリカ政府はこの「討議の記録」によって、核搭載艦船の一時寄港を事前協議の対象外にするよう求めていたのだろうと推測していた（本書二五六頁）。ただ同時に、

「この文言は少しあいまいである。核搭載艦船の寄港だけを取り上げて、それは事前協議の対象外にすると端的に述べているわけではない」

とも指摘し、「密約」とは断定しなかった(8)。

「密約調査」で明らかになったのは、事前協議の交換公文の意味を明らかにする「討議の記録」のこの部分（二項C）について、当時の日本側の交渉者たちがそれを、交換公文の文言と地位協定第五条（米軍の艦船、航空機の港、飛行場への出入り、その際の手続きを規定）との関連を明らかにする記述だと理解していたことである(9)。交渉者たちの理解は「二項C」の記述があるから核兵器を搭載したアメリカの艦船は事前協議なしに日本に一時寄港することができる、というものではなかった。

そういう理解は基本的には当時のアメリカ側の交渉者たちの理解でもあったと思われる。「外務省内部調査報告書」は、「討議の記録」（二項C）の解釈について日米間には「認識の不一致」があったとしている(10)。だが「討議の記録」という文書の性格などから見て、その「不一致」は安保改定後に生じたもので、安保改定交渉時には存在しなかったと考えるべきである。

「討議の記録」は安保改定交渉もだいぶ煮詰まってきた一九五九年の五月になってアメリカ側から出さ

れた不公表の交換公文を作成したいという要請に対応して作られたものだった。アメリカ側は「不公表交換公文」を作って、公表される交換公文の解釈を日米で確認しておくことを申し出たのである。東郷文彦アメリカ局安全保障課長が一九六〇年の六月に作成した「日米相互協力及び安全保障条約交渉経緯」(11)によれば、次の四点についての確認である。

「(1) 米軍の日本出入に関する現行手続きに変更なきこと、(2) 装備は核兵器のみを指すこと、(3) 撤退は事前協議の対象とならないこと、(4) 基地使用の事前協議は日本の基地から行われる日本外のコンバット・オペレイションに限ること」

アメリカ側からの「不公表交換公文」作成の要請に日本側は難色を示した。そういう秘密の合意文書を作ることは、国会での答弁などで政治的に難しい問題を引き起こすと考えたからである。だがマッカーサー大使は新安保条約に付随する文書の一つとして公開される交換公文について、将来、両国間に誤解が生じるのを防ぐためにも、その意味を明確にする文書が必要だと主張した。そこで日本側から、日米がそれぞれの立場を明確にしてそれを記録するというかたちの文書を提案し、「討議の記録」が作成されることになった(12)。

アメリカ側が確認を求めてきた四点は、すべてこの「討議の記録」の中に盛り込まれた。(1) が「二項C」、(2) が「二項A」、(3) が「二項D」、(4) が「二項B」となる。つまり「討議の記録」の「二項C」は、「米軍の日本出入りに関する現行手続きに変更なきこと」を確認する文言だったわけである。

東郷によれば、これら四点はどれも日米間で「当初より口頭で了解されて来たもの」だった(「交渉経緯」)。そして「討議の記録」の取り扱いとしては、文書としては非公表だが、内容は公表してよいものとされた(13)。文書が非公表になったのは、アメリカ側が「核兵器」という言葉が入った文書を表に出したくなかったからと思われる(14)。

「討議の記録」は、事前協議の交換公文の意味について将来、日米間で誤解が生じないよう交渉の「当初より口頭で了解されて来たもの」を記録した文書であり、かつその内容は公表しても差し支えない文書だった。そういう文書の文言について日米の交渉者たちの間で理解が大きく異なっていたとは考えにくい。もし「二項C」が日本側の解釈通りの了解事項だったとすれば、アメリカ側はこの了解により、米軍の出入りについては、「配置における重要な変更」の場合を除いて(その場合は事前協議が必要になる)、これまで通りの手続きで行われ、新設される事前協議の対象外であることを確認できる。マッカーサー大使にとってその確認は、事前協議制度の導入が補給兵站面での日本の基地の価値を減少させるのではないかと懸念する米軍、とくに第二次台湾海峡危機の発生(一九五八年八月)もあって、それを強く懸念する米海軍を安心させるために欠かせないものだったと思われる(15)。

実はアメリカ政府は、安保改定交渉を始めるにあたり、核搭載艦船の一時寄港を事前協議の対象外とする明確な了解を日本政府から取り付けるよう、マッカーサー駐日大使に訓令を出していた(16)。おそらくアメリカ海軍の意向をふまえての訓令だろう。だが大使は、この問題について日本側と話はしたが、明確な了解を求めようとすると、かえって話がこじれると判断して(17)、それをしなかった。

後にこの問題を検討したアメリカ政府の文書によれば、明確な了解の取り付けを求める国務省に対し駐日大使館側は、

「核兵器が入って来ることに関して協議を受ける権利をはっきり放棄する文書に署名できる日本の指導者はいない」

と返答したという。この文書は安保改定の際に、核搭載艦船の一時寄港に事前協議が必要かどうかについては日米間で「具体的な了解に至らなかった（no specific understanding was reached）」と結論している(18)。この結論は、東郷課長が安保改定の八年後に日本政府内で行った問題の経緯説明（注9参照）と符合する。東郷は、安保改定交渉中、核兵器を搭載した艦船の一時寄港について日米間で「特に議論した記録も記憶もない」と説明しているのである(19)。

もっとも東郷は、アメリカ側との交渉中にその話が全く出なかったとは書いていない。実際のところ、藤山外相は一九八一年に『毎日新聞』のインタビューに答えて、交渉中に話が出たことを認めているし、マッカーサー大使も後年、核搭載艦船の寄港については事前協議ができないことを日本側に率直に伝えたと証言している(20)。だがその話が出たときに、議論して何か「具体的な了解」ができたわけではないようである。

そうなると不思議なのは、話はしたが「具体的な了解」はなしということで、アメリカ政府、また米海軍が安心できたのかということである。冷戦中に核兵器を搭載した米海軍艦船が事前協議なしに日本の港に寄港することは多々あったはずである。公表された交換公文で「装備における重要な変更」を事前協議の対象にすると約束しておきながら、また非公表の「討議の記録」の「二項A」では核兵器の「持込み」が事前協議の対象になると了解しておきながら協議をしなくてよい、と安心できたとすれば、その根拠は何だったのだろうか。

たしかに「討議の記録」の「二項C」で米艦船の「出入り」が事前協議の対象にならないことは確認されている。だがそこには、その米艦船が核兵器を「装備」している場合はどうなるのかについて何か書いてあるわけではない。むろんマッカーサー大使がアメリカの考え、すなわち核搭載艦船の一時寄港については事前協議ができないことを日本政府に伝えているから安心、というわけにもいかないだろう。もっと強い根拠が必要なはずである。

この点についてわれわれは、交換公文の中の、ある文言に注意する必要があるだろう。すなわち「同軍隊の装備に関する重要な変更」という場合の「同軍隊の装備（their equipment）」という文言である。これはどの軍隊の装備を指すのだろうか。

安保改定後の日本政府は、この「同軍隊の装備」を安保条約の適用を受ける米軍一般の装備を意味するとの解釈をとり、それを前提にして、核搭載艦船の一時寄港も事前協議の対象になると説明し続けた。だが前後の文脈から見て、それは日本に「配置（deployment）」される米軍、すなわち在日米軍の装備を指すとも読めるし、むしろ、そちらの方が素直な読み方なのではないだろうか(21)。

そしてもし、アメリカ政府がそういう読み方をしているのであれば、米海軍は安心できただろう。なぜなら、そもそも日米両国が取り交わした交換公文にいう「装備における重要な変更」は、日本に「配置」される米軍の装備に関するものであって、「配置」されていない米艦船、たとえば第七艦隊所属の米艦船の装備を問題にするものではない。それに加えて「討議の記録」では、一般的に米艦船の日本寄港の手続きは「現行通り」（つまり事前協議制度がなかった安保改定前と同じ）と確認してある。何か問題になった場合にはそう言えるからである(22)。

そう考えると、安保改定後の日本側の解釈、すなわち「同軍隊の装備」は安保条約の適用を受ける米軍一般の装備を意味し、日本に一時寄港する米艦船の装備も含まれるというような解釈が、安保改定交渉中から日本側の解釈だったというのはかなり疑わしい話になる。少なくとも日本側の交渉者たちが、アメリカ側はそういう解釈をしていると受けとったとは思えない。そもそも日本政府は安保改定交渉中、アメリカ政府に対して、核搭載艦船の一時寄港も事前協議の対象にしてほしいと求めてはいないのである。

求めていないことは前述の東郷課長の、その問題を「特に議論した記録もなければ記憶もない」という説明からも分かるし、安保改定交渉が正式に始まる前にワシントンで行われた、藤山外務大臣とダレス国務長官の会談(一九五八年九月十一日)の記録からも分かる。

この会談で藤山は日本政府の安保改定に関する考えをダレスに説明したが、その際、事前協議についでは、日本以外に対する侵略が起こり、日本の基地を作戦基地として米軍が使用する場合には協議してもらわなければ困る。だが、「補給協力に就ては現行安保条約下の関係を継続して差支えないと思ふ」と述べ、そのうえで「補給の為め等で日本に米軍が駐留する場合は其の配備装備に就て事前に協議することとし度い」(傍点、引用者)と日本側の要望を述べているのである(23)。米軍が駐留しない場合には、たとえば米艦船が補給などで一時寄港するような場合には、配備や装備について事前協議はいらないという趣旨と読める。

本書第四章で指摘したように、外務省は一九五八年の夏まで、安保条約の改定ではなく補助的取り決めによる条約の再調整を進めようとしていた。その際、その補助的取り決めで求めることの一つが、核兵器の持ち込みを事前協議の対象にすることだった。

その前提で書かれたと思われる「米軍の配備及び使用に関する日本側書簡案」（一九五八年七月二日）には「合衆国は、日本国政府の事前の同意なくして、核兵器を日本国内に持ち込まない、これは、日本国内に配備される合衆国軍隊のみならず、臨時に日本国内に入る船舶及び航空機にも適用があるものとする」と記されている（傍点、引用者）(24)。すなわちこの頃まで日本政府は、核搭載艦船の一時寄港も事前協議の対象にすることを求めるつもりだったようである。

だがその後、補助的取り決めによる安保条約の調整ではなく、安保改定による相互条約の締結に踏み切ることになった。それで日本政府は、「臨時に日本国内に入る船舶及び航空機」についてまで事前協議の適用を求めることは難しいと判断したのだろう(25)。

藤山・ダレス会談から三週間後の十月四日、マッカーサー大使は岸信介首相や藤山外務大臣および外務省関係者にアメリカ側の安保改定草案を提示した。その際に事前協議の交換公文の草案（「フォーミュラ」と呼ばれた）も提示したが、そこには非常事態における作戦行動のための日本の基地使用とともに「米軍及びその装備の日本の基地への配置（The deployment of United States forces and their equipment into bases in Japan）」が事前協議の対象になると書かれていた（傍点、引用者。マッカーサーは、これは核兵器に関する了解であると口頭で説明している）(26)。この英文における"their equipment"が「日本の基地に配置される」米軍の装備を意味するのは明白である。藤山・ダレス会談における藤山の要望も合わせて考えれば、この草案を受けとった日本側の交渉者たちが、アメリカは日本政府が求めていない、「日本の基地に配置されない」米軍の装備、たとえば日本に一時寄港する米艦船の装備も事前協議の対象にするつもりだ、と解釈して交渉を進めたはずはない(27)。

安保改定交渉時に、日米の交渉者たちの間では事前協議の交換公文における「同軍隊の装備」が何を意味するかの理解は一致していたと思われる。それは「日本に駐留する米軍」の装備のことであり、その重要な変更（すなわち核兵器の「持込み」）が事前協議の対象になる、という理解である。

藤山は先に言及した一九八一年の新聞インタビューにおいて核搭載艦船の一時寄港問題については「ハッキリさせていない」と回顧している(28)。この意味は、事前協議の交換公文の文言はアメリカに核搭載艦船の一時寄港に関する事前協議を求めるものではない。だが、だからといって事前協議をしなくていいと「ハッキリ」合意したわけではない、という意味と考えるべきだろう。

日米両政府は安保改定交渉時に、核兵器を搭載した米艦船の一時寄港が事前協議の対象になるかどうかの問題について議論をしなかった。その問題を意識しながら議論せず、核兵器と事前協議の関係については、日本に「配置される」米軍、すなわち駐留米軍の核持ち込みを事前協議の対象にすることだけ合意した。駐留しない米艦船が核兵器を搭載したまま日本に一時寄港する場合については、明確な合意がないままにしたのだが、事前協議の交換公文の文言がアメリカ政府にその場合の事前協議を義務づけるものでないことについては日米の交渉者たちの間に「見解の相違」(29)はなかったと思われる。

安保改定後(30)の日本政府は、国会審議などで問われれば、核搭載艦船の一時寄港も事前協議の対象になる、という答えで押し通した。日本政府の立場は、日本はその場合に事前協議をしなくてよいとアメリカと合意したわけではない。何も明確には決めていないのだから、もし核搭載艦船の一時寄港が必要になったら、事前協議の交換公文の解釈は別にして、事前に協議をしてほしい、というものだったのかもしれない。だが日本政府はアメリカ政府の立場を知っており、自らの立場を守るために行った事前協議の交換公文に関する説明は、半世紀にわたって「嘘をふくむ不正直」(31)なものに終始した。

しかしアメリカ政府はそのことを表向き問題にしなかった。日本側の説明に公式に反論せず、明確な合意はないがアメリカが困らない処理になっていることを隠すために、日本政府と事実上、協力し合った。「有識者報告書」第二章は、そのことについて日米間には「暗黙の合意」があったと結論づけている(32)。

二　朝鮮半島有事における米軍出動

もう一つの問題、すなわち事前協議制度の導入について米陸軍が、朝鮮半島有事に対応する米軍の日本からの出動を例外扱いするよう求めた問題はどうか。この問題は核搭載艦船の一時寄港問題とは違って、交換公文の文言そのものから事前協議の必要が明白な問題である。朝鮮有事であれ何であれ、日本以外の国が攻撃された場合における日本からの米軍出動が、事前協議の対象にならないと交換公文を解釈する余地はない。実際「討議の記録」にも、それが対象になることを確認できる文言しかないのである（「二項B」）。

だが「密約調査」は、この問題に関して日米両政府が安保改定時に作成した極秘文書、「安全保障協議委員会第一回会合の記録に含めるための議事録」（"Minutes for Inclusion in the Record of the First Meeting of Security Consultative Committee" 以下「朝鮮議事録」）の存在を確認した。すでに「密約調査」以前から、そういうような名前の極秘文書の存在は知られており(33)、本書はそれを、「アメリカが日本との事前協議をバイパスできる仕組み」（本書二五八頁）を示す文書だろうと、内容は不明ながら推定していた。「密約調査」でこの文書の存在が確認されたといっても、外務省の中で見つかったのはこの「朝鮮議事録」のコピーであり、署名の入ったオリジナルではなかった。ちなみに外務省の内部調査において署名入りのオリジナル文書が発見できず、コピーしかなかったのは「討議の記録」も同じである。公開された他の記録から、安保改定時に、藤山外務大臣とマッカーサー大使が二つの極秘文書にイニシャルで署名したのは明らかなのにそれがどちらもない、というのは、重要文書の保存管理に何か深刻な問題があったからだろう(34)。

それはともかく、「朝鮮議事録」は文字通り安保改定で新設される日米安全保障協議委員会の第一回会合における英文の議事録（minutes）という体裁になっている。その核心部分は、マッカーサー駐日大使と藤山外務大臣の次のような問答である（和訳と［ ］内は引用者。原文は注を参照）(35)。

「マッカーサー大使：

……大規模な武力攻撃の準備を前もって検知することは可能かもしれないが、武力攻撃が緊急事態を引き起こす可能性は排除できない。かくして米軍が日本から直ちに戦闘作戦行動を開始しなければ、［在韓］国連軍が休戦協定に違反する武力攻撃を撃退できないということが起こりうる。それゆえ、そういう例外的な緊急事態が起こった場合、日本の基地を作戦上使用することに関する日本政府の見解を聞かせてもらいたい。」

「藤山外務大臣：

……岸首相から次のように発言する許可を得ている。在韓国連軍に対する攻撃により緊急事態が発生した場合の例外的な措置として、国連軍統一司令部の下にある在日米軍は、在韓国連軍が休戦協定違反の攻撃を撃退できるようにするため、日本の施設および区域［基地］から必要に応じた戦闘作戦行動を直ちに開始することができる。」

マッカーサーが藤山に向かって朝鮮半島で「例外的な緊急事態（exceptional emergency）」が発生した場合における在日米軍基地の使用について日本政府の見解を尋ねる。それに対して藤山は、その場合には「例外的な措置」として、米軍は国連軍として在日米軍基地から「直ちに（immediately）」戦闘作戦行動を行いうると答える。そういうやりとりである。

この「朝鮮議事録」について「有識者報告書」第三章は、これは、

「在日米軍基地からの戦闘作戦行動について朝鮮有事の場合は事前協議を免除することを秘密裏に認めた内容であり、密約の性格を帯びた文書」（五三―五四頁）

と判定した。

たしかにこの文書は「密約の性格」を帯びている。藤山はマッカーサーに対し、朝鮮有事の「例外的な緊急事態」が発生した場合には、米軍は、日本の基地から「直ちに」出動できると述べている。そういう場合は、日本政府と協議せずに朝鮮半島に出動してもいい、と秘密裏に約束しているのは明らかである。

ただ、この「密約」を、本来必要な事前協議を「免除」するための「密約」だと考えると、いくつか謎が残ることになる。一つは、文書のどこにも、朝鮮有事の「例外的な緊急事態」において米軍が国連軍と

して出動する場合には事前協議がいらない、とは書いていないことである。実際のところ、この議事録のどこにも、「事前協議」という言葉が出てこない。

そのことにも関連するが、そもそもこの極秘文書はなぜ、新設される日米安全保障協議委員会の議事録という形式になっているのだろうか。もし事前協議を「免除」するための文書であれば、事前協議の交換公文に関する「討議の記録」に何らかの言及が必要だったのではないか。

さらに謎なのは、「密約調査」の少し前（二〇〇八年）に、アメリカのフォード大統領図書館において、藤山とマッカーサーのやりとりの部分は同じだが、外務省で見つかったものとは日付と冒頭部分が異なる「朝鮮議事録」のコピーが発見されていることである(36)。外務省で見つかったものの日付は、東京で行われた安保改定交渉が終わり、日米両首脳がワシントンで行う新安保条約への署名を二週間後に控えた一九六〇年一月六日である。他方フォード図書館で発見されたものは同年六月二十三日となっており、この日は東京で新安保条約の批准書が交換された日にあたる。

前者の冒頭部分には大臣と大使のやりとりが、安全保障協議委員会の「初回会合」でなされたとする記述があり、後者のそれには「準備会合」でという記述がある。もし「朝鮮議事録」が事前協議の「免除」を約束する「密約」文書だとしたら、なぜ二つの日付で細部が異なる文書が存在するのだろうか。

これらの謎を念頭に、あらためて「密約調査」で公開された文書を読み直してみると、東郷課長が書いた前述の「日米相互協力及び安全保障条約交渉経緯」（一九六〇年六月）のなかに、謎を解く重要な記述があることが分かる(37)。東郷によれば、朝鮮半島の緊急時における国連軍としての米軍出動は事前協議の例外にしてほしいというアメリカ側の要望に対する日本側の立場は、

「朝鮮において共産側の侵略が再開されるが如き場合は、わが方はわが国自体の安全からも又国連協力の立場からも国連軍たる在日米軍のわが国からの作戦行動を認めることは寧ろ当然と謂うべきであるが、米側の要望をその儘約諾することは事前協議に関する折角の新な交換公文の国内的効果を減殺するものであつて容認し難かつた」

というものだった。アメリカ側の要望は分かるが、事前協議の交換公文の意義を損なうことはやはり認められないという反応である。

本書は岸首相が、一九五九年夏（七月六日）にマッカーサー大使から直接、この問題について説明を受けた後、検討を約束し、欧州・中南米への外遊に出発する（十一日）前に大使と再び接触するつもりだったが果たせず、代わりに山田久就外務次官が大使に、日本側は岸首相の帰国後に最大限の努力をすると伝えた（十日）ところまで書いている（本書二六二頁）。その後の経緯は当時入手できた文書からは知ることができなかった。だがともかく、

「一九五九年の十二月までには、アメリカ側の基本的な考えを受け入れつつ、日本政府も困らないような何らかの処理の方法が日米間で編み出されたようである」

と推定した（本書二六三頁）。

東郷が記した「交渉経緯」によれば、実際に日本側は岸が外遊から帰国（八月十日）した後、一九五九年八月二十二日に行われた藤山・マッカーサー会談(38)において、ある提案を行う。アメリカ側が心配する緊急事態については、米軍の基地使用に日本政府が「同意することを好意的に考慮する」という一項を

交換公文に付け加えてはどうかという提案である。事前協議はしてもらわねばならないが、答えはイエスになると事実上約束する趣旨と思われる。

だがこれに対してアメリカ側は、

「日本側の立場は了解し得るも真に協議の時間的余裕なき場合の手当が必要なり」

と主張し、日本側の提案を拒絶した。

東郷はそのことを記した後、次のような興味深いことを書いている。

「ここにおいて新条約下の安全保障［協議］委員会の第一回の会合の際所用の協議を行い置くと言う考え方が問題となった」（［ ］内は引用者、以下同じ。）

東郷によれば、日米の交渉者たちはその後、「第一回安保［安全保障協議］委員会の議事録」作成に取り組む。十月六日に米側が「議事録」案を提出し、日本側も「苦心研究」（東郷）して十一月二十八日に代替案を提案した。その後三回の会談でやりとりを重ねた後、十二月二十三日に至って、ようやく合意ができた（東郷「交渉経緯」）。できあがった「議事録」（「朝鮮議事録」）に藤山とマッカーサーがイニシャルで署名したのは、翌年一月六日である(39)（当日両者は、「討議の記録」にもイニシャルで署名している）。

ただ東郷はそれ以上のことを説明しておらず、また日米双方のやりとりに関する記録も見つかっていない。そのため「朝鮮議事録」の性格は分かりにくい。「密約調査」で公開された他の文書の中にもその性格を明確に説明する記述はない。だがそれらの中に、マッカーサー大使の次のような発言（九月十八日）

の記録があり(40)、東郷の説明と合わせて考えると、「朝鮮議事録」の性格を解明する重要なヒントになる。

「ワシントンに対しては新委員会で予め約束する方法も可能であると云うことでフォーミュラ［事前協議の交換公文のことを意味する］の価値を傷つけない様な解決を探究する必要を力説してある。」

東郷の「所用の協議を行い置く」、そしてこのマッカーサーの「新委員会で予め約束する方法」という文言は「朝鮮議事録」の性格を次のように考えることを可能にすると思われる。すなわち「朝鮮議事録」は安保改定後、朝鮮半島に「例外的な緊急事態」が発生した場合に備え、その場合における米軍（国連軍としての米軍）の基地使用について、あらかじめ両政府間で行っておく「事前協議」の記録になるものとして準備された文書だと考えることを、である(41)。そう考えれば、先にあげた謎はすべて謎ではなくなる。

まず「朝鮮議事録」の中に朝鮮有事の場合に事前協議は必要ない、といった記述がないことについては、この「議事録」自体が「事前協議」の記録だったとすれば、謎ではなくなる。朝鮮半島の緊急事態に米軍は国連軍として日本の基地から「直ちに」出動できるという趣旨の「議事録」の文言は、いまあらかじめ事前協議を行ったので、もし将来そういう事態が実際に発生した場合には、米軍出動の前にあらためて日本政府と協議をする必要はない、という意味だと理解できる。

むろん事態が発生しないうちに事前協議を行うことができるのか、という問題はある。だがこれは、交換公文における「事前」という文言をどう解釈するかにかかわり、この点、日米両政府はこの文言を、事態発生の後、米軍が出動する前という意味での「事前」だけでなく、事態が発生する前という意味での

「事前」も含まれると解釈したのだろう。交換公文には「日本国から行われる戦闘作戦行動」が「事前の協議」の対象になると書かれているだけであり、「事前」の意味を前者に限っているわけではない。

次に、もし「朝鮮議事録」が事前協議の記録だとしたら、これが安全保障協議委員会会合の記録であることも謎ではなくなる。この委員会は安保条約第四条の随時協議および第六条に関する事前協議のために新設された委員会だからである(42)。

さらに細部が異なる二つの文書の存在も謎ではなく、むしろ当然の話になる。外務省で見つかった一九六〇年一月六日付の「朝鮮議事録」は、新安保条約発効後に新設の安全保障協議委員会で行われる「事前」協議の内容をあらかじめ記した文書のコピーであり、実物は大臣と大使がイニシャルで署名し、一月十九日に岸首相とアイゼンハウアー大統領が調印する新安保条約の関連文書となった(43)。

フォード大統領図書館で見つかった六月二十三日付の文書は、新条約発効後、実際に開かれた安全保障協議委員会において一月六日付の「朝鮮議事録」の内容を双方の署名で確認して、問題の「事前」協議を行った、そのことの記録文書（のコピー）と考えることができる。オリジナルではないので(44)、実際にどのように署名されたかは確認できないが、おそらくフルネームでの署名だっただろう。

先に述べたように、一月六日付の「朝鮮議事録」では、藤山とマッカーサーのやりとりは安全保障協議委員会の「初回会合」で行われることになっている。六月二十三日付のそれは、同日に開かれた「準備会合」においてである。冒頭部分には「本日開かれた安全保障協議委員会の準備会合において……朝鮮の情勢についても議論され……」との記述が見られる。実際に安全保障協議委員会の「初回会合」が開催されるのは一九六〇年の九月八日になるのだが、このことも期せずして、「朝鮮議事録」の性格を物語っているといえよう。

新安保条約の調印後、日米両政府は、この「朝鮮議事録」の内容を、安全保障協議委員会で確認するという意味での事前協議を当初想定していたよりも急いで行わねばならなくなった。安保騒動が日本の政治を大混乱に陥れたからである。周知のごとく、この騒動で岸首相は退陣を余儀なくされた（六月二十日に退陣の意思を明らかにし、二十三日に正式表明、翌月十五日に内閣総辞職）。

そうしたなか「朝鮮議事録」に沿った日米の事前協議を行う時間が限られてくる。それは条約発効後、岸が政権を維持している間に行わねばならず、その後では遅い。たとえば九月八日、実際に日米安全保障協議委員会の初回会合が開かれた際には、日本の首相は池田勇人、外務大臣は小坂善太郎に替わっている。この初回会合で、岸や藤山の名前が入った「朝鮮議事録」の文言に沿って「事前協議」をすることはできないのである(45)。

実は「密約調査」の三年後、米国情報公開法に基づき一通の電報がアメリカの国立公文書館で開示されている(46)。安保騒動さなかの六月十日に起きたハガチー事件（本書二一二頁）の翌日、マッカーサー駐日大使がハーター米国務長官へ送った機密電報だが、そこには次のように記されていた（和訳と［ ］内は引用者）。

「［日本の］国内政治情勢を考えると、安全保障協議委員会の第一回会合は、新安保条約が発効した後、岸と藤山がまだ職にあって、吉田・アチソン交換公文に関する秘密の了解［「朝鮮議事録」のこと］を確実に委員会の記録の中に入れることができる地位にいるうちに、なるべく早く開くべきである。

それで私［マッカーサー大使］は藤山外相に、第一回委員会会合を、条約が発効するその日――いまの兆候では月末までにその運びになりそうだが――に置くことを提案するつもりである。表向きに発表する会合の目的は、委員会の業務のための組織上の問題と取り決めについて話し合うため、とすることになるだろう。」

マッカーサー大使はハガチー事件が起こったことにより、安保騒動で揺さぶられる岸政権の存続に不安を懐きはじめた。「朝鮮議事録」を確実に安全保障協議委員会の記録に入れ、事前協議を行ったという形式を整えるため、第一回会合は、新安保条約の発効後なるべく早く、できれば発効当日に開くべきだと考えたのである。大使はこの時はまだ「準備会合」ではなく、正式に第一回会合を開くつもりだった。だがその後の事態の展開は、日米両政府にその余裕を与えなかったようである。

朝鮮半島で緊急事態が発生した場合に備えてあらかじめ「事前」の協議を行っておくという外交処理の詳細については、まだ明らかでないところも少なくない。ただここまでの検討と当時の新聞記事などから、その「事前協議」は、新条約批准書交換式が外務大臣公邸で開かれた一九六〇年の六月二十三日、午前十時十分から始まった式の直前に公邸の別室内で行われたに違いないと考えられる(47)。ちなみに新安保条約は批准書が交換された日に発効する。同日であれば、交換式の直前に安全保障協議委員会が開催されても問題はないだろう。

本書は、新安保条約の批准審議のための特別委員会（衆議院日米安全保障条約等特別委員会）における岸信介首相と社会党の横路節雄委員との質疑応答（一九六〇年四月二十六日）を紹介している（本書二五七―五八頁)。横路が「朝鮮動乱」(朝鮮戦争)のような事態が再発した場合の米軍(国連軍)出動は事前協議の対象になるのかと尋ねたのに対し、岸がその場合も対象になるとはっきり答えたやりとりである。本書は岸首相の答弁に疑問を呈し、前述したように、この問題については日米両政府間に極秘の取り決めがあり、「事前協議をバイパスできる仕組み」が存在したのではないかと指摘した。

「密約調査」はたしかに「朝鮮議事録」という極秘の取り決めの存在を確認した。だがその取り決めによる「仕組み」がここまで述べてきたようなものだったとすると、岸首相の答弁は嘘ではなかったことになる。むろん横路委員は「朝鮮動乱」のような有事が発生した後に、国連軍としての米軍出動に関する事前協議がなされるのかどうか、という意味で質問しているはずである。その意味では岸首相の答弁は、正直にすべてを説明した答弁ではなかった。

おわりに

「有識者報告書」は二国間の外交における「密約」を「両国間の合意あるいは了解」であり「国民に知らされておらず」かつ「公表されている合意や了解と異なる重要な内容」を持つもの、と定義している(「報告書」の「序論」を参照)。この定義に従えば、安保改定時、日米両政府は、事前協議制度の導入をめぐって生じた二つの外交問題を「密約」によらないかたちで処理したことになる。

まず核搭載艦船の一時寄港に事前協議が必要かどうかの問題については、あえてその問題を議論せず、明確な合意がないままにするという処理を行った(安保改定後は合意の有無をあいまいにした)。そもそも合意がないのだから「有識者報告書」でいう「密約」もない。他方、朝鮮半島有事における米軍出動については、有事発生後に協議の時間がないような「例外的な緊急事態」を想定し、その場合の事前協議を有事発生前にあらかじめ行っておくというやり方で処理した。変則的だが、公表されている合意は守られており、やはり「密約」はないことになる。

どちらの処理も、事前協議を定める交換公文の解釈に関する「工夫」がかかわるものだった。前者は、交換公文の中の「同軍隊の装備」が、日本に立ち寄るものの「配置」されない米軍の装備を含むのかどうか、またそのことの理解が日米で一致しているのかどうかをあいまいにしておく「工夫」。後者は、交換公文の中で「事前の協議」という場合の「事前」の意味を幅広く解釈する「工夫」である。

どちらも「不透明な工夫」（本書二六九頁）であり、国民にとっては「密約」と大差がない。仮に定義上「密約」とは呼べないとしても、国民に重要なことが知らされていなかったのは同じだからである。

たしかに外交や安全保障には、重要なことでも国民にすぐに知らせることができないことがある。だがこれらの「不透明な工夫」については安保改定後あまりにも長い間、冷戦中はもちろん、冷戦が終わった後も国民に対する正直な説明がなされなかった、そしてその間、核搭載艦船の一時寄港に関する「工夫」の方がとくにそうだが、安保条約と日米同盟の運用に対する国民の信頼を傷つけるところが小さくなかった。政府の問題対応に残念なところがあったのは間違いない。

ただ安保改定交渉時、日米両国の交渉者たちが事前協議の導入に関して、表で協議をすると約束しておいて裏ではしなくていいと約束するような「密約」による問題処理を避けたことは、確認しておくべきだろう。本書（二五三―五四頁）で述べたように、安保改定で新しく導入された事前協議の制度は日本にとっては「米軍の基地使用に対して独立国家として一定の発言権を有するという体裁」、そして「対等な主権国家同士の協力関係において基地を貸与するという建前」を得るためにどうしても必要な制度だった。一方、アメリカとしても「事前協議を行うと約束しておいてそれを行わなかったり、実際に行った事前協議で日本政府の意向を無視」したりすれば、「日本との政治的な連携に取り返しのつかないひびを入れる恐れ」がある。だから、軍事的に必要なことであっても、そのために「密約調査」で定義されたような意味の「密約」を結ぶことは双方ともに何とか避けたいところだった。結果的に、「事前協議の秘密」を解く鍵が公表されない文書の中ではなく、公表された文書（交換公文）の中に埋め込まれることになったのもそのためだろう。

安保条約は「相互防衛と日本憲法を両立させるぎりぎりのところで出来上がっている」。東郷文彦は安保改定の約二十年後に、そう書いた（本書二七〇頁）。それに倣っていえば、ここで明らかにした事前協議に関する二つの「不透明な工夫」は、当時の時代状況の中で日米両国の交渉者たちが、安保条約の軍事的価値と安保改定の政治的価値を両立させるために行った、ぎりぎりの「工夫」だったといえるのかもしれない。

（1） 外務省「いわゆる「密約」問題に関する調査結果」https://www.mofa.go.jp/mofaj/gaiko/mitsuyaku/kekka.html

（2） 「有識者報告書」も同右で入手できる。なお「有識者報告書」第二章は、坂元一哉『日米同盟の難問――「還暦」をむかえた安保条約』（ＰＨＰ研究所、二〇二〇年）にも収録。

（3） Major changes in the deployment into Japan of United States armed forces, major changes in their equipment, and the use of facilities and areas in Japan as bases for military combat operations to be undertaken from Japan other than those conducted under Article V of the said Treaty, shall be the subjects of prior consultation with the Government of Japan.

（4）「藤山・マッカーサー口頭了解」については「有識者報告書」第二章の注2（二〇頁）を参照。

（5）ＮＣＮＤについては「有識者報告書」第一章を参照。

（6）"Major changes in their equipment" is understood to mean the introduction into Japan of nuclear weapons, including intermediate and long-range missiles as well as the construction of bases for such weapons, and will not, for example, mean the introduction of non-nuclear weapons including short-range missiles without nuclear components.

「討議の記録」のコピーは「密約調査」で公表された「報告対象文書」（一―三）、「報告対象文書」（一―五）に付属。密約調査では多数の「報告対象文書」「その他関連文書」が公開された。すべて注(1)の外務省ウェブサイトから入手できる。

（7）"Prior consultation" will not be interpreted as affecting present procedures regarding the deployment of United States armed forces and their equipment into Japan and those for the entry of United States military aircraft and the entry into Japanese waters and ports by the United States naval vessels, except in the case of major changes in the deployment into Japan of United States armed forces.

（8）本書二五六頁。二五五―五七頁および二七七―七八頁も参照。なお本書初版では「討議の記録」を「討議記録」と表記している。

（9）東郷文彦アメリカ局安全保障課長が安保改定の八年後（当時、東郷は北米局長になっていた）に書いた「装備の重要な変更に関する事前協議の件」を参照。「報告対象文書」（一―五）。文書への書き込みから外務省が佐藤内閣以後（少なくとも宇野内閣まで）、この文書を使って、歴代の総理や外務大臣に問題の経緯説明を行っていたことが分かる。

（10）同報告書は次のように結論している（二二頁）。「「討議の記録」によって、核搭載艦船の領海通過、寄港を事前協議の対象から除外するとの日米間の認識の一致があったかどうかについては、それを否定する多くの文書が見つかった。現実はむしろ、この点について日米間で認識の不一致があったということと思われる」。この報告書も注(1)の外務省ウェブサイトで入手できる。

(11) 「報告対象文書」(一―二)

(12) この経緯については、一九五九年五月十四日、六月十一日におけるマッカーサー大使と山田久就外務次官との会談を報告する駐日アメリカ大使館発の電報2420および電報2662を参照。どちらも、"Tokyo Post Files, 320.1 "Admin Agreement," RG 84, National Archives に保存されている。二つの電報は筆者の情報公開申請(二〇一〇年七月八日)に対し、二〇二〇年一月二十三日に開示された。

(13) 「條約第6條の実施に関する交換公文作成の経緯」を参照。「報告対象文書」(一―四)

(14) この点については「有識者報告書」第二章の注4(二二頁)を参照。

(15) 米海軍のバーク(Arleigh Burke)提督は、一九五八年九月、一時帰国してアメリカ政府に安保改定について説明したマッカーサー大使に、事前協議制度が「台湾海峡でわれわれを苦況に追い込む」との懸念を伝えている。*Foreign Relations of the United States,: 1958-1960*, Vol. 18 (G.P.O., 1994), p. 67.

(16) 「有識者報告書」二五―二六頁参照。

(17) この点については本書二七八頁、注(58)および「有識者報告書」二五―二七頁を参照。

(18) "Comparison of U.S. Base Rights in Japan and the Ryukyu Islands"(「日本と沖縄における米国の基地権利の比較」)。"Status of Forces Agreement, Military Banking Facilities and MPCs," Records of the Historical Service Division: History of the Civil Administration of the Ryukyus Islands, RG319, National Archives. 文書のコピーは沖縄県公文書館でも入手できる。

(19) 「装備の重要な変更に関する事前協議の件」、「報告対象文書」(一―五)

(20) より詳しくは「有識者報告書」三一―三三頁。

(21) 詳しくは「有識者報告書」二九―三〇頁を参照。

(22) もっとも、後に第七艦隊所属の米空母が日本の基地を母港化するようになると、その空母は日本に「配置」された米軍ではないのか、という問題が出てくる。この点については「有識者報告書」第二章の注65（四〇頁）を参照。安保改定時には、その問題は想定されていなかったと思われる。

(23)「九月十一日藤山大臣・ダレス国務長官会談録」、「その他関連文書」（一―一五）。

(24)「報告対象文書」（一―一）

(25)「有識者報告書」三三―三五頁を参照。

(26) 全文は次の通り Under arrangements made for the common defense, the United States has the use of certain bases in Japan. The deployment of United States forces and their equipment into bases in Japan and the operational use of these bases in an emergency would be a matter for joint consultation by the Japanese Government and the United States Government in the light of circumstances prevailing at the time."「十月四日総理、外務大臣、在京米大使会談録」、「その他関連文書」（一―一八）。マッカーサー大使の口頭での説明については「補註」＊15を参照（本書三一二―一四頁）。

(27) この点については「有識者報告書」、三〇―三二頁を参照。

(28) 藤山は次のように述べている。「実際の［マッカーサー大使との］やりとりは、どういうことだったか。『核の置き場所は極秘なんだ。ペンタゴン（国防総省）は我々にさえ言わないんだ。だから『この船には核を積んでいるから協議します。この船には積んでいないからいいんです』とか、そんなことは出来ない』といった感じだったですね。最終的には（交渉で）ハッキリさせていないことは事実です。だからといって、こちらとしては、もし積んでいるとしたら言ってもらいたい、という希望を捨てたわけではないんです」（［ ］内、引用者）『毎日新聞』一九八一年五月二十日付。「有識者報告書」三一―三三頁。

(29)「有識者報告書」（第二章）は事前協議の交換公文の解釈について、日米間にはたしかに「見解の相違」があったとしている。だが、これも「討議の記録」（二項C）の解釈における「認識の不一致」と同様、安保改定後に生じたものので、安保改定交渉時には存在しなかったと考えるべきだろう。

(30) 正確には衆議院日米安全保障条約等特別委員会で行われた安保条約批准審議における赤城宗徳防衛庁長官の答弁（一九六〇年四月十九日）の後。赤城は社会党の横路節雄議員の質問に対して、アメリカの「第七艦隊が核装備をして横須賀なりその他に入港してくるときには、事前協議の対象となる」と答弁している。赤城がそう答えた理由は推測するしかないが、安保改定反対運動が高まり国会の論戦も熱を帯びる中、批准審議を何とか乗り切るのに必要な答えだったのはたしかだろう。

(31) 「有識者報告書」四六頁。三八―三九頁も参照。

(32) 「暗黙の合意」がどの時点でできあがったかをいうのは難しい。ただマッカーサー大使は事前協議に関する別の問題（事前協議は拒否権を含むのかどうかという問題）を東郷課長と話し合った際（一九五八年九月五日）に、日本側の解釈について米国側が「チャレンジしない」というやり方を示唆している。「マックアーサー大使内話の件」（一九五八年九月八日）、「その他関連文書」（一―一三）。この点に関連するかもしれないが、大使は後年、雑誌インタビューの中で興味深いことを述べている。「外交においては、われわれは時には意図的にあいまいさをそのままにしておきます。物事の明確でシャープな定義づけは、必ずしもわれわれの利益に役立たないことを認識しているから、あえてあいまいさを放置するのです。私は両当事国［日米両国］について、いま語っています。物事をあまりにするどく、細部の細部にいたるまで定義づけようと試みると、逆にそれは害になる、基本的な国益が不利になる、という場合があるのです。だからある程度のあいまいさは、とくにイデオロギーを異にする種々のグループがその問題で大きなさわぎを起こしたいと望んでいるような場合は、事態を落ちつける要因となります。」ダグラス・マッカーサーⅡ「いま明かす　六〇年安保改定の真相」（『中央公論』一九八〇年十一月号、聞き手は古森義久氏、［ ］内は引用者）。

(33) 坂元一哉「日米安保事前協議制の成立をめぐる疑問――朝鮮半島有事の場合」『阪大法学』四六巻四号、一九九六年一〇月。

(34) 「有識者報告書」も補章でこの問題を論じている。外務省は「密約調査」の後、「外交文書の欠落問題に関する調査委員会」を設置し、報告書を出した（二〇一〇年六月四日）。https://www.mofa.go.jp/mofaj/gaiko/pdfs/ketsuraku_hokokusyo.pdf.「密約調査」で判明した文書の欠落に関し筆者は、衆議院外務委員会で参考人陳述を行った（二〇一〇年四月二日)。「核「密約」と外交文書」(坂元前掲『日米同盟の難問』所収)を参照されたい。

(35) Ambassador MacArthur:

...While it might be possible to detect in advance preparations for a large-scale armed attack, the possibility of an emergency arising out of an attack cannot be ruled out. Thus it could happen that, unless the United States armed forces undertook military combat operations immediately from Japan, the United Nations forces could not repel an armed attack made in violation of the Armistice. I hereby request, therefore, the views of the Japanese Government regarding the operational use of bases in Japan in the event of an exceptional emergency as mentioned above.

Foreign Minister Fujiyama:

...I have been authorized by Prime Minister Kishi to state that it is the view of the Japanese Government that, as an exceptional measure in the event of an emergency resulting from an attack against the United Nations forces in Korea, facilities and areas in Japan may be used for such military combat operations as need be undertaken immediately by the United States armed forces in Japan under the Unified Command of the Unites Nations as the response to such an armed attack in order to enable the United Nations forces in Korea to repel an armed attack made in violation of the Armistice. 「報告対象文書」(二—二)

(36) 文書のタイトルは "MINUTE" となっている。「有識者報告書」五二頁。筆者は「有識者報告書」第三章の執筆者、春名幹男氏(当時、名古屋大学教授)所蔵のコピーを見せていただいた。春名氏にあらためて感謝したい。

(37) 「報告対象文書」(一—二)

(38) この会談の議事録は「密約調査」では見つかっていない。

(39) 「日米相互協力及び安全保障条約交渉経緯」(一九六〇年六月)、「報告対象文書」(一—一)

(40) 「九月十八日在京米大使内話の件」(一九五九年九月十八日)、「その他関連文書」(二—七一)

(41) 詳しくは、坂元一哉「安保改定と事前協議——「朝鮮議事録」は「密約」か」『阪大法学』六三巻三・四号、二〇一三年十一月を参照されたい。

(42) 「安全保障協議委員会の設置に関する往復書簡」(一九六〇年一月十九日)を参照。この書簡は「データベース『世界と日本』(代表:田中明彦)」で閲覧できる。http://worldjpn.grips.ac.jp/documents/texts/JPUS/19600119.O2J.html

(43) アメリカ側の文書はこの文書を「すでに終わった事前協議のための取り決め(極秘)」、"Arrangements for Prior Consultation Already Completed (Secret)"だとして、「これは朝鮮における共産主義者の攻撃再開に対し、われわれが日本の基地から即座に反撃することを許すための前もってなされる協議のための極秘の取り決め」、"This is a secret arrangement for advance consultation to permit us to react immediately from Japanese bases to a renewal of the Communist attack in Korea"だと説明している。坂元前掲、「安保改定と事前協議」を参照。

(44) ちなみに、この六月二十三日付の「朝鮮議事録」については、そのコピーすら外務省の中では見つかっていない。

(45) アメリカではこの「初回会合」の記録が公開されているが、「朝鮮議事録」に関する記述は見当たらない。State Department Central Files 611.947/9-1260, RG59, National Archives.

(46) 国務省電報4131(一九六〇年六月十一日)Central Files 611.947/6-1160. この電報は筆者の情報公開申請に対し、二〇一三年七月三十一日に開示された。

(47) 『朝日新聞』および『毎日新聞』一九六〇年六月二十三日付の夕刊二紙によれば、この日の朝、デモ隊を避けるため急遽、新安保条約批准式の式場になった外務大臣公邸(これは当時港区白金にあった)にマッカーサー大使ら米大使館関係者が到着したのは九時二十五分。藤山外相や外務省の幹部たちはこの時までに公邸内で会議や食事をすませていた。一階で式典が始まったのは十時十分だが、始まるまで双方は二階の控え室にいた。式典はものの数分で終わり、シャンパンで乾杯した後、双方はそれぞれ警官隊のものものしい護衛に囲まれ、慌ただしく公邸を後にした。批准式が外相公邸で行われると知ったデモ隊が駆けつけたのは十一時ごろ。公邸はすでに、もぬけのからだった。日米双方は公邸二階の控え室で三十分余りの時間を過ごしたことになる。

西村真彦氏の研究、「安保改定時の事前協議制度交渉——「朝鮮議事録」、「同意」、「偵察飛行」(一)」(『法学論叢』

一八三（六）、二〇一八年九月）は、米国務省の文書から、この日の朝、外務大臣公邸内で安全保障協議委員会の「準備会合」が開かれたことを確認している。西村氏によれば、事前調整がよくできていなかったのか、藤山はこの日、岸の承認を得てから「朝鮮議事録」に署名したいとして、その場では署名せず、マッカーサーの元に藤山の署名が入った「朝鮮議事録」（六月二十三日付）が届いたのは二日後のことだったという。

◉資　料

日本国とアメリカ合衆国との間の安全保障条約（旧日米安全保障条約）

一九五一年九月八日、サン・フランシスコ市で署名
一九五一年十一月十八日、批准
一九五二年四月二十八日、ワシントンで批准書交換
一九五二年四月二十八日、効力発生
一九五二年四月二十八日、公布（条約第六号）

日本国は、本日連合国との平和条約に署名した。日本国は、武装を解除されているので、平和条約の効力発生の時において固有の自衛権を行使する有効な手段をもたない。

無責任な軍国主義がまだ世界から駆逐されていないので、前記の状態にある日本国には危険がある。よつて、日本国は、平和条約が日本国とアメリカ合衆国の間に効力を生ずるのと同時に効力を生ずべきアメリカ合衆国との安全保障条約を希望する。

平和条約は、日本国が主権国として集団的安全保障取極を締結する権利を有することを承認し、さらに、国際連合憲章は、すべての国が個別的及び集団的自衛の固有の権利を有することを承認している。

これらの権利の行使として、日本国は、その防衛のための暫定措置として、日本国に対する武力攻撃を阻止するため日本国内及びその附近にアメリカ合衆国がその軍隊を維持することを希望する。

アメリカ合衆国は、平和と安全のために、現在、若干の自国軍隊を日本国内及びその附近に維持する意思がある。但し、アメリカ合衆国は、日本国が、攻撃的な脅威となり又は国際連合憲章の目的及び原則に従つて平和と安全を増進すること以外に用いられうべき軍備をもつことを常に避けつつ、直接及び間接の侵略に対する自国の防衛のため漸増的に自ら責任を負うことを期待する。

よつて、両国は、次のとおり協定した。

第一条　平和条約及びこの条約の効力発生と同時に、アメリカ合衆国の陸軍、空軍及び海軍を日本国内及びその附近に配備する権利を、日本国は、許与し、アメリカ合衆国は、これを受諾す

る。この軍隊は、極東における国際の平和と安全の維持に寄与し、並びに、一又は二以上の外部の国による教唆又は干渉によつて引き起された日本国における大規模の内乱及び騒じようを鎮圧するため日本国政府の明示の要請に応じて与えられる援助を含めて、外部からの武力攻撃に対する日本国の安全に寄与するために使用することができる。

第二条　第一条に掲げる権利が行使される間は、日本国は、アメリカ合衆国の事前の同意なくして、基地、基地における若しくは基地に関する権利、権力若しくは権能、駐兵若しくは演習の権利又は陸軍、空軍若しくは海軍の通過の権利を第三国に許与しない。

第三条　アメリカ合衆国の軍隊の日本国内及びその附近における配備を規律する条件は、両政府間の行政協定で決定する。

第四条　この条約は、国際連合又はその他による日本区域における国際の平和と安全の維持のため充分な定をする国際連合の措置又はこれに代る個別的若しくは集団的の安全保障措置が効力を生じたと日本国及びアメリカ合衆国の政府が認めた時はいつでも効力を失うものとする。

第五条　この条約は、日本国及びアメリカ合衆国によつて批准されなければならない。この条約は、批准書が両国によつてワシントンで交換された時に効力を生ずる。

以上の証拠として、下名の全権委員は、この条約に署名した。

千九百五十一年九月八日にサン・フランシスコ市で、日本語及び英語により、本書二通を作成した。

日本国のために
吉田　茂
アメリカ合衆国のために
ディーン・アチソン
ジョーン・フォスター・ダレス
アレキサンダー・ワイリー
スタイルズ・ブリッジス

日本国とアメリカ合衆国との間の安全保障条約の署名に際し吉田内閣総理大臣とアチソン国務長官との間に交換された公文（吉田・アチソン交換公文）

書簡をもつて啓上いたします。本日署名された平和条約の効力発生と同時に、日本国は、「国際連合がこの憲章に従つてとるいかなる行動についてもあらゆる援助」を国際連合に与えることを要求する国際連合憲章第二条に掲げる義務を引き受けることになります。

われわれの知るとおり、武力侵略が朝鮮に起りました。これに対して、国際連合及びその加盟国は、行動をとつています。千九百五十年七月七日の安全保障理事会決議に従つて、合衆国の下に国際連合統一司令部が設置され、総会は、千九百五十一年二月一日の決議によつて、すべての国及び当局に対して、国際連合の行動にあらゆる援助を与えるよう、且つ、侵略者にいかなる援助を与えることも慎むように要請しました。連合国最高司令官の承認を得て、日本国は、施設及び役務を国際連合加盟国でその軍隊が国際連合の行動に参加しているものの用に供することによつて、国際連合の行動に重要な援助を従来与えてきましたし、また、現に与えています。

将来は定まつておらず、不幸にして、国際連合の行動を支持するための日本国における施設及び役務の必要が継続し、又は再び生ずるかもしれませんので、本長官は、平和条約の効力発生の後に一又は二以上の国際連合加盟国の軍隊が極東における国際連合の行動に従事する場合には、当該一又は二以上の加盟国がこのような国際連合の行動に従事する軍隊を日本国内及びその附近において支持することを日本国が許し且つ容易にすること、また、日本の施設及び役務の使用に伴う費用が現在どおりに又は日本国と当該国際連合加盟国との間で別に合意されるとおりに負担されることを、貴国政府に代つて確認されれば幸であります。合衆国に関する限りは、合衆国と日本国との間の安全保障条約の実施細目を定める行政協定に従つて合衆国に供与されるところをこえる施設及び役務の使用は、現在どおりに、合衆国の負担においてなされるものであります。

本長官は、貴大臣に敬意を表します。

千九百五十一年九月八日

ディーン・アチソン

日本国内閣総理大臣　吉田茂殿

◇

書簡をもつて啓上いたします。本大臣は、貴長官が次のように通報された本日付の貴簡を受領したことを確認する光栄を有します。

（合衆国側書簡略）

本大臣は、貴簡の内容を充分に了承した上で、政府に代つて、平和条約の効力発生の後に一又は二以上の国際連合加盟国の軍隊が極東における国際連合の行動に従事する場合には、当該一又は二以上の加盟国がこのような国際連合の行動に従事する軍隊を日本国内及びその附近において支持することを日本国が許し且つ容易にすること、また、日本の施設及び役務の使用に伴う費用が現在どおりに又は日本国と当該国際連合加盟国との間で別に合意されるとおりに負担されることを、確認する光栄を有します。合衆国に関する限りは、日本国と合衆国との間の安全保障条約の実施細目を定める行政協定に従つて合衆国に供与されるところをこえる施設及び役務の使用は、現在どおりに、合衆国の負担においてなされるものであります。

本大臣は、貴長官に敬意を表します。

千九百五十一年九月八日

日本国内閣総理大臣
外務大臣　吉田　茂

アメリカ合衆国国務長官　ディーン・アチソン殿

日本国とアメリカ合衆国との間の相互協力及び安全保障条約（新日米安全保障条約）

一九六〇年一月十九日、ワシントンで署名
一九六〇年六月十九日、国会承認
一九六〇年六月二十一日、内閣批准、批准書認証
一九六〇年六月二十三日、東京で批准書交換
一九六〇年六月二十三日、効力発生
一九六〇年六月二十三日、公布（条約第六号）

日本国及びアメリカ合衆国は、

両国の間に伝統的に存在する平和及び友好の関係を強化し、並びに民主主義の諸原則、個人の自由及び法の支配を擁護することを希望し、

また、両国の間の一層緊密な経済的協力を促進し、並びにそれぞれの国における経済的安定及び福祉の条件を助長することを希望し、

国際連合憲章の目的及び原則に対する信念並びにすべての国民及びすべての政府とともに平和のうちに生きようとする願望を再確認し、

両国が国際連合憲章に定める個別的又は集団的自衛の固有の権利を有していることを確認し、

両国が極東における国際の平和及び安全の維持に共通の関心を有することを考慮し、

相互協力及び安全保障条約を締結することを決意し、

よつて、次のとおり協定する。

第一条　締約国は、国際連合憲章に定めるところに従い、それぞれが関係することのある国際紛争を平和的手段によつて国際の平和及び安全並びに正義を危うくしないように解決し、並びにそれぞれの国際関係において、武力による威嚇又は武力の行使を、いかなる国の領土保全又は政治的独立に対するものも、また、国際連合の目的と両立しない他のいかなる方法によるものも慎むことを約束する。

締結国は、他の平和愛好国と協同して、国際の平和及び安全を維持する国際連合の任務が一層効果的に遂行されるように国際連合を強化することに努力する。

第二条　締約国は、その自由な諸制度を強化することにより、これらの制度の基礎をなす原則の理解を促進することにより、並びに安定及び福祉の条件を助長することによつて、平和的かつ友

カ　行

サ　行

タ　行

ナ　行

ハ　行

マ　行

ヤ　行

ラ　行

◉関連年表◉

年　月　日	事　　項
鈴木貫太郎内閣（1945年4月7日～8月17日）	
1945年8月14日	御前会議，ポツダム宣言受諾を決定。
15日	正午，戦争終結の詔書を放送（第二次世界大戦終わる）。
東久邇稔彦内閣（1945年8月17日～10月9日）	
8月30日	マッカーサー連合国最高司令官，厚木に到着。
9月2日	全権重光葵・梅津美治郎，米艦ミズーリ号上で降伏文書に調印。
6日	トルーマン大統領，「降伏後ニ於ケル米国ノ初期ノ対日方針」を承認，マッカーサーに指令（22日公表）。
10月4日	GHQ，「自由の指令」（政治的・民事的・宗教的自由の制限撤廃の覚書）。
幣原喜重郎内閣（1945年10月9日～46年5月22日）	
10月11日	幣原=マッカーサー会談。マッカーサー，五大改革を要求。
25日	GHQ，日本の全在外外交機関の財産・公文書の引き渡し，外交機能停止を指令（31日，外国における外交活動，全面的に停止）。
11月21日	外務省，「平和条約問題研究幹事会」を設置。
12月27日	米英ソ・モスクワ外相会議，極東委員会・対日理事会設置で合意。
1946年1月4日	GHQ，公職追放を指令。
11日	米政府，憲法改正に関するワシントンの指針（SWNCC 228）。
24日	幣原＝マッカーサー会談。
3月5日	チャーチル，「鉄のカーテン」演説。
4月10日	第22回衆議院議員総選挙（自由141，進歩94，社会93，協同14，共産5，諸派38，無所属81）。
5月3日	極東国際軍事裁判所開廷（48年11月12日，戦犯25被告に有罪を判決）。

4日	GHQ，鳩山一郎の公職追放を通達。

第1次吉田茂内閣（1946年5月22日～47年5月24日）

11月3日	日本国憲法公布（47年5月3日施行）。
1947年3月12日	トルーマン大統領，「トルーマン・ドクトリン」を宣言。
17日	マッカーサー，早期対日講和を提唱。
4月25日	第23回衆議院議員総選挙（社会143，自由131，民主124，国民協同31）。

片山哲内閣（1947年5月24日～48年3月10日）

6月5日	米国，ヨーロッパ復興援助計画（マーシャル・プラン）を発表（ソ連・東欧諸国は不参加）。
8月5日	米国務省極東局が講和条約案を提出。12日，ケナン国務省政策企画室長らがこれを批判。
9月13日	芦田外相，アイケルバーガー第八軍司令官に安保協定を提案（「芦田書簡」）。
1948年1月6日	ロイヤル米陸軍長官，対日占領政策転換を演説（非軍事化の見直し）。
3月1日	ケナン米国務省政策企画室長，来日。25日に帰国し，対日占領政策の転換を提案。

芦田均内閣（1948年3月10日～10月19日）

6月11日	米上院，集団的自衛の取り決めについて「ヴァンデンバーグ決議」案を可決。
8月15日	大韓民国成立。
9月9日	朝鮮民主主義人民共和国成立。
10月9日	米国家安全保障会議，NSC 13/2を承認（対日政策の転換）。

第2次吉田茂内閣（1948年10月19日～49年2月16日）

12月18日	GHQ，経済安定九原則を発表。
1949年1月1日	マッカーサー，「復興計画の重点は政治から経済に移行した」と年頭声明。
23日	第24回衆議院議員総選挙（民主自由264，民主69，社会48，共産35，国民協同14）。
2月1日	ロイヤル米陸軍長官，ドッジ公使（GHQ経済顧問）来日。

第3次吉田茂内閣（1949年2月16日～52年10月30日）

3月7日	ドッジ，記者会見で緊縮財政による日本経済再建の決意

	を要求（ドッジ・ライン）。
22日	ドッジ，池田勇人蔵相に超均衡予算案を内示。
4月4日	北大西洋条約（NATO）調印（8月24日発効）。
9月13日	アチソン米国務長官とベビン英外相，ソ連の参加なしでも対日講和推進で合意。
25日	ソ連のタス通信，原爆保有を報道。
10月1日	中華人民共和国成立。
1950年1月15日	平和問題談話会，全面講和・中立不可侵を声明。
2月14日	中ソ友好同盟相互援助条約調印。
4月6日	トルーマン大統領，ダレスを国務省顧問に任命。5月18日，正式に対日講和担当となる。
25日	吉田首相，池田蔵相を米国に派遣（～5月22日）。5月3日，ドッジと会談し，米軍駐留検討を持ち出す。
6月18日	ジョンソン米国防長官，ブラッドレイ統合参謀本部議長来日。
21日	ダレス米国務省顧問来日（～27日）。22日，吉田首相らと会談。
25日	朝鮮戦争始まる（～53年7月27日）。
7月8日	マッカーサー，吉田首相に警察予備隊の創設と海上保安庁の拡充を指令。
8月10日	警察予備隊令公布・施行。
9月14日	トルーマン大統領，対日講和・日米安全保障条約締結予備交渉の開始を声明。
10月11日	外務省事務当局，「安全保障に関する日米条約説明書」を作成。
25日	中国人民義勇軍，鴨緑江を越えて朝鮮戦線に出動。
11月24日	米，対日講和七原則を発表。
1951年1月4日	国連軍，ソウルを撤退。
25日	米講和特使ダレス来日（～2月11日）。29日，第1回吉田＝ダレス会談。31日，第2回会談，2月7日，第3回会談。2月1日，日本側が「相互の安全保障のための日米協力に関する構想」を提示。6日，アメリカ側が二国間協定案を提示。
4月11日	トルーマン大統領，マッカーサー最高司令官を解任（後任にリッジウェイ中将）。16日，マッカーサー離日。

16日	ダレス特使来日。18日，リッジウェイ最高司令官・吉田首相と三者会談。
7月30日	米国務省，日本政府に安保条約への「極東条項」挿入を提案。
9月4日	対日講和会議がサンフランシスコで開かれる（～8日）。
8日	対日平和条約調印（52年4月28日発効）。 日米安全保障条約調印（52年4月28日発効）。
12月24日	吉田首相，ダレスに台湾国民党政府との講和を確約（「吉田書簡」）。
1952年2月28日	日米行政協定調印（日米安保条約に基づき米軍駐留の条件を規定）。
4月28日	日華平和条約調印（8月5日発効）。
8月7日	米国家安全保障会議，NSC 125/2を承認。
10月1日	第25回衆議院議員総選挙（自由240，改進85，右派社会57，左派社会54，共産全員落選）。

第4次吉田茂内閣（1952年10月30日～53年5月21日）

1953年1月20日	アイゼンハウアー，米大統領に就任。21日，ダレスが国務長官に就任。
4月19日	第26回衆議院議員総選挙（自由199，改進76，左派社会72，右派社会66，鳩山自由35）。

第5次吉田茂内閣（1953年5月21日～54年12月10日）

5月23日	アリソン駐日米大使着任。
7月15日	日米両政府，MSA 交渉を開始。
10月2日	池田勇人自由党政調会長訪米，ワシントンで池田＝ロバートソン会談（～30日）。13日，「防衛五カ年計画池田私案」を提出。
12月24日	奄美諸島返還の日米協定調印（25日発効）。
1954年2月15日	政府，改正警察法案を国会に提出（6月7日成立）。
3月1日	第五福竜丸，ビキニの米水爆実験により被曝。
8日	日米相互防衛援助協定（MSA 協定）調印（5月1日発効）。
4月21日	犬養健法相，検事総長に対し，造船疑獄に関して佐藤栄作自由党幹事長の逮捕許諾を請求しないよう指揮権発動。22日，法相辞職。
6月3日	衆議院本会議，会期延長をめぐって大混乱，警察隊出動。

9日	防衛庁設置法，自衛隊法公布（7月1日施行）。
7月21日	インドシナ休戦のジュネーブ協定調印（20日付）。
9月6日	中国軍，金門・馬祖両島砲撃を開始。
26日	吉田首相，欧米7カ国歴訪に出発（～11月17日）。11月10日，吉田＝アイゼンハウアー共同声明発表。

第1次鳩山一郎内閣（1954年12月10日～55年3月19日）

1955年1月25日	ソ連，元ソ連代表部首席代理ドムニツキーを通じ，非公式に国交正常化交渉を打診。
2月27日	第27回衆議院議員総選挙（民主185，自由112，左派社会89，右派社会67）。

第2次鳩山一郎内閣（1955年3月19日～11月22日）

3月25日	防衛分担金をめぐっての日米交渉始まる。
4月9日	米国家安全保障会議，NSC 5516/1を採択。
18日	アジア・アフリカ会議開幕（～24日。バンドン）。
5月8日	立川基地拡張反対総決起大会開催（砂川闘争始まる）。
10日	米軍，北富士演習場で実射訓練実施（基地反対闘争激化）。
7月18日	米英仏ソ首脳会談開く（～23日。ジュネーブ）。
8月29日	重光葵外相訪米，ダレス国務長官に安保条約改定を申し入れ，峻拒される（～31日）。31日，日米共同声明発表，海外派兵が問題となる。
10月13日	社会党統一大会（鈴木茂三郎委員長，浅沼稲次郎書記長）。
11月15日	自由・日本民主両党が合同し，自由民主党を結成（保守合同成る）。

第3次鳩山一郎内閣（1955年11月22日～56年12月23日）

1956年6月9日	沖縄軍用地接収に関するプライス勧告伝達（全島で反対運動激化）。
7月17日	経済企画庁，『経済白書』で「もはや戦後ではない」と強調。
8月24日	重光外相，日ソ交渉などにつきロンドンでダレス米国務長官と会談。
10月19日	鳩山首相，モスクワで日ソ共同宣言に調印（12月12日発効）。
12月18日	国連総会，日本の国連加盟を全会一致で可決。

石橋湛山内閣（1956年12月23日～57年2月25日）

1957年1月30日	相馬ヶ原演習場で米兵が農婦を射殺（ジラード事件）。
2月15日	マッカーサー駐日米大使着任。

第1次岸信介内閣（1957年2月25日～58年6月12日）

5月20日	岸首相，東南アジア6カ国訪問に出発（～6月4日）。6月3日，台北で台湾政府の大陸回復に同感と語る。
6月16日	岸首相訪米（～7月1日）。19日，アイゼンハウアー大統領と会談開始。21日，共同声明で日米新時代を強調。
7月10日	岸内閣全面改造，外相に藤山愛一郎就任。
8月1日	米国防省，在日米地上軍の撤退を発表（58年2月8日，撤退完了）。
9月14日	藤山外相，マッカーサー駐日米大使と「日米安全保障条約と国際連合憲章との関係に関する交換公文」を交換。
28日	外務省，『わが外交の近況』（『外交青書』）を創刊。
10月4日	ソ連，世界初の人工衛星スプートニク打ち上げに成功。
11月18日	岸首相，東南アジア9カ国訪問に出発（～12月8日）。
1958年1月12日	那覇市長選挙で民主主義擁護連絡協議会の兼次佐一当選。
5月2日	長崎の中国品見本市で一青年が中国国旗を引きずり降ろす（長崎国旗事件）。11日，陳毅外交部長，日本との経済・文化交流断絶を言明。
15日	ソ連政府，日本政府に核兵器の存否につき質問状。
22日	第28回衆議院議員総選挙（自民287，社会166，共産1，諸派1，無所属12）。

第2次岸信介内閣（1958年6月12日～60年7月19日）

7月14日	イラクで軍部のクーデタが起こる。15日，米海兵隊レバノンに上陸開始。17日，英国ヨルダンに派兵。
19日	日本，レバノンへの米軍派兵に関し，国連安保理の決議案提出。22日，ソ連の拒否権で否決。
30日	藤山＝マッカーサー会談。藤山外相，安保条約の見直しについて日本政府の考え方を説明。マッカーサー大使，条約の改定を示唆。
8月23日	中国，大規模な金門島砲撃を開始。第二次台湾海峡危機。
25日	岸＝マッカーサー会談（藤山外相同席）。
9月8日	マッカーサー大使，ダレス，ロバートソン国務次官補に安保改定の必要性を説明。

11日	藤山＝ダレス会談，安保条約改定に同意。12日，日米共同声明発表。
10月４日	東京で日米安保条約改定交渉開始。アメリカ側，新条約草案を提出。
８日	政府，警職法改正案を国会に提出（11月５日，反対闘争激化）。
22日	藤山外相とマッカーサー大使，第２回安保改定交渉。
11月13日	藤山外相，国会正常化まで安保改定交渉は延期と言明。
22日	岸＝鈴木茂三郎両党首会談，警職法審議未了・衆議院自然休会で了解成立。
1959年２月18日	藤山外相，安保改定「藤山試案」を発表。
３月９日	浅沼稲次郎社会党訪中使節団団長，中国で「米帝国主義は日中両国人民共同の敵」と挨拶。
４月13日	藤山外相，マッカーサー大使と安保改定交渉再開。
15日	ダレス国務長官，病気のため辞任（５月24日，逝去）。22日，ハーターが国務長官に就任。
６月18日	岸内閣改造，池田勇人が通産大臣として入閣。
７月６日	マッカーサー大使，岸首相・藤山外相に朝鮮有事に関する米政府の考えを伝える。
９月25日	キャンプ・デービッドでアイゼンハウアー＝フルシチョフ会談。
10月26日	自民党両院議員総会，安保改定承認を党議決定。
1960年１月６日	藤山外相とマッカーサー大使の安保改定交渉妥結。
19日	新日米安保条約・協定，ワシントンで調印。日米共同声明発表。
24日	民主社会党結成大会（委員長に西尾末広）。
２月19日	衆議院日米安全保障条約等特別委員会，審議開始。
５月５日	ソ連，領空侵犯の米偵察機Ｕ２撃墜（１日）を発表。
19日	衆議院本会議，野党・与党反主流派欠席のまま会期50日延長を議決。20日未明，新日米安保条約・協定を強行採決（以後，国会は空白状態となり，国会周辺に連日デモ）。
６月10日	来日したハガチー米大統領新聞関係秘書，羽田空港で乗用車をデモ隊に取り囲まれ，米軍ヘリコプターで脱出。
11日	米国家安全保障会議，NSC 6008/1を採択。

●著者紹介

坂元 一哉（さかもと　かずや）

1956年，福岡県に生まれる。

1979年，京都大学法学部卒業。1981年，京都大学大学院法学研究科修士課程修了。1982-85年，オハイオ大学留学。

京都大学法学部助手，三重大学人文学部助教授，大阪大学法学部助教授などを経て，
現　在，大阪大学大学院法学研究科教授（国際政治学・外交史）。

京都大学博士（法学）。

著作に，『日米同盟の難問――「還暦」をむかえた安保条約』（PHP 研究所，2012年），『はじめて読む日米安保条約』（監修・解説，宝島社，2016年），「日米同盟における「相互性」の発展――安保改定，沖縄返還，二つの「ガイドライン」」波多野澄雄編『外交史　戦後編』（井上寿一ほか編集「日本の外交」第2巻）（岩波書店，2013年），「独立国の条件――1950年代の日本外交」（五百旗頭真編『戦後日本外交史』有斐閣アルマ，1999年，吉田茂賞受賞）など。

日米同盟の絆（にちべいどうめいのきずな）――安保条約と相互性の模索〔増補版〕
Postwar Japanese-U.S. Relations:
The men who shaped the alliance〔enlarged ed.〕

2000年5月8日　初　版第1刷発行
2020年4月21日　増補版第1刷発行

著　者　坂　元　一　哉
発行者　江　草　貞　治
発行所　株式会社　有　斐　閣
郵便番号 101-0051
東京都千代田区神田神保町2-17
電話（03）3264-1315〔編集〕
（03）3265-6811〔営業〕
http://www.yuhikaku.co.jp/

印刷・製本　中村印刷株式会社

ISBN 978-4-641-14936-6